KB045379

별의 무덤을 본 사람들

별의 무덤을 본 사람들

크리스 임피 지음 김준한 옮김

블랙홀의 무한한 시간과
유한한 삶에 대하여

Einstein's Monsters

시공사

별들이여, 불을 감추어라
그 빛이 내 마음속 검고 깊은 욕망을 보지 못하도록

— 윌리엄 셰익스피어William Shakespeare, 〈맥베스Macbeth〉 1막 4장

차례

2부 블랙홀의 과거, 현재 그리고 미래

일러두기

- 천문학, 물리학 학술 용어는 한국물리학회의 '물리학 용어집'과 한국천문학회의 '천문 용어 목록'을 참고했다.
- 본문 중 굵게 표시된 학술 용어에 대해서는 358쪽 '용어 설명'에서 옮긴이가 제공한 추가 설명을 볼 수 있다.

들어가며

블랙홀은 우리에게 가장 잘 알려진 동시에 우주에서 가장 덜 밝혀진 천체다. 블랙홀이라는 단어는 주변 모든 물질을 빨아들이는 개체를 가리키는 말로서 일상적으로 쓰인다. 블랙홀은 영화와 소설에도 등장하며 대중문화로 자리 잡았지만, 한편으로는 불길한 분위기가 깃들어 있고 불가사의한 물체를 이르는 말이 되었다. 나는 블랙홀을 비유적으로 "아인슈타인의 괴물Einstein's monsters"이라고 부른다. 블랙홀은 강력하며 누구도 통제할 수 없다. 알베르트 아인슈타인Albert Einstein이 블랙홀을 만들지는 않았지만, 그는 우리가 블랙홀을 이해하는 데 필요한 최고의 **중력이론**을 만들었다.[1]

사람들 대부분이 블랙홀에 대해 안다고 생각하는 사실은 틀렸다. 블랙홀은 근처의 모든 것을 빨아들이는 우주 진공청소기가 아니다. 블랙홀은 사건지평선event horizon에 아주 가까운 공간과 시간만을 뒤튼다. 블랙홀은 우주를 구성하는 질량 중 작은 부분만을 차지하고, 우리에게 가장 가까운 블랙홀은 수백조 킬로미터나 떨어져 있다. 그것을 사용해 시간 여행을 하거나 다른 우주를 방문하는 일은 아마 일어나지 않을 것이다. 블랙홀은 검지 않다. 입자와 복사를 흘려보내듯 방출하고 대개 쌍성계를 이루는 일부이며 주변으로 떨어지는 가스는 가열되어 맹렬히 빛난다. 블랙홀이 꼭 위험하지도 않다. 거의 모든 은하가 한가운데에 블랙홀을 거느리고 있는데, 당신이 그 속에 떨어지더라도 아무것도 느끼지 않을 수 있다. 비록 목격한 상황을 누구에게도 전할 방법이 없겠지만.

이 책에는 크고 작은 블랙홀에 대한 소개를 담았다. 블랙홀은 믿을 수 없을 만큼 단순하지만, 그것을 이해하기 위한 수학은 골치 아플 정도로 복잡하다. 우리는 블랙홀을 인류에게 드러내 보인 과학자들을 만날 것이다. 수백 년 전 감히 검은 별을 상상했던 이론가들부터 일반상대성이론과 씨름했던 사람들, 그리고 다른 이들까지.

100여 년 전, 공간과 시간이 물질에 의해 왜곡된다는 아인슈타인의 일반상대성이론이 개발되었다. 블랙홀은 이 이론 없이는 이해할 수 없다. 질량이 한 영역에 극도로 집중되는 경우, 그 영역은 나머지 우주로부터 '떼어져' 어느 것도, 심지어 빛조차 탈출할 수 없다. 그것이 블랙홀이다. 그러나 아인슈타인조차 블랙홀의 존재에 대해 회의적이었다. 아인슈타인뿐 아니라 수많은 유명 물리학자가 블랙홀의 존재에 의구심을 가졌다.

블랙홀은 실제로 존재한다. 질량이 큰 별이 죽으면 자연의 어떠한 힘도 별의 핵에서 일어나는 중력붕괴를 저지할 수 없다는 증거들이 지난 40년간 쌓였다. 태양보다 열 배나 큰 가스구름이 작은 마을만 한 어둠의 천체로 붕괴한다. 최근에는 모든 은하가 중심에 블랙홀을 지니고 있다는 사실이 명확해졌고, 그런 블랙홀들의 질량은 어떤 경우 10억 배까지 차이가 난다.

우리는 블랙홀이 어디에 사는지 검토하면서, 쌍성계에 대해 배울 것이다. 그곳에서 블랙홀은 일반적인 별과 중력의 왈츠를 춘다. 우리는 블랙홀의 가장 강력한 증거가 바로 우리은하 한가운데에 있다는 사실을 보게 될 것이다. 우리은하 중심에서는 수십 개의 별이 태양질량의 400만 배에 달하는 검은 천체를 성난 벌들처럼 떼 지어 공전한다. 모든 은하가 지닌 거대질량블랙홀들이 잠에서 깨어나 활동을 시작하면, 수십억 광년 밖에서도 그것들을 볼 수 있다. 이 중력 엔진들은 우주에서 가장 강한 복사원이다.

물리학자들은 최근에 중력파를 검출하면서 '중력의 눈'으로 우주를 보는 법을 배웠다. 블랙홀 두 개가 충돌할 때, 마치 심벌즈가 부딪친 듯 시공간에 물결이 생기고 이는 격렬한 충돌에 대한 정보를 담은 채 빛의 속도로 퍼져나간다. 블랙홀뿐 아니라 강한 중력이 변화하는 모든 현상을 볼 수 있는 창이 새로 열린 셈이다. 이것이 중력파다. 중력파는 자연이 필요하다면 어디에서든 블랙홀을 만든다는 분명한 증거를 제시한다. 우주 어디에선가 5분마다 블랙홀 쌍이 병합하고, 중력파를 우주 공간으로 쏟아낸다.

우리의 지식으로는 블랙홀에 대해 알아야 할 사실을 모두 알 수 없다. 블랙홀은 끊임없이 놀라움과 기쁨을 전한다. 또한 일반상대성이론을 시험할 수 있는 여러 방법을 마련한다. 누구도 이런 시험이 이론을 입증할지 또는 쇠락으로 이끌지 모른다. 블랙홀 내부에서 정보의 손실이 있는지, 그런 정보가 어떻게든 사건지평선에 흔적을 남기는지에 대해 활발한 논쟁이 진행 중이다. 이론가들은 블랙홀이 끈이론을 검증할 수 있는 곳이기를 바라고, 그리하여 끝내 양자역학과 일반상대성이론을 통합하려던 아인슈타인의 도전을 실현하고 싶어 한다.

이 책은 2부로 구성되어 있다. 1부에서는 블랙홀의 존재에 관해 우리가 가진 증거를 다룬다. 이런 증거는 태양보다 그다지 질량이 크지 않은 블랙홀부터 작은 은하에 비할 만큼 거대한 블랙홀까지, 여러 종류의 블랙홀에 걸쳐 있다. 2부에서는 블랙홀이 어떻게 태어나고 죽는지를 기술한다. 그리고 블랙홀이 어떻게 자연에 관한 이론을 극한까지 몰아붙이는지를 다룬다. 블랙홀 이야기에 더해 그와 관련된 사람들의 이야기도 다루는데, 그중에는 내 사연도 있다. 과학은 냉정하고 이성적이어야 하지만, 살과 피로 만들어진 과학자들은 결함과 약점을 지니고 있음을 일깨우는 내용이다. 이 주제에 대한 연구가 워낙 빠르게 변화하고 있어, 이 책에서 인용한 어떤 결과는 현재 유효하지 않을 수 있다. 어떤 실수나 누락, 왜곡도 모두 나의 책임이다.

우리는 우주에 있는 수조 개의 주거 가능한 행성에 자리 잡은 지적 생명체들이 블랙홀의 존재를 깨달았으리라 상상할 수 있다. 어쩌면 어떤 생명체들은 블랙홀을 만들고 그 힘을 이용하는 방법을 터득했을지도 모른다. 인류는 젊은 종이다. 하지만 우리는 블랙홀을 알고 있는 특별 클럽의 일원임을 자랑스러워할 만하다.

애리조나주 투손에서
크리스 임피

1부

크고 작은 블랙홀의 증거

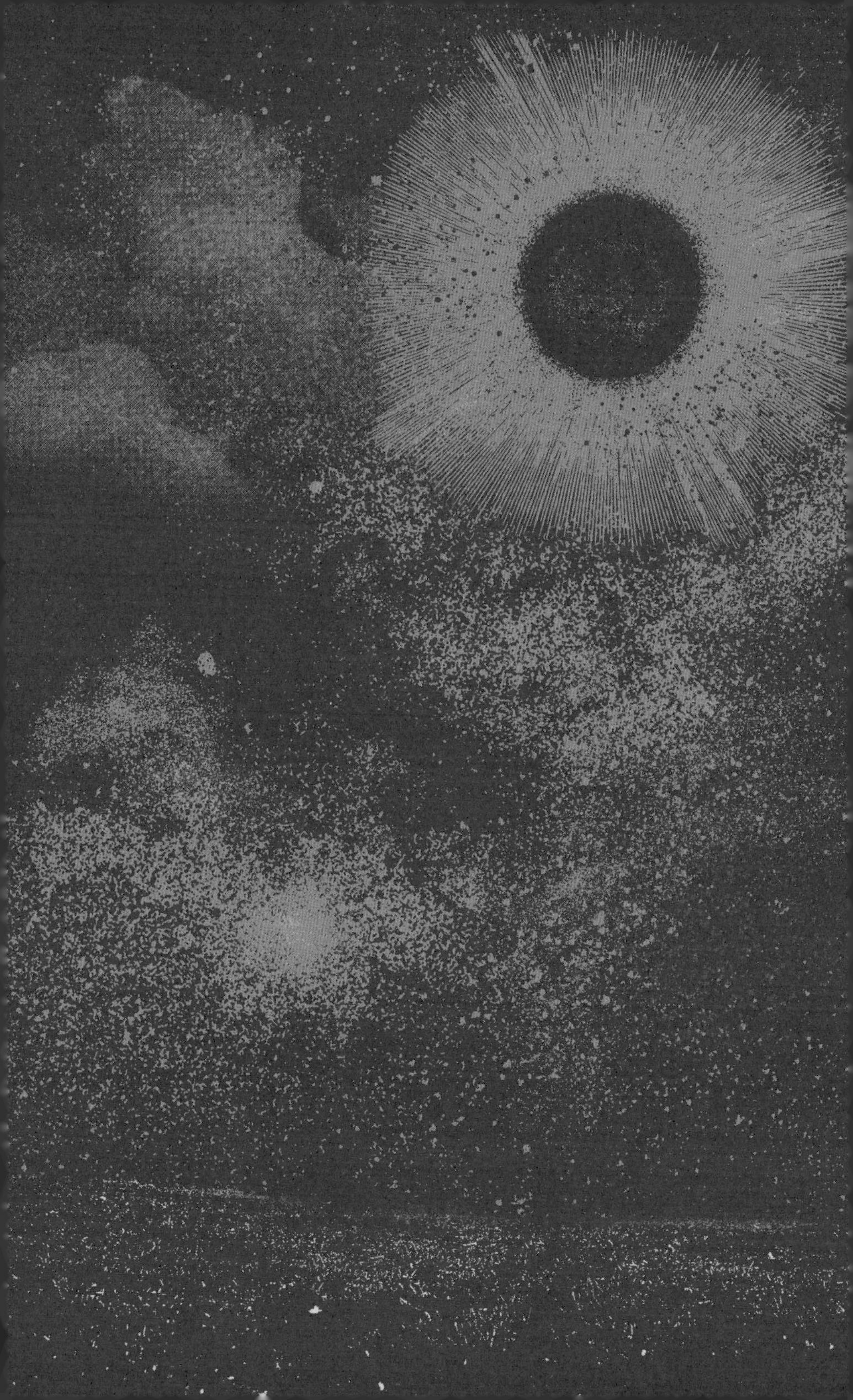

과학자들은 어떻게 블랙홀이라는 개념에 이르게 되었을까? 1부에서는 아이작 뉴턴Issac Newton이 중력이론을 제안한 이후 사람들이 어떻게 블랙홀의 존재를 추측하기 시작했는지, 또한 아인슈타인이 일반상대성이론의 의미를 설명한 이후 어떻게 추측이 퍼져나갔는지 살펴보고자 한다. 오늘날 우리는 블랙홀이 두 가지 요소를 지닌다는 사실을 안다. 정보 장벽으로 작용하는 사건지평선, 그리고 무한대의 밀도를 지니는 중심점인 특이점singularity이다. 아인슈타인을 포함해, 유명한 물리학자 여럿은 그토록 기이한 물질 상태를 받아들이지 않았다. 그러나 다른 이들은 거대한 별의 핵이 입자나 복사가 탈출할 수 없을 만큼 높은 밀도의 공간으로 붕괴하리라는 사실을 보였다.

만약 이론가들이 일반상대성이론을 기술하는 수학의 아름다움을 믿었더라면, 블랙홀의 존재에 대해 의심할 이유가 없었을 것이다. 하지만 과학은 경험적이고, 천문학자들은 이 붙잡기 어려운 사냥감을 쫓으려 애썼다. 블랙홀이 주위의 가스를 끌어당겨 만드는 부착원반accretion disk과 양쪽으로 뻗은 제트jet를 연구자들이 관측한 것은 아인슈타인 사후 10년이 지나 등장한 엑스선천문학 덕분이었다. 암흑의 죽은 별을 사냥하는 일은 도전이었다. 50년에 걸친 연구 이후에도 오직 30여 개의 죽은 별만이 의심의 여지가 거의 없는 블랙홀로 밝혀졌다. 우리은하 안에 있으리라 추정되는 약 1,000만 개의 블랙홀 중 가장 가까운 표본들이다. 공들여 증거를 쌓아가면서, 천문학자들은 거대한 블랙홀이 은하의 중심마다 숨어 있다는 놀라운 발견도 이루어냈다.

1장 어둠의 심장

♦

과학자들은 낙관론자다. 상대론과 자연선택 같은 이론의 범위와 예측 능력에 감명받는다. 그들은 물리학, 천문학, 생물학에서 지난 수십 년간 관측된 대로 급격한 진보가 이어질 것이며 과학이 자연 세계의 더 많은 영역에 발을 뻗어 현상을 설명할 수 있을 것이라고 굳게 믿는다.

하지만 이런 야망이 어쩔 수 없는 장애물에 가로막힌다면 어떨까? 만약 우주가 우리의 호기심 어린 눈길을 거부하는 암호로 쓰인 듯한 천체들을 데리고 있다면? 설상가상으로 이런 불가사의한 개체들은 우리가 가진 최고의 물리 이론을 통해 예측되지만, 동시에 이런 이론을 의심케 하는 성질을 지니고 있다면? 블랙홀의 세계에 온 것을 환영한다.

검은 별을 상상한 성직자

존 미첼John Michell은 동시대인들에 따르면 "검은 얼굴에 조금 키가 작고 뚱뚱한 사람"이었다. 그는 성인이 된 후 영국 북부 작은 마을의 교회에서 주임 신부로 삶의 대부분을 보냈다. 그렇지만 조지프 프리스틀리Joseph Priestley, 헨리 캐번디시Henry Cavendish, 벤저민 프랭클린Benjamin Franklin 같은 당시의 유명한 사상가들이 그를 만나고자 몰려들었다. 미첼은 한편으로 다재다능하고 성공적인 과학자였기 때문이다. 겸손함과 성직자로서의 조용한 삶 때문에 역사에서 잊혔을 뿐이다.

미첼은 케임브리지대학교에서 수학을 공부했고, 이후 그곳에서 수학, 그리스어, 히브리어를 가르쳤다. 그는 지진이 지구를 관통해 파동의 형태로 전달됨을 깨닫고 지진학 분야를 창시했으며 이런 통찰 덕에 왕립 학회에 이름을 올렸다. 이후 캐번디시가 중력상수gravitational constant를 측정하는 데 사용한 실험 기구를 고안한 사람이 바로 미첼이었다. 중력상수는 모든 중력 계산의 기반이 되는 근본적인 값이다. 그는 또한 천문학에 통계적 방법을 최초로 적용한 사람이었으며, 밤하늘에서 쌍을 이루고 무리를 지은 많은 별이 우연히 한 방향에 자리한 것이 아니라 물리적으로 엮여 있어야 한다고 주장했다.[1]

이 성직자가 보여준 가장 대단한 통찰은 어떤 별들의 경우 너무 강한 중력을 지닌 나머지 빛조차 그로부터 탈출할 수 없음을 제안했다는 것이다. 그는 읽기 힘들 정도로 긴 제목이 붙은 1784년 논문에서 이 아이디어를 소개했다. 논문 제목은 "별빛의 속도 감소가 일어나는 상황에서 이런 감속을 어느 별에서 발견할 수 있으며, 그 자료를 관측으로 얻을 수 있다면 고정된 별의 거리와 밝기 등을 알아내는 방법에 관하여"였다.[2]

논문의 요지는 제목에 잘 설명되어 있다. 미첼은 **탈출속도**escape velocity라는 개념을 이해했고 그것이 별의 질량과 크기에 의해 결정된다는 사실을 알았다. 그는 뉴턴의 견해를 따라 빛이 입자라고 믿었으며 빛의 움직임이 별의 중력에 따라 느려질 것이라고 추론했다. 그는 만약 별의 질량이 아주 커서 탈출속도가 빛의 속도와 같아질 만큼 중력이 강하다면 무슨 일이 일어날지 상상했다. 그리고 빛이 별에서 벗어날 수 없기에 우리가 관측하지 못하는 "검은 별"이 여럿 있으리라는 가설을 세웠다.[3]

미첼의 추론에는 결점이 있었지만, 그것은 그가 오직 뉴턴의 물리 법칙만을 사용했기 때문이었다. 1887년, 앨버트 마이컬슨Albert Michelson과 에드워드 몰리Edward Morley는 지구의 움직임과 관계없이 빛이 언제나 같은 속도로 움직인다는 사실을 증명했다.[4] 그리고 1905년이 되어서야 아인슈타인은 빛의 속도가 중력의 세기에 따라 바뀌지 않는다고 제안한 특수상대성이론의 전제로 이 결과를 사용했다. 미첼은 또 태양보다 500배나 크지만 태양과 같은 밀도를 지닌 검은 별을 상상하는 데서도 오류를 범했다. 중력의 극적인 효과는 밀도가 높을 때만 실현되고, 그러려면 태양과 같은 별은 아주 작은 부피로 압축되어야만 한다.

위대한 프랑스인 수학자가 끼어들다

검은 별에 관한 미첼의 추측이 등장한 지 수십 년이 흘렀다. 프랑스인 과학자이자 수학자였던 피에르-시몽 라플라스Pierre-Simon Laplace는《우주 체계에 대한 해설Exposition of the System of the World》에서 같은 주제를 다루었다. 미첼보다 더 유명했던 라플라스는 프랑스학술원 원장으로 나폴레옹의 고문 역할을 맡았고 이후 백작에 이어 후작 계급까지 올랐다. 라플라스도 미첼처럼 신학을 공부했고 종교적인 집안에서 태어났지만, 그에겐 수학의 소명이 신의 부름보다 크게 들렸다.

라플라스는 미첼의 연구에 대해 알지 못했던 듯하다. 천문학에 관한 두 편의 논문에서 라플라스는 태양보다 훨씬 큰 가상의 별에서의 중력에 대해 생각하면서 검은 별에 대한 발상을 짧게 언급한다. "그러므로 우주에서 가장 커다랗고 밝은 천체는 이런 이유로 인해 우리 눈에 보이지 않을 수 있다." 동료 한 명이 라플라스에게 이 주장에 대한 수학적 증명을 내놓으라 요구했고, 라플라스는 3년 뒤인 1799년에 증명을 내놓았다.[5] 그의 업적 역시 미첼의 것과 같은 이유로 결함이 있었다. 당시 알려진 가장 밀도가 높은 물질은 금이었는데, 금은 지구보다 다섯 배, 태양보다 14배 밀도가 높다. 블랙홀의 현대적인 이해에 필요한, 밀도가 수백만 배나 더 높은 물질의 상태를 그 시대의 과학자들이 상상하기는 어려웠을 것이다(그림 1). 라플라스는 이후 출간된 자신의 책에서 검은 별에 대한 언급을 모두 지워 버렸다. 1799년 토머스 영Thomas Young이 빛은 입자가 아닌 파동처럼 행동한다는 사실을 보였는데, 이에 따르면 중력이 파동을 감속시키기는 어려워 보였기 때문일 것이다.

블랙홀이라는 개념은 새로운 중력이론 없이는 온전히 등장할 수 없었다. 뉴턴의 이론은 간단했다. 공간은 매끈하고 선형적이며 모든 방향으로 무한정 펼쳐져 있다. 시간도 부드럽고 선형적이며 미래로 무한히 흐른다. 공간과 시간은 서로 독립적이다. 별과 행성은

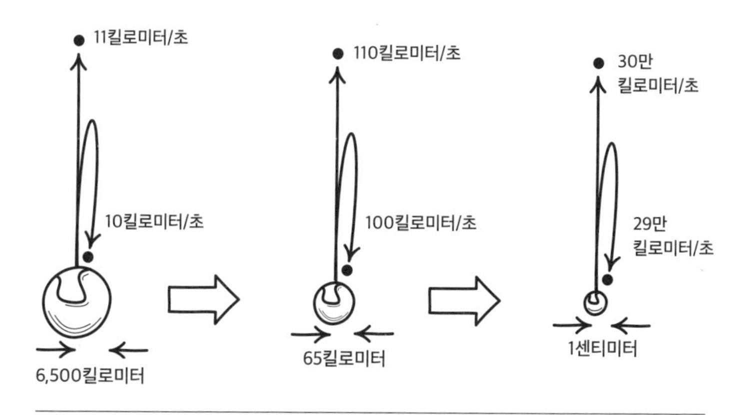

그림 1. 뉴턴의 중력이론에 따른 블랙홀의 개념. 지구의 탈출속도는 초속 11킬로미터이고 이 속도로 발사된 어떤 물체라도 지구의 중력을 벗어날 것이다. 만약 지구 크기가 100분의 1로 작아진다면, 탈출속도는 초속 110킬로미터로 증가한다. 만약 지구 반지름이 약 1센티미터 정도로 작아진다면 블랙홀이 되고, 탈출속도가 광속과 같아진다. ©John D. Norton/University of Pittsburgh

그들의 질량과 그들 사이의 거리에 따라 결정되는 힘으로 지배되는 공간에서 움직인다. 이것이 뉴턴의 우아한 우주다.[6]

뉴턴의 전기 작가인 동시에 스스로도 훌륭한 학자인 리처드 웨스트폴Richard Westfall은 이렇게 말했다. "뉴턴에 관한 내 연구의 결론은 그가 비할 데 없는 사람임을 드러내는 역할을 했다. 내게 그는 완전히 다른 사람이 되었다. 그는 인류 지성의 한 영역을 형성한 최고 천재들 몇 명 중 하나로, 우리가 주변 동료들을 이해하는 방식의 기준으로 환원할 수 없는 사람이다."[7] 그러나 뉴턴의 위대한 지성도 중력을 완전히 이해하지는 못했다. 그는 어떻게 중력이 진공을 가로질러 순간적으로, 눈에 보이지 않은 채 작동하는지 설명할 수 없었다. 그는 1687년 발표한 중력에 관한 걸작《자연철학의 수학적 원리Philosophiae Naturalis Principia Mathematica》에서 이런 사실을 인정했다. 그는 "나는 현상들로부터 중력이 그런 성질을 보이는 원인을 찾아낼 수 없었고, 어떠한 가설도 세울 수 없다"라고 썼다.

시공간의 구조를 이해하다

스위스 베른의 특허청 직원이었던 26세의 아인슈타인은 뉴턴 체계를 뜯어고쳤다. 1905년, 아인슈타인은 물리학의 단면을 바꿀 네 편의 논문을 썼다.[8] 그중 한 논문에서, 그는 광전효과를 연구했다. 광전

효과는 빛이 물질을 비출 때 전자들이 방출되는 현상이다. 그는 빛이 입자처럼 행동하며 '퀀타quanta'라는 불연속적인 양으로 에너지를 전달한다고 주장했다. 더 유명한 상대성이론이 아니라 바로 이 연구를 통해 그는 노벨상을 받았다(그림 2). 영과 다른 이들의 실험은 빛이 회절과 간섭을 보인다는 사실을 확실히 보였고, 물리학자들은 어떻게든 빛이 파동과 입자의 성질을 동시에 지닌다는 사실을 받아들여야만 했다.

다른 짧은 논문을 통해서는 물리학에서 가장 유명한 방정식인 $E=mc^2$을 발표했다. 이 방정식은 질량과 에너지가 동등하며 서로 교환될 수 있음을 의미한다. 빛의 속도인 c는 아주 큰 값이기 때문에, 작은 질량도 아주 커다란 양의 에너지로 변환될 수 있다. 질량은 마치 에너지의 '얼어붙은' 형태와 같고, 이것이 핵무기가 아주 강력한 이유이기도 하다. 반대로 에너지는 아주 작은 양의 동등한 질량으로 전환된다. 이 방정식에 따르면 광자가 중력에 영향을 받는다는 사실은 자연스럽다.

그림 2. 일반상대성이론을 발표한 지 5년 뒤인 1921년의 아인슈타인. 그의 이론은 선형적이고 절대적인 시간과 공간에 기반한 뉴턴의 중력이론에서 급진적으로 동떨어진 것이었다. 일반상대성이론에서, 시공간은 그것이 품고 있는 질량과 에너지에 따라 발생하는 곡률을 지닌다. © Ferdinand Schmutzer

세 번째 논문에서는 특수상대성이론을 제시했다. 이 이론은 자연의 법칙이 일정한 속도로 상대운동하는 모든 관측자에게 동일하게 작용해야 한다는 갈릴레오 갈릴레이Galileo Galilei의 아이디어를 기반으로 세워졌고, 여기에 두 번째 전제를 추가했다. 빛의 속도가 관측자의 운동에 영향을 받지 않는다는 것이다. 사고실험 하나가 보여주겠지만, 이 두 번째 가정은 상당히 급진적이다.[9] 당신이 멀리 떨어진 누군가에게 손전등으로 빛을 비춘다고 생각하자. 그 사람은 광속인 초속 30만 킬로미터 빠르기로 도착하는 광자를 측정할 것이다. 이 상황에서 당신이 그 사람을 향해 광속의 절반으로 돌진한다고 가정하자. 반대편에 있는 사람은 초속 45만 킬로미터가 아니라 여전히 광속으로 도착하는 광자를 보게 된다. 빛은 단순한 산수를 따르지 않는다. 광속은 우주적인 상수이며 이는 심오한 함의를 지닌다. 속도는 거리를 시간으로 나눈 양이다. 만약 속도가 일정하다면, 시간과 공간의 척도는 서로 비례한다. 물체가 아주 빠른 속도로 움직이고 광속에 가까워질수록, 운동 방향으로 길이가 짧아지면서 물체 내부의 시간은 천천히 흐른다. 아인슈타인의 이론에 따르면 빛은 움직일 수 있는 가장 빠른 것이다. 그는 물체가 광속에 가깝게 움직일수록 더 큰 질량을 지니게 된다고 예측했다. 관성을 더 증가시켜 빛의 속도에 도달하거나 그것을 넘어설 수 없게 하기 위해서.

이 모든 연구가 놀랍긴 하지만, 아인슈타인은 그저 자신의 중대한 업적인 일반상대성이론을 위해 몸을 풀고 있었을 뿐이다. 일반상대성이론에서 그는 자신의 아이디어를 등속운동에서 가속운동으로 확장했고 중력을 끌어들였다. 이것은 또 다른 갈릴레이식 통찰에서 시작한다. 이 르네상스 시대의 박식한 인물은 모든 물체가 질량과 관계없이 일정한 가속도에 따라 낙하한다는 사실을 보였다. 이것은 (물체가 자신의 운동을 바꾸려는 데 저항해 상태를 유지하려는 성질인) 관성질량이 (물체가 중력에 반응해 띠는) 중력질량과 같음을 뜻한다. 이것은 우연인 동시에 갈릴레이에게 수수께끼였지만, 아인슈타인은 그것이 새로운 중력 개념의 열쇠가 아닐까 의심했다.

당신이 지상에 붙은 엘리베이터 안에 갇혀 있다고 상상하자. 당신은 자신의 일반적인 무게를 느끼고, 무엇을 떨어뜨리든 제곱초당 9.8미터로 가속된다. 중력이 존재하는 흔한 상황이다. 이제 당신이 우주에서 (마치 엘리베이터 안처럼) 상자 안에서 갇혀 있고, 우주선에 의해 제곱초당 9.8미터로 가속된다고 상상해보라. 앞의 경우에는 중력이 관여하고 뒤의 경우에는 그렇지 않다. 하지만 아인슈타인은 어떤 실험으로도 두 가지 경우를 구분할 수 없으리라는 것을 알아차렸다. 두 가지 상황이 더 있다. 우선 당신이 심우주의 엘리베이터 안에 갇혀 있는 경우다. 당신은 무중력 상태로 엘리베이터 안을 떠다닌다. 두 번째로, 높은 건물에 있는 엘리베이터의 케이블이 끊어져 통로 바닥으로 수직 낙하하고 있는 경우다. 이 두 가지 경우를 구분할 방법 또한 없다. 중력은 다른 힘과 구별되지 않는다. 이런 '등가원리'가 아인슈타인 일반상대성이론의 핵심이다. 엘리베이터 안에서의 극단적 낙하가 시사하는 재앙에도 불구하고, 아인슈타인은 떨어지는 사람이 자기 무게를 느끼지 못하리라는 사실이 자신의 "가장 행복한 생각"이었다고 말했다.

중력에 대한 아인슈타인의 새로운 이해는 기하학적이었다. 일반상대성이론의 방정식들은 어떤 영역에 위치한 질량과 에너지의 양을 공간의 곡률과 연결 지었다. 뉴턴의 평평하고 선형적인 공간과 그 안에 담긴 물체들은 영역 안에 들어 있는 물체에 의해 휘어진 공간으로 대체되었다(그림 3).[10] 공간과 시간이 연결되어, 중력이 시간뿐 아니라 공간도 비틀 수 있는 것이다. '블랙홀'이라는 단어를 만든 사람이자 우리가 뒤에서 만나볼 물리학자인 존 휠러John Wheeler는 이런 사실을 명료하게 표현했다. "물질은 공간이 어떻게 휘어질지를 알려준다. 공간은 물질이 어떻게 움직일지를 말해준다." 시인 로버트 프로스트Robert Frost의 표현으로도 들어보자. 그는 상대론의 등장에 대해 양가감정을 지니고 있었다. 그는 〈우리가 원하는 대로의 크기Any Size We Please〉라는 제목의 소네트에서 무한한 공간을 두렵게 생각했으나 블랙홀을 기술하는 곡률에 대해서는 편안함을 느꼈다.

그는 자기 공간이 모두 굽어 있을 수 있다고 생각했다.
자신을 감싸 스스로 친구가 되어주니,
그의 과학은 그를 불안하게 만들 필요가 없었다.
그는 너무 바깥에, 너무 펼쳐져 있었다.

그는 힘을 확인하려 가슴을 쳤고

그의 우주 전체를 위해 자기 자신을 껴안았다.[11]

일반상대성이론의 세 가지 효과는 특히 블랙홀이 전형적으로 보여주는 상황, 즉 밀도 높은 물질이 존재하는 상황에서 의미가 있다. 첫 번째는 빛이 시공간에 집중된 질량 때문에 굽은 부분을 따라 움직이며 휘는 효과다. 이것은 초기 일반상대성이론의 고전적 시험이었다. 아인슈타인이 이론을 발표한 지 3년 뒤인 1919년의 일이었다. 영국의 위대한 천체물리학자 아서 에딩턴Arthur Eddington이 이끄는

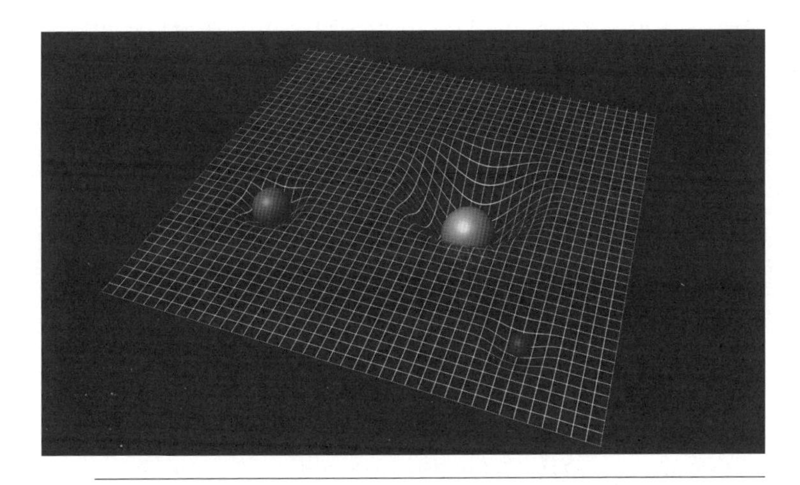

그림 3. 아인슈타인의 일반상대성이론에 따르면 이 그림에서 비유적으로 보이듯 공간은 그것이 품고 있는 질량에 의해 굽어지고, 곡률이 질량에 따라 커진다. 블랙홀은 시공간이 나머지 우주로부터 '떼어진' 상황에 해당한다. 일반적인 별이나 행성이 있는 경우, 공간의 휘어짐은 거의 감지할 수 없을 수준이다. ©ESA/Christophe Carreau

팀은 태양의 경계 가까이 지나오는 빛이 약간 휘어짐을 측정했다. 아주 정밀한 측정은 아니었지만, 상대론의 입증 덕에 아인슈타인은 유명 인사가 되었고 과학계에서 우뚝 섰다. 1995년, 더욱 정밀한 측정이 이루어졌지만 아인슈타인의 예측과 단 0.01퍼센트의 차이를 보였다.[12]

두 번째 효과는 빛이 무거운 물체를 떠나며 에너지를 잃는 현상인데, 중력적색이동gravitational redshift이라고 한다. 광자가 중력에 대항해 몸부림치는 상황을 상상해보라. 이 현상은 1960년에 실험적으로 처음 관측되었다. 이와 가깝게 연결된 효과는 시간지연time dilation인데, 중력이 강한 공간에서 시간이 상대적으로 천천히 흐른다는 예측이다. 시간지연은 1971년 처음으로 측정되었다. 높은 고도를 비행하는 원자시계가 지상에 있는 동일한 원자시계보다 아주 약간 빠르게 가는 것을 통해서였다. 2010년, 시간지연은 겨우 1미터 차이 수직 거리에서도 측정되었고, 이 실험을 위해 40억 년 동안 1초가 어긋나는 수준으로 엄청난 정밀도를 보이며 작동하는 시계가 필요했다.[13] 시간지연 측정 역시 일반상대성이론의 예측과 0.01퍼센트 이내 정확도로 일치했다. 일반상대성이론은 모든 실험적 시험을 통과하며 개가를 올렸다.

일반상대성이론은 난해하고 일상생활과 동떨어진 듯 보인다. 하지만 만약 계산에서 시간지연의 효과를 고려하지 않는다면 GPS 시스템은 완전히 엉망이 될 것이다. 지구상에서 1미터 이내 정확도로 휴대전화의 위치를 알아내는 것은 원자시계가 설치된 위성들의 궤도를 매우 정밀하게 측정해야 가능한 일이다.[14] 이런 상대론적 계산은 당신의 휴대전화에 있는 컴퓨터 칩을 통해 이루어지며, 이 보정이 없다면 GPS가 하루 만에 10킬로미터 이상의 거리 오차를 드러낼 것이다. 중력이 약한 태양계 내에서는 상대론적 효과가 미묘하지만, 우리는 별이 붕괴하고 중력이 강한 상황에서 얼마나 강력하게 그 효과가 작용하는지 목격할 것이다.

특이점과 어느 짧은 인생

일반상대성이론은 간결하고 아름답다. 아인슈타인은 이것의 창조에 대해 "이 이론을 온전히 이해하는 사람은 그 마법에서 벗어나기 어려울 것이다"라고 말했다.[15] 그러나 일반상대성이론을 마주할 수학적 용기를 지닌 사람은 많지 않다. 일반상대성이론을 가장 간결한 형태로 기술한 하나의 방정식은 질량과 에너지밀도를 시공간의 곡률과 연결한다. 마치 셰익스피어의 5분짜리 연극과 같다. 공연 전체는 서로 결합하고 비선형적인 쌍곡선과 타원곡선의 편미분방정식 열 개로 이루어진다. 기저에 깔린 수학은 다양체manifold를 기초로 하는데, **유클리드공간**에서 다양체란 평평한 종이 한 장을 접어 만든 용 같은 것이다.[16]

아인슈타인은 자신의 이론에 대한 대략적인 해를 구했고, 이에 따라 에딩턴은 일식 중 별빛이 중력적으로 휘어지는 현상을 측정할 탐험을 준비할 수 있었다. 아인슈타인은 방정식들이 쉽게 풀릴 수 있으리라 생각하지 않았지만, 일반상대성이론은 즉시 물리학계 최고 지성들의 이목을 끌었다. 그들 중 한 명은 굉장한 진전을 보였다. 카를 슈바르츠실트Karl Schwarzschild는 독일 프랑크푸르트에서 태어났는데, 16세의 나이에 쌍성계 궤도에 관한 논문 두 편을 쓸 만큼 뛰어난 학생으로 성장했다. 그는 일찌감치 괴팅겐대학교에서 교수이자 천문대 대장이 되었다. 제1차 세계대전이 발발하자, 애국심에 불타던 그는 마흔을 넘긴 나이였음에도 독일군에 입대했고, 서쪽과 동쪽 전선에서 복무하며 포병대에서 중위 계급까지 올랐다.

슈바르츠실트는 1915년 말 러시아 전선에서 혹독한 추위를 마주하면서도 아인슈타인과 서신을 주고받았다. 슈바르츠실트는 "이 전쟁은 나를 충분히 친절하게 대해주었고" 또한 "집중포화에도 불구하고 모든 것에서 벗어나 당신 아이디어 위를 산책할 수 있게 해주었다"라고 썼다.[17] 아인슈타인은 슈바르츠실트가 자기 방정식을 정확히 풀이해낸 데 감명받았으며 그것을 독일과학원에 발표했다. 그러나 슈바르츠실트는 천포창이라는 희귀하고 고통스러운 피부병으로 인해 아이디어를 더 발전시키지 못했다. 1916년 2월 논문을 투고했으나 3월에 러시아 전선에서 집으로 돌아가라는 명령을 받았고 5월에 사망했다.

슈바르츠실트가 찾은 해는 무엇이었을까? 천체 표면에서 탈출속도는 천체의 질량과 반지름에 의해 결정된다. 미첼과 라플라스는 태양과 같은 밀도를 지닌 크기와 질량이 큰 별에 의해 빛이 붙잡히는 가능성을 고려했다. 슈바르츠실트는 태양과 같은 별이 수축해 밀도가 높아지면 탈출속도가 광속에 가까워질 수 있다는 사실을 깨달았다. 그의 해에는 놀랄 만한 특징이 두 가지 있었다. 하나는 중력이 천체를 무한한 밀도 상태, 즉 특이점이라 불리는 상태로 만들 수 있다는 것이었다. 두 번째는 내부에 있는 물질을 영원히 가둘 수 있

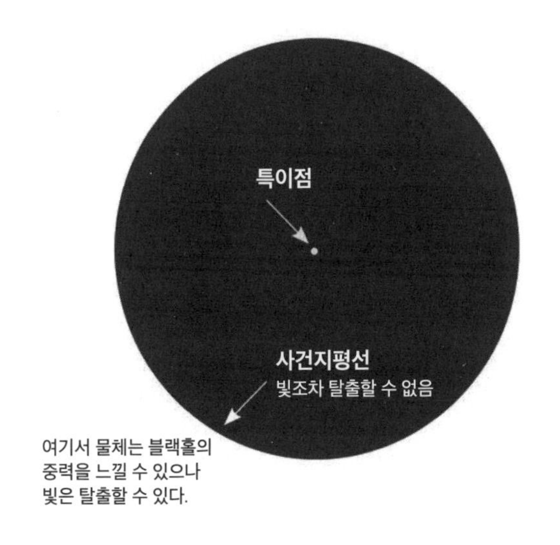

그림 4. 블랙홀은 질량과 각운동량만으로 기술되는 간단한 천체다. 사건지평선은 우리가 볼 수 있는 시공간의 영역과 그렇지 못한 부분을 가르는 정보의 벽이다. 블랙홀 중심의 특이점은 무한한 밀도를 갖는 점이다.

는 중력적 경계에 대한 예측이었다. 이것이 사건지평선이다. 특이점과 사건지평선은 블랙홀의 두 가지 필수 요소다(그림 4).

별의 내부 폭발과 원자폭탄의 지배자

아인슈타인은 전혀 기뻐하지 않았다. 그와 에딩턴 모두 특이점을 불완전한 물리적 이해의 흔적이라고 여겼다. 물리적 대상이 0의 크기와 무한대의 밀도를 지닌다는 것은 말이 되지 않았다. 아인슈타인의 이론은 도저히 말이 안 되는 무언가를 만들어낸 것이다. 다른 물리학자들은 슈바르츠실트의 해가 소수만 이해할 수 있는 호기심의 산물이라고 생각했다. 태양과 같은 별의 경우 슈바르츠실트반지름, 즉 사건지평선 크기가 3킬로미터였다. 어떻게 지구보다 100배나 커서 지름이 140만 킬로미터나 되는 별이 마을 하나 크기로 줄어들 수 있겠는가?

다른 물리학의 귀재는 그것이 가능하다고 생각했다. 로버트 오펜하이머Robert Oppenheimer는 뉴욕에서 태어나 하버드대학교에서 물리학을 공부했다. 그는 박사 학위를 딴 후 유럽을 여행하며 당시 생겨나던 양자역학의 세계에 발을 디뎠다. 그의 과학적 흥미는 왕성했다. 그는 여러 업적을 이루었으나 대표적으로 양자이론을 분자에 처음 적용한 사람이었고 반물질을 예측했으며 **우주선**cosmic rays에 관한 이론을 개척했다. 그 과정에서 캘리포니아대학교 버클리캠퍼스에 세계 최고의 이론물리 프로그램을 만들었다. 오펜하이머는 예술과 음악에도 깊은 흥미를 지닌 문화인이었다. 산스크리트어를 공부했고 그리스철학 원전을 읽었다. 강한 사회적 양심과 좌익 성향을 지닌 사람이었다.[18]

오펜하이머는 핵물질을 이해하는 데 필요한 도구들을 개발했고 천체물리학이 색다른 실제 세계의 예시를 제공할 수 있음을 깨달았다. 별은 진화하면서 항상 안쪽으로 끌어당기는 중력과 핵융합에 의해 바깥으로 밀어내는 압력이 아슬아슬한 균형을 이룬다. 태양은 핵융합이 진행되는 동안 안정적으로 같은 크기를 유지한다. 만약 태양이 핵융합 원료인 수소를 다 써버리면 밀도가 높은 상태로 수축하고 이때 축퇴압degeneracy pressure이라고 불리는 양자역학적 힘이 태양을 지탱하게 된다. 이 상태의 별을 백색왜성이라고 부른다. 인도의 천체물리학자인 수브라마니안 찬드라세카르Subrahmanyan Chandrasekhar는 별의 질량이 태양보다 크다면 중력이 축퇴압의 힘을 이겨 원자핵 밀도로까지 수축이 일어날 수 있음을 밝혔다. 이것이 중성자별이다. 1939년, 오펜하이머는 대학원생 한 명과 함께 "지속되는 중력적 수축에 대하여On Continued Gravitational Contraction"라는 논문을 썼다.[19] 그들은 이 논문에서 어려운 계산을 통해 더 질량이 큰 별의 경우 알려진 어떤 물질보다도 밀도가 높은 상태까지 수축할 수 있음을 보였다. 질량이 큰 별의 생이 끝날 때 필연적으로 블랙홀이 형성되는 것이다.

1942년, 오펜하이머는 원자폭탄을 개발하는 미국의 노력을 이끄는 임무를 맡게 되었다. 그는 유능한 물리학자들로 드림 팀을 꾸려 뉴멕시코주 북부 로스앨러모스의 비밀 장소에서 연구를 진행했다. 전쟁에서 일본보다 결정적인 우위를 점하려던 치열한 노력이었다.[20] 오펜하이머는 일에 전념했지만, 희미한 갈등을 보였다. 1945년 '트리니티Trinity' 핵무기 폭발 실험을 목격한 이후, 동생에게 "성공했어"라고 간단히 말했다. 나중에 그는 힌두 경전《바가바드 기타Bhagavad Gita》에서 따온 유명한 말을 남겼다. "나는 죽음이며 세상의 파괴자가 되었다."[21] 전쟁 후, 오펜하이머는 정치 활동으로 인해 몰락했다. 반공산주의 마녀사냥으로 굴욕을 당했고 기밀 정보 취급 허가를 잃었다. 그의 명성은 결코 온전히 회복되지 않았다. 그러나 다른 대단한 물리학적 유산들과 함께, 그는 블랙홀을 추측이 아닌 그럴듯한 사실로 바꿔놓는 업적을 이루었다.

불가해한 것이 완벽한 이름을 얻다

물리학자들이 항상 잘 어울려 노는 것은 아니다. 훌륭한 과학자들은 종종 너무 경쟁적이고, 또한 자연이 어떻게 돌아가는지 이해하는 데 열성적이다. 나도 내 분야에서 격렬한 경쟁을 목격했고, 과학자들이 가끔 서로에게 던지는 인정사정없는 말에 겁먹은 적도 있다. 보통 최고의 아이디어가 확인되면 감정의 응어리는 한쪽으로 치워두게 되지만, 간혹 성격 차이로 인해 갈등이 일어나기도 한다. 오펜하이머와 "블랙홀"이라는 이름을 붙인 휠러의 관계에서 그랬던 것처럼 (그림 5).

휠러는 저명한 덴마크 물리학자 닐스 보어Niels Bohr의 가르침을 받았다. 보어는 그저 공식들을 파헤치는 것이 아니라 물리학으로 밝혀지는 실제의 본성에 관해 깊은 질문을 던지는 습관이 휠러에게 스며들도록 했다. 휠러는 버클리에서 오펜하이머와의 박사 학위 연구를 고려했지만 결국 그러지 않기로 했다. 오펜하이머는 휠러보다 고작 일곱 살 많은 선배였다. 휠러는 프린스턴대학교 교수로 커리어 대부분을 보냈고, 20세기 후반 활약한 최고의 물리학자 여럿을 지도했다. 그는 중력에 관한 연구를 적절한 주류의 주제로 자리 잡게 한 공로를 크게 인정받아야 한다. 1973년, 은퇴할 시기에 가까워진 그는 제자 두 명과 함께 기념비적인 교과서 《중력Gravitation》을 썼는데, 현대에도 물리학을 공부하는 대학

그림 5. 20세기 후반 가장 위대한 물리학자 중 한 명이며 고전으로 불리는 《중력》의 저자인 휠러. 그는 "블랙홀"이라는 이름을 만들었다. ©Johns Hopkins University Library

원생들은 여전히 이 책을 읽는다.[22]

1939년, 별의 수축에 관한 오펜하이머의 논문이 출간된 바로 그날, 휠러와 보어는 핵분열에 대한 설명을 담은 논문을 발표했다. 유럽에서는 히틀러가 폴란드를 정복한 시기였다. 이전 세대의 아인슈타인과 에딩턴처럼, 휠러도 특이점이라는 아이디어에 반대했다. 그에게도 특이점 개념은 물리 법칙을 위반하는 듯 보였기 때문이다. 1958년 한 학회에서, 휠러는 발표 중에 "그것은 받아들일 만한 답을 주지 않습니다"라며 오펜하이머의 생각을 거부하는 의견을 표명했다. 열정적인 토의가 이어졌다. 오펜하이머는 종종 치열하고 신경질적이었으며 홀로 사람들과 거리를 두었다. 휠러는 성실하고 열심이며 누구에게서든 배움을 얻으려 호기심이 넘치는 사람이었다. 그는 오펜하이머에 대해 이렇게 말했다. "나는 정말로 그를 전혀 이해할 수 없었다. 항상 그를 대하려면 경계를 갖추어야 할 것 같았다." 휠러는 폭탄 모형을 계산하는 데 쓰인 컴퓨터 코드들이 특이점의 가능성을 보이자 결국 오펜하이머의 아이디어를 받아들였다. 그리고 1962년, 학회에서 오펜하이머의 연구를 칭찬하기까지 했다. 하지만 오펜하이머는 휠러가 전한 지지의 말을 듣지 않았는데, 휠러의 발표를 듣느니 강연장 바깥에서 동료와 수다나 떨기를 선택했기 때문이었다.[23]

전쟁 중 주요한 의견 대립이 그들의 적대감에 기름을 부었다. 오펜하이머는 전쟁을 끝내는 데 도움을 준 원자폭탄 프로그램의 주역이었지만, 전쟁 이후에는 핵무기 확산 방지에 힘을 쏟았다. 한편 휠러와 에드워드 텔러Edward Teller는 더 강력한 수소폭탄을 설계하는 노력을 이끌었다. 두 사람은 그 폭탄을 "슈퍼"라고 불렀다.[24] 오펜하이머는 이에 반대하며 "텔러와 휠러가 계속하도록 놔둡시다. 고꾸라지는 꼴을 보자고요"라고 말했다.[25] 하지만 텔러와 휠러가 결국 성공을 거두면서, 나중에 오펜하이머는 수소폭탄을 가능케 한 그들의 기술적 기량을 인정했다. 휠러는 동생이 1944년 이탈리아에서 전사한 다음 강경한 태도를 보이기 시작했다. 그는 유럽에서 전세를 바꿀 수 있었을 시기에 맞추어 신속하게 폭탄을 개발하지 못한 것을 쓰라리게 후회했다.

1967년 강연에서 휠러는 "중력적으로 완전히 수축한 천체"를 충분히 여러 번 말하고 나니 더 나은 이름을 찾게 되었다고 이야기했다. 청중 속의 누군가(누군지는 끝내 확인되지 않았다)가 외쳤다. "검은 구멍[블랙홀]은 어때요?" 휠러는 블랙홀이라는 표현을 쓰기 시작했고 단어가 유명해지는지 지켜보았다. 실제로 그렇게 되었다. 역시 그 아이디어를 지지하지 않았던 이에 의해 생겨난 단어 "빅뱅big bang"처럼, 블랙홀도 구어적 표현이었지만 여전히 정확한 뜻을 담았다.[26] 휠러는 그의 자서전에서 블랙홀이 "종이 한 장이 무한히 작은 점으로 바뀌듯 공간 또한 구겨질 수 있으며, 시간도 꺼진 불처럼 사라질 수 있고, 우리가 신성하게 여기는 물리학 법칙도 결코 불변한 것이 아닐 수 있음을 가르쳐준다"고 썼다.

중력과 병에 시달리던 천재

스티븐 호킹Stephen Hawking은 블랙홀에 도전했던 또 다른 뛰어난 지성이다. 그의 이야기가 너무 친숙한 나머지 우리는 놀라는 것조차 잊곤 한다. 그는 소심하고 평범한 학생이었지만 3년 내내 하루에 한 시간도 공부하지 않았으면서 학부를 우등 졸업했다. 그러나 21세의 나이에, 운동신경세포가 퇴화하는 루게릭병에 걸려 2년밖에 더 살지 못하리라는 이야기를 들었다. 그런데도 32세에 왕립 학회 회원으로 선출되었고 35세에는 케임브리지대학교에서 한때 뉴턴이 맡았던 루커스 수학 석좌교수의 자리에 오른다. 1980년대에는 폐렴으로 거의 사망할 뻔했고, 그 때문에 목소리를 잃은 후 이제 그의 상징이 된 기계음에 의존하기 시작했다. 그리고 저서《시간의 역사A Brief History of Time》가 1,000만 부 이상 팔리며 유명 인사가 되었다.[27] 2018년 3월 사망할 때까지, 그는 원래 선고받았던 기간보다 50년 이상을 더 살았다(그림 6).

호킹과 가까웠던 사람들은 그가 날카로운 성격을 가진 사람이라고 묘사했다.[28] 그러나 적어도 물리학 분야에서 그는 아인슈타인 이후 가장 똑똑하고 독창적인 지성이었다.[29] 호킹은 박사 학위논문에서 물리학자 대부분이 마주하기 꺼리는 주제, 특이점을 다루었다. 앞에서 보았듯 블랙홀 한가운데에 특이점이 존재하리라는 가능성 때문에 무려 아인슈타인까지도 자기 이론을 의심했었다. 수학적으

그림 6. 호킹이 2007년, 개조한 보잉 727을 타고 날며 순간적으로 중력의 지배자가 되었다. 우주 사업가인 피터 디아만디스Peter Diamandis가 미국항공우주국NASA과 함께 비행을 마련했다. 호킹은 버진갤럭틱Virgin Galactic의 더 긴 무중력 비행을 체험하기를 원했다. ©Jim Campbell/Aero-News Network

로 특이점은 함수가 무한한 값을 갖는 상황이다. 이런 경우는 항상 발생하고 치명적이지도 않다. 수학에는 무한대를 다루고 처리할 수 있는 다양한 방법이 있기 때문이다. 하지만 물리학에서 무한대는 심각한 문제다. 액체를 기술하는 어떤 이론이 있다고 하자. 그리고 특정 조건에서 액체 밀도가 무한대가 된다는 예측이 있다면 어떨까. 분명히 물리적이지 않은 상황이며 이는 곧 이론에 결함이 있다는 의미다. 호킹은 일반상대성이론에서 특이점이 문제가 된다고 확신하지 못했다. 그는 옥스퍼드대학교의 수학자인 로저 펜로즈Roger Penrose와 팀을 이루었다. 펜로즈는 시공간의 성질을 연구하는 데 사용하는 도구들에 혁신을 일으키고 있던 인물이었다.

일반상대성이론에서 시공간은 이상하게 작동할 수 있다. 이런 상황은 이론의 일부일 뿐, 치명적 결함의 징후는 아니다. 시공간은 접히거나 찢어질 수 있고 가장자리와 구멍을 가지거나 주름이 잡힐 수도 있으며, 서로 연결되어 위상수학적으로 복잡한 형태를 띨 수도 있다.[30] 일반상대성이론의 '전경'은 단순한 3차원 공간에 기반하고 어디서나 선형적이었던 뉴턴의 중력과 몹시 다르다. 일반상대성이론은 특이점의 가능성을 포함한다.

일반상대성이론에서 시공간상의 특이점에는 두 종류만 존재한다. 특이점은 (블랙홀의 경우처럼) 물질이 무한한 질량 밀도로 압축되었을 때 생길 수 있다. 또는 (빅뱅의 경우처럼) 무한대의 곡률과 에너지 밀도를 지닌 곳에서 빛이 방출될 때 나타날 수 있다. 첫 번째 상황에 대해서는 평평한 종이 한 장에 구멍이 뚫려 있거나 가장자리가 존재하는 경우를 비유로 들 수 있다(두 번째 상황에 대해서는 적절한 비유가 존재하지 않는다). 종이의 면을 따라 운동하는 어떤 입자라도 특이점을 만나면 그저 사라질 뿐이다. 호킹과 펜로즈는 보편적인 방법으로 특이점을 다루는 것을 목표로 했다. 가능한 한 많은 가정을 배제하고 유명한 특이점 정리들을 증명해 일반상대성이론에서 특이점이 필연적임을 보였다. 다른 말로 하면, 특이점은 특징이지 오류가 아니었다. 모든 블랙홀은 질량 특이점을 가져야 하고 (우리 우주와 같이) 모든 팽창하는 우주는 에너지 특이점에서 시작해야 한다. 호킹

은 우주론의 예를 학위논문에서 다루었고 순식간에 이론물리학계라는 희귀한 세계의 록 스타가 되었다.[31]

그러고 나서 호킹은 블랙홀로 관심을 옮겼다. 그는 두 명의 동료와 함께 우주에 있는 다른 모든 천체처럼 블랙홀 역시 열역학법칙을 따라야 한다는 사실을 제안했다. 1960년 중반 당시까지 정적인 블랙홀에 대한 슈바르츠실트의 초기 해에 더해 회전하는 블랙홀에 대한 일반상대성이론의 완전한 해가 알려져 있었다. 수학이나 물리학에서 해라는 것은 모든 방정식을 만족하는 변수 값의 집합을 말한다. 이런 상황을 보면 상대론에서 정확한 해를 찾는 일이 얼마나 어려운지 알 수 있다. 100년 동안 단 두 개만이 발견되었으니!

호킹의 블랙홀 '법칙들' 중 하나는 블랙홀의 표면적이 계속 커진다는 것이다. 물질이 블랙홀로 떨어지면 사건지평선의 면적이 커지고, 두 블랙홀이 병합하면 그 결과로 생기는 블랙홀 사건지평선 면적은 두 블랙홀 각각의 사건지평선 면적의 합보다 크다. 호킹의 발견은 깜짝 놀랄 만한 결론과 함께 새로운 논쟁을 불러왔다.

1967년, 휠러는 블랙홀이 질량과 **각운동량**(스핀spin)만으로 기술할 수 있는 아주 간단한 물체라고 제안했다.[32] 눈길을 사로잡는 이름을 짓는 데 도사였던 휠러는 이런 제안을 "무모no-hair의 정리"라고 불렀다. 여기서 머리털은 물리적 대상을 기술하기 위한 세부 사항을 이르는 비유다. 휠러의 대학원생 중 한 명이었던 제이콥 베컨스타인Jacob Bekenstein은 휠러의 이론을 호킹의 블랙홀 면적에 대한 이해와 결합하려고 노력했다. 일반적으로 물리학에서 엔트로피entropy는 무질서함을 나타낸다. 엔트로피는 물질을 구성하는 원자나 분자가 물질의 전반적인 특성을 바꾸지 않으면서 재배열될 수 있는 경우의 수를 나타내는 척도다. "무모의 정리"는 블랙홀이 엔트로피를 가지고 있지 않음을 암시했지만, 베컨스타인은 자연에서 관측되는 어떤 물체든 엔트로피가 항상 증가한다는 열역학 제2법칙을 벗어날 수 없다는 점에서 블랙홀 또한 예외가 아니라고 지적했다.[33] 열역학은 물리학의 주춧돌 역할을 하기에, 호킹은 베컨스타인의 주장을 받아들였다. 하지만 이내 수수께끼를 마주했다. 만약 블랙홀이 엔트로피를 지닌다면, 온도도 있어야 한다. 그리고 온도를 가졌다면, 에너지를 방출해야 한다. 하지만 무엇도 탈출할 수 없는 블랙홀에서 어떻게 에너지를 방출한다는 말인가?

이 난제에 대한 호킹의 답에 이론물리학계는 경악했다. 그는 블랙홀이 증발한다고 말했다. 작동 원리는 다음과 같다. 고전물리학에서 진공 공간은 비어 있다. 하지만 양자역학에서 '가상의 입자들'은 끊임없이 생겨나고 파괴된다. 그것들은 하이젠베르크Heisenberg 불확정성원리에 따라 찰나의 순간 동안 존재한다. 일반적으로 이런 입자와 **반입자** 쌍은, 또는 광자 쌍은 어떠한 효과도 없이 사라진다. 그러나 블랙홀의 사건지평선 가까이에서, 강한 중력은 가상의 입자를 서로 떼어놓을 수 있다. 그중 하나는 블랙홀 내부로 떨어지고 다른 하나는 바깥으로 멀어져 실제 입자로 변한다(그림 7). 블랙홀이 이렇

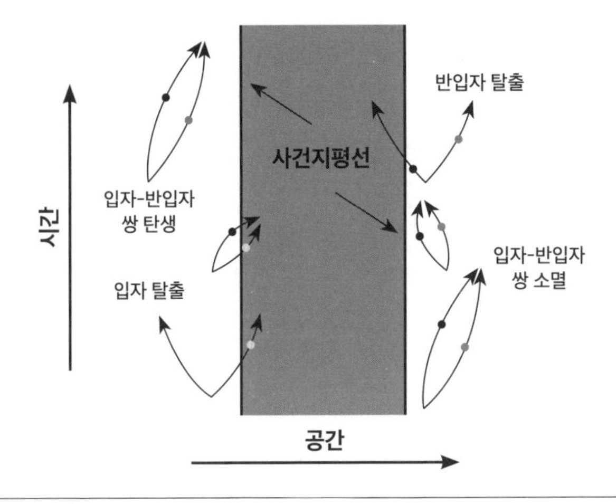

그림 7. 블랙홀은 완전히 검지 않다. 가상의 입자-반입자 쌍은 계속 생겨나고 짧은 시간 후에 소멸한다. 호킹의 이론에 따르면, 이 과정이 블랙홀 사건지평선 가까이에서 발생할 때 쌍을 이루는 입자 하나가 블랙홀에 포획되는 동시에 다른 한 입자는 바깥으로 탈출할 수 있다. 이 효과로 블랙홀이 에너지를 방출하고 천천히 증발한다. ©Northern Arizona University

게 에너지를 방출하는 것이다. 실제 입자를 만드는 데 필요한 에너지는 블랙홀의 중력장에서 오고, 블랙홀의 질량이 감소하게 된다. 아인슈타인이 양자역학에 관해 남긴 "신은 우주를 가지고 주사위 놀이를 하지 않는다"라는 유명한 말을 인용하면서, 호킹은 "신은 주사위 놀이를 할 뿐 아니라 때로는 보이지 않는 곳에 주사위를 던지기도 한다"고 말했다.[34]

호킹복사Hawking radiation는 논란의 여지가 있었지만 뛰어난 업적이었음을 부인하기 어려웠다. 호킹은 이내 왕립 학회 회원으로 선출되었다. 불행히도, 태양질량 정도의 별 잔해에 대해서는 호킹복사의 효과가 극히 작다. 절대온도로 1,000만분의 1도에 불과해 천문학적 측정이 이루어지기에는 너무 작다. 블랙홀의 질량 증발률 역시 놀랄 만큼 느리다. 태양질량의 블랙홀이 완전히 사라지려면 10^{66}년이 걸릴 것이다. 하지만 이 과정의 마무리는 꽤 흥미로울 수도 있다. 질량이 작아질수록 온도 변화와 증발률이 높아질 것이고, 블랙홀은 폭발적인 복사의 크레센도와 함께 사라질 것이기 때문이다.

블랙홀은 점점 더 이상해 보이기 시작했다. 물리학자들은 블랙홀의 실재를 의심하면서도 그 의미를 탐구했다. 1935년, 아인슈타인과 네이선 로즌Nathan Rosen은 시공간의 다른 두 점을 연결하는 '다리'의 존재를 제안했다.[35] 이 다리의 한쪽 끝에 블랙홀이 있을 것이다. 휠러는 이 다리에 "웜홀worm hole"이라는 별명을 붙였다. 일반상대성이론은 또한 밖에서 안으로 들어갈 수 없는, 하지만 빛과 물질은 탈출할 수 있는 시공간의 영역이 있음을 시사했다. 이것이 화이트홀white hole이라고 알려져 있다. 미래의 블랙홀 영역은 과거의 화이트홀을 가지고 있을지 모른다. 웜홀과 화이트홀은 관측된 적이 없지만, 스티븐 와인버그Steven Weinberg는 "흔히 물리학에서 볼 수 있는 현상이다. 우리의 실수는 이론을 진지하게 받아들이는 게 아니라 그것을 아주 심각하게 받아들이지 않는 것이다"라고 말했다.[36]

대중문화에서 블랙홀은 죽음과 파괴의 은유로 쓰인다. 그러나 또한 변화와 영원한 삶에 대한 희망이 담기기도 했는데, 왜냐하면 사건지평선에서는 시간이 멈추고 누구도 안에 무엇이 있는지 알지 못하기 때문이다. 소설가 마틴 에이미스Martin Amis는 "호킹은 블랙홀을 응시할 수 있었기 때문에 블랙홀을 이해했다. 블랙홀은 망각을 의미한다. 죽음을 뜻한다. 그리고 호킹은 성인이 된 이후 평생 죽음을 바라보고 있었다"라고 썼다.[37]

블랙홀에 내기를 걸다

호킹은 내기하기에 좋은 사람이었다. 내기에 이긴 적이 거의 없었기 때문이다.[38] 그의 첫 번째 내기는 우주 검열 가설cosmic censorship conjecture에 관한 것이었다. 1969년, 펜로즈는 특이점들이 항상 사건지평선 뒤에 "숨어" 있으리라 제안했다. 빅뱅이라는 예외를 제외하면, 겉으로 드러난 특이점은 없다. 어떤 관측자라도 사건지평선 때문에 무한대의 밀도로 부서지는 물질을 볼 수 없다. 특이점이 일반상대성이론에 대단한 개념적 도전을 선사하기 때문에, 물리학자들은 블랙홀이 언제나 사건지평선을 가지고 있기를 바랐다. 1991년, 호킹은 두 명의 캘리포니아 공과대학(캘텍) 이론가와 내기를 벌였다. 존 프레스킬John Preskill와 킵 손Kip Thorne이었다. 호킹은 펜로즈의 우주 검열 가설이 맞고 겉으로 드러난 벌거숭이특이점naked singularities이 존재하지 않는다는 데 100달러를 걸었다. 1997년, 컴퓨터 시뮬레이션을 통해 특정 조건에서 붕괴하는 블랙홀이 자연적으로 또는 어쩌면 발달된 문명에 의해 벌거숭이특이점을 만든다는 사실이 드러났다. 호킹은 결과를 인정했고, 판돈을 지불했으며, 두 동료에게 "자연은 특이점을 혐오한다Nature Abhors a Singularity"라고 쓰인 티셔츠를 선물했다.

같은 해, 호킹은 블랙홀 내부에서 정보가 소멸한다는 주장을 걸고 프레스킬과 내기를 했다(이번 내기에서는 손이 호킹 편에 섰다). 이 문맥에서 '정보'란 엔트로피와 관련이 있다. 높은 엔트로피란 무질서함과 적은 양의 정보를 의미한다. 예를 들어 일반적인 기체는 꽤 무질서하게 흩어져 있으며 상태를 기술하는 데 밀도, 온도, 화학조성 같은 몇 가지 정보만을 필요로 한다. 블랙홀은 그것을 형성하는 데 필요한 가스 덩어리보다 훨씬 거대한 엔트로피를 지닌다. 따라서 블랙홀은 원래의 가스보다 훨씬 적은 정보만으로 기술할 수 있다. 우리가 아는 것은 질량과 스핀이 전부다.[39] 그러나 이론적으로 블랙홀은 아주 다양한 방법으로 만들 수 있다. 가스나 바위를 산산이 조각내서 만들 수도 있고, 어쩌면 책이나 짝짝이 양말을 뭉쳐서 만들 수도 있다. 하지만 외부에서는 그런 정보를 확인할 길이 없다. 그리고 블랙홀은 무질서한 복사를 방출하면서 증발한다. 애초에 블랙홀이 어떻게 만들어졌는가에 관한 정보는 어떻게 되는가? 이 수수께끼는 '정보 역설information paradox'로 알려지게 되었다.

2004년, 호킹은 이 내기에서도 패배를 인정했다. 더블린에서 열린 학회에서 그는 이전의 입장을 뒤집고, 정보가 블랙홀에 들어가면서도 살아남을 수 있다고 말했다. 비록 꽤 훼손된 상태일지 모르지만. 마치 백과사전을 태운 다음 잿더미와 연기로 가득한 잔해에서 정보를 찾는 일과 같다. 어쩌면 기발한 계산을 통해 텍스트에 사용된 잉크의 패턴을 재구성할 수 있을지도 모른다. 호킹은 양자역학의 교리를 지켰지만, 정보가 블랙홀 내부에서 보존되지 않을 뿐 아니라 블랙홀에서 파생된 다른 우주로 전달될 수 있을지 모른다는 초기 가설을 폐기했다. 그는 〈뉴욕타임스New York Times〉 인터뷰에서 이렇게 말했다. "과학 소설 팬들을 실망하게 해서 미안합니다. 하지만 정보가 보존된다면, 블랙홀을 이용해 다른 우주로 여행할 수 있는 가능성은 없습니다."[40] 호킹은 빅뱅 이전 상태가 여러 우주를 낳았을지도 모른다는, 그래서 블랙홀이 서로 다른 우주 사이의 정보 흐름을 가능하게 한다는 우주론의 아이디어 하나를 넌지시 언급한 것이다. 내기 결과에 승복하면서 호킹은 친구 프레스킬에게 "정보는 쉽게 복원될 수 없다"며 야구 백과사전을 주었다(앞의 백과사전 비유 참고). 그리고 정보 손실에 관한 자신의 초기 주장이 "가장 큰 실수"였다고 밝혔다.[41]

나는 1970년대 후반 대학원생 시절에 호킹을 짧게 만난 적이 있다. 그는 루커스 수학 석좌교수에 오른 것을 기념해 런던에서 블랙홀에 관한 발표를 했다. 36세가 된 호킹은 물리학자로서 권력의 정점에 서 있었다. 휠체어에 앉은 지는 10여 년 되었을 것이고 그의 목소리도 악화해 호킹의 가족들 몇과 가까운 동료들만이 이해할 수 있을 정도였다. 그의 학생 중 하나는 한 마디 한 마디를 듣기 위해 호킹에게 머리를 가까이 들이댔고, 그의 말을 청중에게 전달했다. 나는 발표가 끝날 때 느꼈던 강렬한 감정을 기억한다. 내 삶이나 경력에서 어떤 역경에 부딪히더라도 호킹이 마주했던 것에 비하면 대수롭지 않을 것이라는 감정이었다.

그로부터 20년이 지나, 나는 조카와 함께 호킹의 대중 강연을 보러 케임브리지에 있는 큰 강연장에 갔다. 미리 준비된 강의가 그의 트레이드마크가 된 음성 합성 장치를 통해 전달되었다. 질문 시간은 다소 느리게 진행되었는데, 호킹이 한 손가락으로 컴퓨터에 저장된 수천 개 구절 중 하나씩을 골라야 했기 때문이다. 그러나 그의 유쾌한 유머 감각만큼은 유감없이 발휘되었다. 누군가가 "우리가 블랙홀을 이용해 인류를 멸망으로부터 구할 수 있을까요?"라고 물었다. 호킹은 잠시 머뭇거리다 키보드를 두드렸다. "그러지 않길 바랍니다." 다른 질문이 이어졌다. "블랙홀에 떨어져도 살아남을 수 있을까요?" 그는 천천히 답변을 입력했다. "어쩌면요. 하지만 나는 이미 살아남기 위해 처리해야 할 일이 산더미예요."

사실 두 번째 질문에 대한 진정한 답은 누구도 블랙홀로 떨어지는 불행한 여행에서는 살아남지 못한다는 것이다. 왜냐하면 중력이 잡아 늘이는 힘이 사람을 '스파게티화'할 것이기 때문이다. 중력은 천체로부터 멀어질수록 거리의 제곱에 반비례해서 줄어든다. 블랙홀처럼 어떤 작은 천체에 대해, 천체로부터 서로 다른 거리에 있는 두 점에서 중력의 크기 차이는 꽤 커질 수 있으며 이것이 조석력

tidal force이다.[42] 블랙홀로부터 3,000킬로미터 거리에서, 중력이 잡아당기는 힘은 당신의 머리와 발끝 사이에 지구 중력에 맞먹는 가속을 만들 것이다. 불편하지만 살아남을 만하다. 1,000킬로미터 거리만큼 가까워지면, 당신의 머리와 발끝을 잡아당기는 힘은 지구 중력의 50배가 되고 뼈와 내장은 찢길 것이다. 여전히 사건지평선으로부터는 멀리 떨어진 300킬로미터에서, 조석력은 지구 중력의 1,000배에 달하고 어떤 단단한 물체라도 부서질 것이다. 스파게티화 현상은 다리와 팔을 잡아당기는 어린애들 장난이나 중세 시대 고문 같은 수준이 아니다. 블랙홀 주변의 시공간은 왜곡되어 있으며 당신은 근섬유나 세포, DNA 가닥 수준까지 잡아 늘여질 것이다.

이것은 역설을 만들어낸다. 사건지평선은 다시 돌아올 수 없는 점이고, 정보의 막이다. 정보가 들어갈 수는 있지만 나올 수는 없다. 만약 당신이 디지털시계를 지니고 블랙홀로 뛰어들 수 있다면, 그리고 어떤 방식으로든 스파게티화를 피할 수 있다면, 사건지평선을 가로질러 자유낙하하는 동안 시계는 정상적으로 작동하는 듯 보일 것이다. 동시에, 낙하를 관측하는 동료는 당신의 비틀린 모습이 점차 사건지평선에 가까워지는 동안 당신의 시계가 점점 느려지는 장면을 목격할 것이다. 그리고 끝내 그에게 당신과 당신의 시계는 멈춘 듯 보일 것이다. 이제 우리가 블랙홀에 책 한 권을 던져 넣는다고 상상해보자. 중력에 따르면 책은 사건지평선을 지나고 정보는 사라질 것이다. 그러나 외부자의 관점에서 책은 영원히 사건지평선에 도달하지 못한다. 과연 정보가 손실된 것일까 아니면 사건지평선에 어떻게든 '저장'된 것일까?

호킹이 패배했으면서도 기뻐한 내기 하나가 있다. 1975년 손과의 첫 번째 내기였다. 호킹은 혹시나 해서 블랙홀의 존재에 반대하는 입장에 내기를 걸었다. 그는 지고 싶어 했지만, 만약 이긴다면 영국 풍자 잡지 〈프라이빗아이Private Eye〉를 4년간 정기구독하겠다고 했다. 다음 장에서 살펴보겠지만, 고에너지 천체인 백조자리 X-1이 결국 강력한 블랙홀 후보로 밝혀지면서 호킹은 1990년 내기에 패배했음을 인정했다. 내기에 승리한 손의 상은 성인 잡지 〈펜트하우스Penthouse〉 1년 구독권이었다.[43]

블랙홀 이론의 황금기

호킹의 위대한 발견 이후, 블랙홀 연구는 활기를 띠었다. 우리는 지금 블랙홀 이론의 황금기에 살고 있으며 매년 수많은 논문이 쏟아진다. 물리학자들은 일반상대성이론의 블랙홀에 관한 '매끄러운' 기술을 양자이론에서의 물질에 관한 '거친' 설명과 조화시키려고 노력한다.

이미 언급된 것처럼 큰 수수께끼 중 하나는, 사건지평선에서 정보의 행방에 대한 문제다. 호킹의 블랙홀 증발 이론은 양자역학의 도구가 되었다. 그는 처음엔 블랙홀에서 방출되는 복사가 무질서하고 무작위이며, 블랙홀이 증발할 때 그것이 지닌 모든 정보가 사라진다고 주장했다. 이것은 입자 간의 상호작용이 시간을 거스를 수 있다는, 그래서 마치 영화를 되감듯 최종 상태에서 초기 상태로 돌아갈 수 있다는 양자역학의 핵심 전제를 위반한다. 일반상대성이론과 양자역학이라는 두 가지 매우 성공적인 물리 이론 사이의 충돌은 많은 물리학자에게 위기로 여겨졌다.

1996년, 앤디 스트로밍거Andy Strominger와 캄란 배파Cumrun Vafa는 끈이론을 이용해 호킹의 엔트로피와 복사 이론을 재구성했다.[44] 끈이론은 자연계에 존재하는 네 가지 힘을 통합하려는 수십 년에 걸친 시도다. 이 이론에서 물질은 입자가 아니라, 8차원 또는 10차원의 시공간 안에 존재하며 1차원적 에너지를 가지는 작은 '끈'으로 기술된다. 끈이론은 보통의 양자이론보다 더욱더 근본적인데, 왜냐하면 전자, 양성자, 중성자와 같은 다양한 입자를 구성하는 단일 개체를 가정하기 때문이다. 게다가 수학적으로 아름다워 매력적이기도 하다. 그러나 이것을 시험하기는 어려웠다. 블랙홀의 어떤 중요한 성질들을 설명하기 위한 이론이 등장한다는 것은 여전히 신나는 일이다. 왜냐하면 끈이론은 강한 중력이 존재하는 공간에서 물질의 미시적 이론이 거둔 첫 번째 승리였기 때문이다. 스트로밍거와 배파의 연구는 정보가 정말로 블랙홀에서 복원될 수 있음을 암시했다. 하지만 어떻게 정보가 보존되는지, 그리고 끈이론이 블랙홀의 속성에 관해 어떤 사실을 알려줄 수 있을지에 대해서는 의견이 분분하다.

최고의 물리학자들이 이 난제를 풀기 위해 노력하고 있다.[45] 한 가지 흥미로운 아이디어는 정보가 사건지평선에 저장된다는 것이다. 홀로그램이 3차원 물체의 정보를 2차원적으로 담아내는 것과 같은 방식이다. 만약 블랙홀 내부의 정보가 어떻게든 표면에 쓰여 있다면(그림 8) 정보 역설이 해결될 것이다. 그러나 2012년, 옥에 티가 발견되었다. 호킹복사의 원인인 가상의 입자가 '얽혀' 있으며, 그것들이 멀리 떨어져 있을 때도 양자상태를 공유한다는 것이었다. 얽힘 상태를 깨면서 정보를 얻게 되면 복사가 쏟아지면서 사건지평선 바로 위에 '방화벽'을 만들게 된다. 어둠의 심연으로 특별한 것 없는 여행을 하는 대신에, 여행자는 방화벽에 의해 사라질 것이다. 그러나 바깥에서 보이는 것처럼, 여행자는 끈끈이에 잡힌 벌레처럼 여전히 사건지평선에 잡힌 상태로 있을 것이다. 그들이 죽을까, 살까? 어느 것도 탈출할 수 없고, 어느 것도 들어갈 수 없다. 연구자들은 여전히 방화벽을 피할 수 있는지 아닌지를 가지고 논쟁 중이다.

이 논의는 최신 블랙홀 이론에 관한 아이디어의 성쇠를 보여준다. 스트로밍거가 이 주제에 대해 마지막으로 남긴 말이 있다. 2016년 호킹과 함께 쓴 "블랙홀의 부드러운 머리카락에 관해Soft Hair on Black Holes"라는 논문에서, 스트로밍거는 휠러의 "무모의 정리"에 반대론을 펴며 블랙홀의 경계에 존재하는 정보 저장 공간에서 양자 픽셀처럼 행동할 입자들을 특정했다. 이 연구는 여전히 진행 중이다. 스

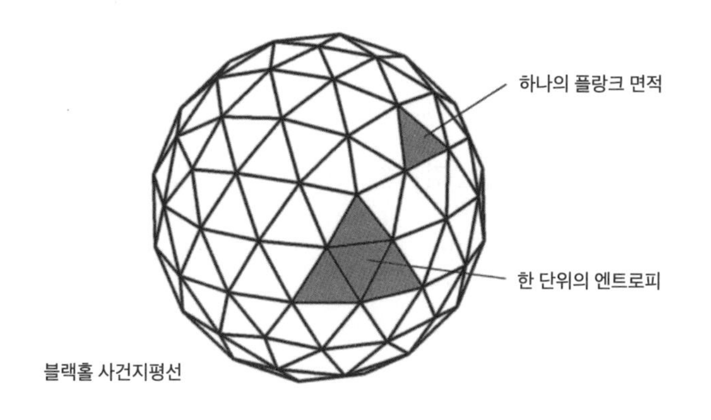

그림 8. 블랙홀의 엔트로피는 사건지평선의 면적에 비례한다. 엔트로피를 정보라고 여길 수도 있다. 최소의 정보 단위인 비트bit는 플랑크Planck 면적에 해당하며 그것은 빛의 속도, 중력의 세기, 플랑크 상수에 의해 결정된다. 마치 블랙홀의 내용물이 사건지평선에 정보의 비트로 쓰인 것과 같다. ©Jacob D. Bekenstein

트로밍거는 "내 칠판에는 35개의 문제가 쓰여 있고, 각각을 해결하는 데 수 개월이 걸릴 것이다. 만약 당신이 이론물리학자라면 이 지점이 서기에 아주 좋은 무대다. 왜냐하면 우리가 이해하지 못하는 것들이 있지만, 우리가 할 수 있는 계산을 따르면 분명 문제 해결의 실마리가 될 것이기 때문이다"라고 말했다.[46]

100년이 넘는 지난 세월 동안, 블랙홀은 상식을 뛰어넘는 말도 안 되는 아이디어에서부터 물리학에서 가장 소중하게 여겨지는 이론의 시험대로까지 발전했다. 블랙홀은 마치 우주에서 준 선물과 같다. 무게가 있지만 안에는 수수께끼의 내용물이 숨겨져 있다. 블랙홀을 감싼 포장지마저도 연구하기에 흥미롭다. 여기서 마크 트웨인Mark Twain의 냉소적인 발언이 떠오른다. "과학에는 매력적인 구석이 있다. 누군가는 사실에 대해 작은 투자를 함으로써 추측에 대해 수많은 수익을 올린다."

이제는 실질적인 질문을 던질 시간이다. 블랙홀이 실제로 존재하는가?

2장 별의 죽음에서 생겨나는 블랙홀

♦

과학은 이론과 관측의 상호작용으로 발전한다. 수천 년 동안 인류는 우주가 어떻게 작동하는지에 대해 기발하고 다양한 아이디어를 갖고 있었다. 하지만 관측에서 얻는 자료가 없다면, 아무리 기발한 아이디어라도 추측의 영역에 머무를 뿐이다. 정말 우주에서 질량이 사라질 수 있다는 증거가 있을까?

상상하기 어렵더라도, 블랙홀은 실재한다. 지난 50년간 별의 최후에 대한 연구에서 얻은 결론이다. 홀로 동떨어져 있는 블랙홀은 전혀 보이지 않는다. 그것이 시공간에 만드는 효과는 너무 작아서 어떤 망원경으로도 검출할 수 없다. 하지만 별들 대부분은 쌍성 혹은 다중계로 이루어져 있어 눈에 보이는 별이 검은 동반자의 존재를 알려줄 수 있다.

빛과 어둠의 힘

태양을 볼 때, 당신이 빛의 힘과 어둠의 힘 사이의 거대한 싸움을 목격하고 있다는 사실을 믿기는 어렵다. 비록 태양은 매일 혹은 매년 거의 바뀌는 것이 없는 듯 보이지만, 입자들은 광속에 가까운 속도로 움직이고 행성 크기의 플라스마 덩어리들은 끊임없이 태양 내부를 휘젓고 다닌다. 즉 태양은 온도 조절이 되는 원자로라고 볼 수 있다. 태양 내부의 어떤 점에서든 안쪽으로 향하는 힘(중력)과 바깥으로 향하는 힘(수소가 헬륨으로 융합할 때 방출되는 복사)이 균형을 이룬다.[1] 핵융합의 재료가 남아 있는 한, 두 가지 힘 중 무엇도 우위를 점하지 않는다.

만약 당신이 이 전투의 장기적인 결과에 대해 내기한다면, 중력에 거는 쪽이 현명한 선택일 것이다. 핵융합 연료는 한정적이지만 중력은 영원하기 때문이다. 태양과 같은 별에서 수소가 소진되고 나면, 내부의 압력은 사라지고 별의 핵이 더욱 뜨겁고 밀도가 높은 상태로 붕괴해 헬륨이 탄소로 융합한다. 이 반응은 빠르게 일어나며, 헬륨이 소진되고 나면 새로운 핵융합반응을 일으킬 만큼 높은 온도에 이르지 못한다. 지탱하는 압력을 잃으면서 별의 핵은 다시 **중력붕괴**를 맞이한다. 태양은 최후의 연료를 소진하면서 짧고 화려한 순간을 맞고, 이때 자기 질량 3분의 1 정도를 초음속으로 움직이는 껍질 형태의 가스로 분출한다. 빠르게 움직이는 가스는 가열되고 빛을 내며 화려한 빛깔의 행성상성운planetary nebula을 만든다. 태양을 보고 있는 다른 항성계의 누군가는 50억 년 후 장관을 이루는 불꽃놀이를 목격할 것이다. 지구에서 그것을 보는 이는 큰 곤경에 처할 것이다, 왜냐하면 분출된 가스가 생물권을 증발시키고 모든 생명을 멸종시킬 것이기 때문이다.

별의 삶과 죽음은 그 질량에 따라 결정된다(그림 9). 별들의 다양한 운명은 모두 탄생의 순간에 이미 결정된다. 질량에 따라 모든 별은 백색왜성, 중성자별, 블랙홀 중 하나의 형태로 끝을 맺는다. 비록 별이 혼돈 상태의 가스구름에서 만들어지는 과정에 따라 큰 별보다 작은 별이 훨씬 더 많이 태어나기는 하지만, 별의 질량이나 크기에 있어 '보통'이란 없다. 질량 범위를 따지자면 태양은 상대적으로 작은 축에 속하고, 태양보다 질량이 작은 별은 적색왜성이라 불리는 어두운 별이다. 적색왜성은 태양과 같은 별보다 수백 배 많이 존재한다. 별의 생애 또한 질량에 의해 결정된다. 왜냐하면 중력이 중심핵의 온도를 결정하고 이는 곧 별에서 얼마나 빨리 핵융합이 진행되는지, 그러므로 핵연료가 얼마나 오래 버틸 수 있는지 결정하기 때문이다. 태양과 같은 별은 약 100억 년 동안 수소를 헬륨으로 융합하는데, 태양은 그 기간을 반쯤 지났다.[2] 태양질량의 절반쯤 되는 별은 대략 550억 년의 수명을 갖는데, 따라서 그런 별들 중 우주의 역사 동안 죽은 별은 하나도 없다. 우주의 나이가 고작 140억 년밖에 되지 않기 때문이다. 적색왜성은 보통 태양질량의 10분의 1쯤 되는 데, 여전히 핵융합이 일어나는 별이 겨우 될 수 있을 수준이다. 이런 별들은 연료를 구두쇠처럼 쓰며 이론적으로 1조 년 이상 살 수 있다. 이것도 영겁의 시간이지만 그저 피할 수 없는 죽음을 늦추고 있을 뿐이다. 언젠가는 적색왜성도 연료가 바닥날 것이다. 결국 어두운 빛도 꺼질 것이고 중력은 인내에 대한 보상을 받을 것이다.

태양보다 질량이 큰 별은 더 짧고 극적인 삶을 산다. 그런 별들은 태양이 지금 하는 것과 똑같이 수소를 태워 헬륨으로 융합하는 일을 한다. 그러나 중력이 더 강하기 때문에 핵이 더 뜨겁고 별의 연료를 격렬한 속도로 소진한다. 별의 질량이 크면 클수록, 핵의 온도가 더 높고 수명이 짧아진다. 질량이 큰 별은 주기율표에서 가장 안

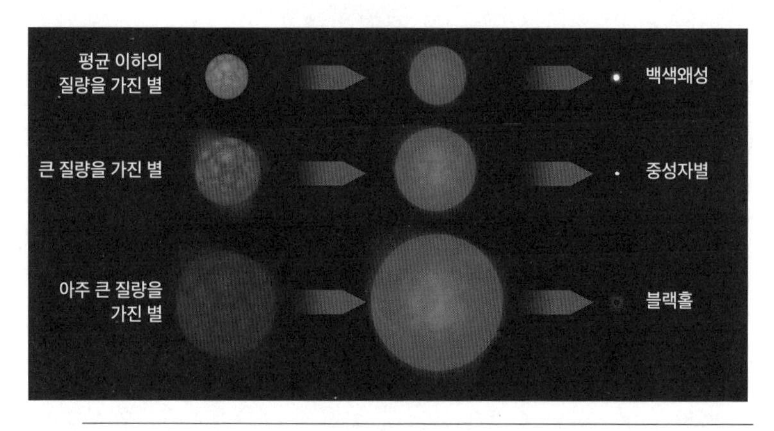

그림 9. 별의 운명은 질량에 달려 있다. 태양을 포함해 별 대부분은 상대적으로 작거나 평균의 질량을 지니고, 핵연료가 소진되고 나면 잉걸불처럼 죽어가는데 이는 백색왜성이라 불린다. 가장 질량이 큰 별들의 경우 더 많은 연료를 지니고 있지만 짧은 생을 살고 중성자별이나 블랙홀로 죽음을 맞는다. ©NASA/Chandra Science Center

정적인 원소인 철을 포함해 모든 원소를 융합할 수 있다. 철에서 핵융합반응이 멈추면, 별의 중심핵은 괴상한 물리 상태에 놓인다. 물보다 100배나 밀도가 높은, 10억 도의 철 플라스마 상태다. 핵에서의 압력이 없다면 별은 붕괴하고 압축파가 내부로 튀면서 수십억 도의 폭발파를 바깥으로 만들어낸다. 그 안에서 우라늄까지의 중원소들이 순식간에 생겨난다. 이것이 우주에서 가장 극적인 사건 중 하나인 초신성이다. 귀중한 금속들은 우주 공간으로 흩어져 다음 세대의 별과 행성을 만드는 데 동참한다. 원래 별의 질량 대부분이 방출되고, 남은 녀석들은 중력의 끈질긴 손아귀에 꽉 잡혀 있다.

중력과 어둠은 최후의 승자

별의 잔해는 진정 괴상한 물질 상태다. 우리가 그것을 실험실에서 만들어낼 방법은 없다. 물리학 법칙을 사용해 우리 이론이 연구를 이어나가기에 충분히 견고하다고 희망하는 것이 우리가 할 수 있는 전부다. 20세기 천체물리학 최고의 지성들은 별의 잔해를 이해하는 데 사로잡혔다.

별이 남기는 흔적은 그것이 생명을 시작할 때의 질량에 따라 정해진다. 별은 거대한 가스구름이 쪼개지고 붕괴하면서 태어나고, 이런 가스구름은 작은 질량의 별을 큰 질량의 별보다 훨씬 많이 만들어낸다. 모든 별은 나이가 들어가면서 자기 질량의 일정 부분을 잃는다. 이런 일이 일어나기까지의 과정이 복잡하기 때문에 다른 결과를 만들어내는 경계도 명확하지 않다. 태양질량 여덟 배까지의 질량에서 생을 시작하는 별들은 놀랄 만큼 밀도가 높은 질량 상태인 백색왜성으로 붕괴한다. 태양보다 질량이 작은 별이 대부분이므로 모든 별의 95퍼센트 이상이 삶을 이런 식으로 끝낼 것이다. 예를 들어 태양은 백색왜성으로 죽음을 맞이하기 전, 노년에 해당하는 불꽃 단계에 자기 질량의 절반 정도를 잃어버릴 예정이다.

1783년, 영국 천문학자 윌리엄 허셜William Herschel은 에리다누스자리 40B라는 별을 우연히 발견했다. 그러나 별의 크기를 측정할 방법이 없었기에 그 녀석이 특이하다는 사실을 깨닫지 못했다. 1910년, 천문학자들이 쌍성계를 이루는 이 어두운 별에 다시 관심을 가졌다. 별의 궤도를 보니 질량이 태양질량과 비슷했다. 천문학자들은 별까지의 거리를 알 수 있었고, 이 별이 태양과 같은 거리에 있다면 1만 배나 더 어두우리라는 사실을 추론했다. 하지만 별은 여전히 흰색을 띠었으므로, 태양보다 훨씬 뜨거웠다. 다음과 같이 생각해보면 왜 이것이 수수께끼인지를 이해할 수 있을 것이다. 당신이 어두운 방에서 스토브 위에 놓인 전기 열판을 보고 있다고 생각하자. 하나는 낮은 온도로 켜져 있어 태양처럼 주황색으로 빛난다. 다른 열판은 높은 온도로 켜져 있어 훨씬 뜨겁고 흰색으로 빛난다. 흰색 열판이 주황색 열판보다 훨씬 더 밝다. 따라서 흰색 열판이 주황색 열판보다 훨씬 어둡게 보이려면 상대적으로 아주 작아야만 한다. 같은 논리로, 에리다누스자리 40 쌍성계에서 발견된 어두운 별은 태양보다 아주 작아야만 했다. 질량이 태양과 같았으므로, 훨씬 밀도가 높아야 하기도 했다.[3]

천체물리학자 에른스트 외픽Ernst Öpik은 에리다누스자리 40B가 태양보다 2만 5,000배나 높은 밀도를 지녀야 한다고 계산했으며 이것이 "불가능"하다고 말했다.[4] 백색왜성이라는 용어를 널리 알린 에딩턴은 백색왜성이 불러온 믿을 수 없는 반응을 묘사했다. "우리는 별빛이 전달해주는 메시지를 받아들이고 해석해 현상을 이해한다. 이 메시지를 해독하면 이렇다. '나는 당신이 마주해본 어떤 물질보다도 3,000배 이상 높은 밀도를 지닌 재료로 이루어져 있습니다. 이 물질 1톤의 크기는 성냥갑에 넣을 수 있는 작은 덩어리 정도일 것입니다.' 이런 메시지에 어떤 답장을 띄울 수 있겠는가? 우리 대부분이 1914년에 띄운 답은 이것이었다. '입 다물어. 말도 안 되는 소리 하지 마.'"[5]

에딩턴은 겸손한 사람이 아니었다. 동료가 언젠가 "에딩턴 교수, 아마 당신이 전 세계에서 상대론을 이해하는 단 세 명 중 하나이겠지요"라고 말하자, 그는 말이 없었다. 그러자 동료가 "너무 겸손하게 굴지 마세요"라고 덧붙였다. 에딩턴이 답했다. "그게 아니라, 세 번째 사람이 누군지 생각하고 있었습니다."[6] 비록 백색왜성을 예측한 천체물리학의 대가였지만, 그는 그것을 "불가능한 별"이라고 불렸다.

보통 백색왜성은 지구 크기만 하지만 질량이 태양과 비슷하다. 백색왜성의 밀도는 물보다 수백만 배 높다. 융합에서 방출되는 에너지가 없다면, 따라서 바깥으로 향하는 압력이 없다면, 중력이 가스를 수축시키고 원자구조를 으스러뜨려 속박되지 않은 원자핵과 전자들의 플라스마를 생성한다. 오직 이 지점에 도달했을 때에야 중력이 훼방을 받는다. 1925년, 볼프강 파울리Wolfgang Pauli는 배타원리exclusion principle를 선보였다. 어떤 두 전자도 같은 상태의 양자적 성질을 띨 수 없다는 것이다. 이 효과는 별의 잔해가 더 이상 수축하는 것을 막는 압력을 제공한다.[7] 백색왜성은 10만 도에 이르는 높은 온도에서 생겨날 것이고, 꾸준히 공간으로 열을 방출할 것이다. 그리고 검게 어두워질 것이다.

19세의 찬드라세카르는 당시 케임브리지대학교에서 인도 정부의 장학금을 받던 학생이었다. 그는 별이 어떤 질량에서 시작하든 관계없이, 백색왜성이 태양질량의 1.4배보다 큰 질량을 가질 수 없음을 계산했다. 이 질량이 넘어가면, 중력이 양자역학을 이기고 별이 특이점으로 수축하게 된다. 백색왜성의 최대 질량은 찬드라세카르한계Chandrasekhar limit라고 불린다.[8] 훌륭한 계산이었다. 그래서 찬드라세카르는 그의 우상이었던 에딩턴이 특이점으로의 수축 아이디어를 공개적으로 비웃었을 때 실망할 수밖에 없었다. 그는 배신감을 느꼈고 이런 모욕이 인종차별에 바탕을 두었다고 믿게 되었다. 우리는 과학이 능력주의를 따른다고 믿고 싶지만, 과학자들은 실제로 질투심을 느낄 수도, 근시안적일 수도 있다(양자역학의 개척자인 폴 디랙Paul Dirac도 비슷한 저항을 경험했고 때로는 과학이 한 과학자의 장례식을 앞당긴다는 사실을 함축적으로 목격했다). 찬드라세카르는 끝내 불명예를 씻었고, 별의 구조와 진화에 관한 통찰로 노벨 물리학상을 받았다.

찬드라세카르는 만약 별이 백색왜성 이상 수축한다면 어떤 일이 벌어질지 상상할 수 있도록, 물리학자들을 위한 문을 열었다. 몇 년 뒤, 캘텍의 천문학자들이었던 발터 바데Walter Baade와 프리츠 츠비키Fritz Zwicky는 찬드라세카르한계 이상에서, 별의 붕괴를 통해 순수한 중성자 물질이 만들어질 수도 있다고 모호한 제안을 했다. 하지만 그들은 가설을 뒷받침하기 위한 계산을 하지 않았다. 1939년 골초이자 야망가였던 오펜하이머가 그 수학적 계산을 했다. 오펜하이머는 대학원생과 함께 중성자별의 질량 범위를 설정했다.[9] 같은 해, 우리가 앞에서 보았듯이 그는 태양질량의 세 배 이상인 별 잔해가 있다면 블랙홀이 만들어져야 함을 보였다.

모든 별은 죽기 전에 질량을 잃는다. 이미 언급했듯, 태양은 백색왜성으로 종말을 맞이하기 전 자기 질량의 절반을 잃을 것이다. 자기 생애를 태양질량의 여덟 배 이내에서 시작하는 모든 별은 최대 태양질량의 1.4배에 이르는 백색왜성을 남긴다. 만약 별의 초기 질량이 대략 태양질량의 8~25배라면, 중심핵의 붕괴는 양성자와 전자가 온전한 중성자 물질로 합쳐질 때까지 일어난다.[10] 중성자들은 전기적인 힘이 존재하지 않기 때문에 판에 담긴 달걀처럼 꽉 들어찬다. 이 물질은 백색왜성이 더 이상 붕괴하지 않도록 막는 강한 핵력과 양자역학적 힘의 강한 형태에 의해 지탱되면서 더 이상의 수축이 일어나지 않는다. 이것이 중성자별이며, 우주에서 가장 작고 밀도가 높은 별이다. 태양질량의 25배가 넘으면, 우리는 아인슈타인의 괴물을 맞이하게 된다(그림 10).

중성자별은 상상을 뛰어넘는다.[11] 중성자별은 마치 원자번호 10^{57}번(원자번호는 주어진 원자의 원자핵 내 양성자 수를 나타내고 원자번호에 비례해 중성자 수도 증가한다-옮긴이)에 도시 크기만 한 원자핵과

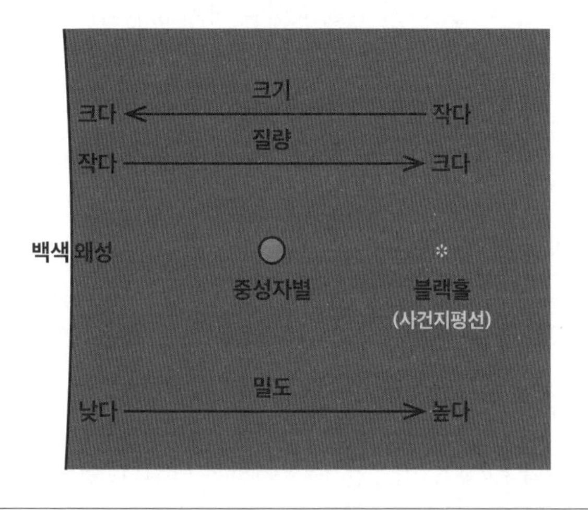

그림 10. 별의 초기 질량이 크면 클수록, 모든 핵융합반응이 끝나고 남는 별의 잔해가 작아지고 밀도가 높아진다. 왼쪽 곡선은 백색왜성의 크기를 나타낸다. 중성자별과 블랙홀이 백색왜성보다 몇 배 더 질량이 클 뿐이지만, 그림을 보면 그것들이 훨씬 작고 밀도가 높음이 드러난다.

같다. 그것을 구성하는 물질은 물보다 1,000조 배쯤 밀도가 높다. 백색왜성 물질로 각설탕 하나를 만들어 지구에 가져온다면 1톤 무게가 나가겠지만, 중성자별 물질로 각설탕 하나를 만든다면 에베레스트산만큼 무게가 나갈 것이다. 이만큼 수축한 별은 자기장 역시 쥐어짜서 한데 모이게 한다. 어떤 중성자별은 지구상에서보다 1,000조 배 이상 강한 자기장을 갖고 있다. 표면에서 중력이 너무 강력한 나머지 1미터 높이에서 떨어지는 물질이 충격의 순간에 시속 500만 킬로미터까지 가속될 것이다. 각운동량 보존에 따르면 일반적으로 태양처럼 차분하게 회전하는 별이 붕괴 순간을 맞이하면 급격히 회전이 증폭된다. 가장 빠르게 회전하는 중성자별의 경우 초당 716번을 돌고, 1분이면 4만 2,000번을 돈다. 이토록 빠르게 회전하는 고체 천체는 완전히 안정적일 수 없으며, 단단한 껍질은 성진starquake이라고 불리는 격렬한 사건을 겪으며 흔들린다.

그렇다면 중성자별을 어떻게 관측할 수 있을까? 이런 도시 크기만 한 별들은 빛을 방출하지 않는다. 일반적인 별들처럼 원소를 융합하지 않기 때문이다. 수십 년간 천문학자들은 중성자별을 상상은 할 수 있지만 목격되지 않은, 천문학적 호기심의 부류에 두었다. 그러다 1967년, 젊은 대학원생이었던 조슬린 벨Jocelyn Bell과 그의 논문 지도 교수 앤서니 휴이시Antony Hewish가 1.3373초의 주기를 띠는 전파 **펄스**를 관측했다. 여우자리에 있는 미지의 천체에서 온 것이었다. 펄스가 너무 강력하고 규칙적이라 벨과 휴이시는 이것이 신호등 같은 것일지 모른다 생각했고, 장난으로 LGM-1('작은 녹색 외계인Little Green Men'에서 따왔다)이라는 이름을 붙였다. 다른 '**펄서**pulsar'들이 곧 발견되었고, 벨과 휴이시는 이것을 중성자별에 대한 이른 예측과 연결했다. 강력한 자기장이 중성자별 표면의 열점에서 나오는 전파방출을 이끌었고, 중성자별이 회전하며 그 방출이 전파망원경을 휩쓸 때마다 펄스가 등대 빛줄기처럼 보였던 것이다.

7년 후, 펄서 발견에 대한 노벨상이 실제 발견을 이끌었던 벨이 아니라 휴이시와 전파천문대 대장 마틴 라일Martin Ryle에게 수여되자 논란이 일었다. 과학계의 많은 이들은 벨이 젊은 여성이기 때문에 수상자에서 제외되었다고 생각했다. 지금까지 노벨 물리학상을 받은 이들은 겨우 200명이 넘지만, 그중 두 명만이 여성이었다(2023년 기준으로 앤드리아 게즈Andrea Ghez[2020]와 도나 스트릭랜드Donna Strickland[2018]가 추가되었다. 게즈는 책 후반부에 나오는 우리은하 중심의 초대질량블랙홀 연구에 관한 공로로 상을 받았다-옮긴이). 1903년 수상자 마리 퀴리Marie Curie와 1963년 수상자 마리아 괴퍼트-메이어Maria Goeppert-Mayer다.[12]

전파망원경을 이용한 탐사 덕분에 펄서의 개수가 3,000개 이상으로 꾸준히 늘었다. 그러나 열점을 만드는 조건은 희귀하기에 중성자별 중 극히 일부만이 전파 펄서로 발견된다. 우리은하에 있는 수백만 개의 중성자별 대부분은 깊은 우주에서 어둡게, 검출되지 않은 채 조용히 회전한다.

첫 번째 블랙 스완을 찾다

1964년이었다. 그룹 비틀스Beetles가 미국인들의 마음을 사로잡았고 카시우스 클레이Cassius Clay(무하마드 알리Muhammad Ali의 다른 이름-옮긴이)라는 자신만만한 청년이 헤비급 복싱 세계 챔피언이 되었다. 과학도 꽃을 피웠다. 1964년 1월, "블랙홀"이라는 용어가 처음 인쇄물에 등장했고 그해 6월에는 뉴멕시코주에서 발사한 작은 과학 로켓이 백조자리에서 강한 엑스선을 뿜는 천체를 확인했다. 검은 백조를 뜻하는 "블랙 스완"은 과학 발전에 어울리지 않는 역할을 하는, 드물고 예상하지 못했던 사건을 일으키는 용어다(또한 철학자들이 귀납의 문제에 관해 이야기할 때 사용하기도 한다. 하얀 백조를 여러 마리 보았다고 해서 그것이 검은 백조가 존재하지 않는다는 증거라고 말할 수 없다는 문제다). 블랙홀 물리학에서 블랙 스완의 첫 번째 예를 찾는 데는 7년에 걸친 수사 업무가 필요했다.[13]

1960년대에 엑스선천문학은 새로운 분야였다. 우주적 광원에서 오는 고에너지복사는 우주에서만 검출이 가능했다. 첫 번째 엑스선 천체는 고작 2년 전에 발견되었을 뿐이었다. 1964년 관측으로 확인한 여덟 개의 천체는 초신성 잔해 또는 질량이 큰 별이 격렬하게 죽음을 맞을 때 생기는 뜨거운 가스와 일치했다.[14] 발견 당시의 관측은 천체의 물리적 간격을 자세히 볼 수 있는 능력인 공간분해능spatial resolution이 좋지 않았기 때문에, 연구자들이 백조자리에서 엑스선이 방출되는 위치를 별자리 자체보다 좁은 영역으로 특정하기 어려웠다. 1970년 우후루Uhuru 엑스선위성은 백조자리 X-1의 세기가 1초보다 짧은 시간 간격으로 변한다는 결과를 보였다. 천체물리학자들은 멀리 떨어진 천체의 크기를 측정하는 수단으로 시간을 사용한다. 천체의 밝기 변화는 빛이 광원을 가로지르는 데 걸리는 시간보다 빠르게 일어날 수 없다는 데에 착안한 것이다. 백조자리 X-1의 밝기 변화는 이 천체의 지름이 10만 킬로미터 이내임을 암시했고, 이는 태양 크기의 10분의 1보다도 작다.

미국 국립전파천문대National Radio Astronomy Observatory, NRAO의 관측에 따라 하늘에서 백조자리 X-1의 정확한 위치가 특정되었고, 변화하는 엑스선광원이 청색초거성 HDE 226868이라는 사실이 확인되었다. 초거성은 뜨거운 별이지만 그렇게 방대한 양의 엑스선을 방출할 수는 없다. 우주 공간의 그 영역에 있는 무언가가 가스를 수백만 도까지 가열하고 있다는 것이, 엑스선방출에 관해 오직 가능한 설명이었다. 결정적인 다음 단계에서는 광학 기술을 활용했다. 1971년, 두 그룹의 과학자들이 청색초거성의 스펙트럼을 찍었고 별의 **도플러이동**Doppler shift에서 규칙적인 변동을 발견했다. 그것은 엑스선방출에서의 변화와 일치했다.[15] 궤도 계산을 통해 연구자들은 **초거성**을 끌어당기고 있던 '보이지 않는' 동반성companion star의 질량을 추산했다. 연구자들은 블랙홀 하나가 동반성으로부터 가스를 빨아들이면서 이 가스가 어째서인지 엑스선을 내뿜을 수 있을 정도의 높은 온도로 가열되고

그림 11. 백조자리에 있는 가장 강한 엑스선광원, 백조자리 X-1은 전형적인 블랙홀이다. 블랙홀은 작은 청색초거성과 쌍성 궤도를 이룬다. 블랙홀로 끌어당겨진 가스는 부착원반을 만들고, 이는 아주 높은 온도까지 가열되어 엄청난 엑스선을 방출한다. ©NASA/Chandra Science Center Artist/M. Weiss

있다고 추측했다(그림 11).

천문학자 톰 볼턴Tom Bolton은 푸에르토리코에서 열린 미국천문학회 학술 대회에서 이 발견을 발표하려고 논문을 준비하며 불안감에 시달렸다. 그는 고작 28세였다. "발표를 시작하기 5분 전까지도 나는 원고를 수정하고 있었다. 학회장 뒤에 앉아 도표에 쓸 최신 자료를 얻으려 하고 있었다"라고 그는 회상했다.[16] 또한 경쟁의 압박도 느꼈다. 볼턴은 박사 학위를 받은 지 겨우 1년 되었을 뿐인 데다가

홀로 연구하고 있었다. 더 큰 망원경을 사용하던 그리니치천문대Royal Observatory Greenwich의 훨씬 경험 많은 연구 팀은 백조자리 X-1을 관측한 결과로 비슷한 자료를 얻고 있었다. 모두가 해석을 내놓는 데 조심스러웠는데, 왜냐하면 블랙홀을 발견했다는 거짓 주장 때문에 경력이 무너진 경우가 이미 있었기 때문이다. 1년이 지나지 않아, 볼턴은 발견을 확신했고 그로 인해 명성을 쌓았다. 다음으로 프린스턴의 고등연구소에서 연구를 발표했다. 아인슈타인과 오펜하이머의 학문적 고향이었다. 관측은 견고했고, 청중은 관측 결과에 납득했다. 첫 번째 블랙 스완이 발견되었다.

1970년대 후반까지 블랙홀은 대중문화에 등장했다. 블랙홀의 기이한 성질은 천문학에 대해 거의 생각해본 적 없는 사람들의 마음까지도 사로잡았다. 디즈니는 〈블랙홀The Black Hole〉이라는 영화를 내놓았고, 불길한 주제 때문에 영화가 보호자 지도 등급을 받았다. 디즈니 역사상 처음 있는 일이었다. 비록 영화는 수준이 낮았고 여기저기 싸구려 요소가 보였지만, 당시로서는 상당히 야심만만한 작품이었다. 영화에서 블랙홀은 죽음과 변신의 비유로 표현되었다. 비틀스의 팝 음악적 순수함은 요란한 록으로 진화했다. 러시Rush, 퀸Queen, 핑크플로이드Pink Floyd 모두 천체물리학에 경의를 표했다.[17]

보이지 않는 댄스 파트너의 무게

어떤 별에든, 질량은 곧 운명이다. 질량은 별의 핵융합에 필요한 연료 탱크의 크기를 결정한다. 질량은 또한 별의 중력을 정하고, 따라서 별의 크기와 내부 온도와 압력, 별이 지탱할 수 있는 핵융합의 종류, 핵융합이 일어나는 속도를 결정한다. 이 모든 운명이 하나의 값으로 정해지는 것이다. 어떤 종류의 블랙홀을 관측했든, 믿을 만한 질량 측정에 근거해 주장해야 한다. 불행히도 질량은 가장 측정하기 어려운 물리량이다. 시각 자료로 밝기와 표면 온도를 알 수 있지만, 거리와 그에 따른 광도를 측정하려면 별도의 관측이 필수다. 그리고 질량을 추산하기 위한 항성 모델이 필요하다.

우주 깊은 곳에 홀로 숨어 있는 블랙홀은 거대한 질량을 지니지만 혼자서는 검출될 수 없다. 뉴턴의 중력법칙에 따르면 서로 잡아당기는 두 물체는 서로에 같은 힘을 가한다. 두 물체는 질량중심이라고 불리는 공통점을 중심으로 궤도운동을 하고 항상 반대 방향에 머무른다. 손을 맞잡고 회전하는 두 사람을 상상해보라. 만약 두 사람의 무게가 같다면 그들은 사이의 정중앙 지점을 중심으로 '궤도를 돌' 것이다. 그러나 어른과 아이가 돈다면 발레 무용수가 제자리 회전을 하듯 아이보다 어른에 가까운 점을 중심으로 회전한다. 해머던지기와도 비슷할 것이다(이쯤에서 비유를 그만해도 되길 바란다). 별들의 경우도 다르지 않다. 같은 질량의 두 별은 질량중심에서 같은

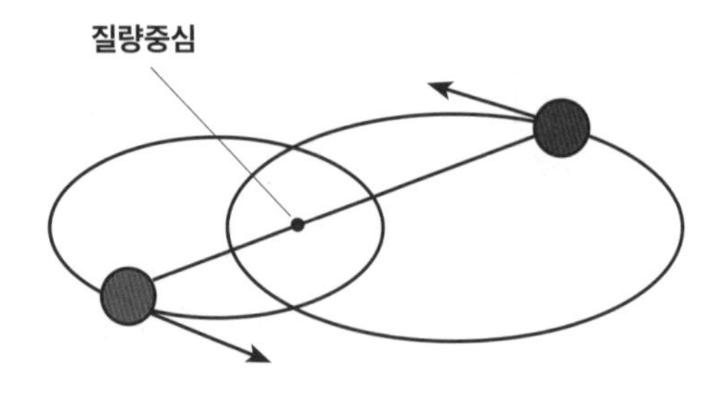

그림 12. 쌍성계에서 두 개의 별은 공통된 질량중심을 궤도운동한다. 질량이 더 큰 별이 질량중심에 가깝고 질량이 더 작은 별은 질량중심에서 더 멀리 떨어져 있다. 만약 별들이 너무 가까워 이미지로 분간하기 어렵다면, 분광관측으로 궤도운동을 측정할 수 있다. 스펙트럼선이 더 붉거나(파장이 길거나) 파란(파장이 짧은) 쪽으로 주기운동을 하며 궤도운동 주기를 알려준다.

거리만큼 떨어져 운동한다. 만약 두 별의 질량이 서로 다르다면, 질량이 큰 별이 질량중심에 더 가까울 것이고 작은 질량의 별은 더 많이 가속되어 더 커다란 궤도를 더 빠르게 회전할 것이다(그림 12).[18]

이것이 개념적 설명이고, 이제 수학을 더해보자. 원형궤도에서 속력은 원주를 주기로, 즉 한 바퀴 도는 궤도운동을 마치는 데 걸리는 시간으로 나눈 값으로 주어진다. 주기와 속력을 측정한다면 궤도 반지름을 얻을 수 있다. **케플러 제3운동법칙**을 뉴턴 식으로 쓰면 궤도에 있는 두 별의 질량 합을 궤도의 크기와 주기로 연결할 수 있다. 이 방정식은 네 개의 변수로 이루어져 있기에 우리는 세 개의 변수를 측정해야 한다. 그러므로 보이는 별 하나와 보이지 않는 동반 천체로 이루어진 쌍성계의 경우 동반 천체의 질량을 알기 위해서는 보이는 별의 질량을 측정해야만 한다.[19] 그걸 어떻게 할 수 있을까?

어두운 무도회장을 떠올려보자. 여자는 흰색 옷을, 남자는 검은색 옷을 입었다. 옆에서 희미한 조명이 그들을 비추고, 여자는 보이지만 남자는 보이지 않는다. 그들은 무대를 가로지르며 돌고 있다. 우리는 여자의 움직임을 통해 여자가 보이지 않는 동반자의 손에 이끌려 있다는 것을 안다. 쌍성계 역시 이와 비슷하게 더 커다란 우주를 의식하지 않은 채 서로 단단히 껴안고 있다. 만약 이 별들 쌍이 서로 멀리 떨어져 있지만 지구에서 그리 멀지 않다면, 우리는 두 별 모두를 볼 수 있을 테고 그저 별들의 운동을 관찰함으로써 궤도를 측정할 수 있다. 이것이 안시쌍성visual binary이다. 더 흔한 경우, 별들이 우리에게서 멀리 위치해 천문학자들이 쌍성을 별개의 천체로 분해해 관측하기 어렵다. 하지만 분광학을 이용하면 각각의 별에서 오는 흡수선이 상대적으로 더 길고 짧은 파장 사이를 오가는 모습이 드러난다. 이런 현상은 궤도운동에 의해 발생하는 주기적 도플러이동을 나타낸다. 이것이 분광쌍성spectroscopic binary이다. 하나의 별이 블랙홀인 쌍성계에서, 우리는 한 손이 뒤로 묶인 상황에 놓인다. 스펙트럼이 오직 관측할 수 있는 별에서 나타나는 흡수선만을 드러내기 때문이다.

춤을 추는 사람들처럼, 보이는 별의 운동은 보이지 않는 별의 움직임을 암시한다. 하지만 여기에는 두 가지 큰 문제가 있다. 첫 번째는 우리가 보이는 별의 질량을 추산해야 한다는 것이다. 이를 위해 쌍성계까지의 거리를 결정해야 하는데 그래야만 광도, 즉 별에서 매초 방출되는 광자 수를 계산할 수 있기 때문이다. 그리고 이 물리량들을 별의 표면 온도(색깔에 의해 결정된다), 별의 표면 중력(스펙트럼선의 형태에 의해 결정된다)과 함께 별의 구조와 에너지 생성에 관한 복잡한 모델에 집어넣으면 질량을 가늠할 수 있다.

두 번째로는 우리의 관점 또는 관측 방향의 문제다. 분광관측은 도플러이동, 또는 관측자에게서 멀어지거나 가까워지는 시선방향의 운동을 측정한다. 가장자리 방향에서 관측하는 쌍성계는, 즉 별들의 공전궤도면이 하늘의 평면 방향과 수직을 이루는 경우, 효과를 온전히 관측할 수 있다. 매 궤도운동마다 한 별은 정확히 우리 방향으로 움직이고 다른 별은 정확히 우리에게서 멀어지는 방향으로 움직이기 때문이다. 그러나 우리가 쌍성계를 정면에서 관측한다면, 즉 궤도가 하늘의 평면 방향에 놓인 경우, 어떤 도플러효과도 관측되지 않는다. 왜냐하면 모든 별의 운동이 나란히 이루어지기 때문이다. 우주에서 쌍성들은 무작위 방향으로 흩어져 있고 우리는 **궤도 경사각**을 알지 못한다는 추가적 문제를 마주하게 된다. 그나마 다행인 것은 거의 모든 경사각에 대해 도플러이동이 궤도운동 속도를 적게 추산한다는 것인데, 일반적으로 시선방향이 아닌 성분이 궤도운동의 일부분으로 존재하기 때문이다. 그래서 천문학자들은 별의 질량을 계산할 때, 보통 하한값을 결정한다. 보이지 않는 동반성이 블랙홀이 되기 위한 최소한의 질량을 가졌는지를 증명하는 것이 관측

목적이기 때문에, 이 방법이 효과가 있다.[20]

특별한 증명서를 받은 블랙홀

사람들은 천문학이라고 하면 허블우주망원경이 찍은 멋진 사진을 떠올린다. 하지만 우주를 이해하는 데 있어 많은 발전은 분광학을 통해 이루어졌는데, 이는 빛을 구성하는 색깔들로 쪼개는 기술이다. 뉴턴은 스펙트럼을 이용해 빛의 성질을 이해했다. 1800년대 초반, 젊은 요제프 폰 프라운호퍼Joseph von Fraunhofer는 고아원과 인정사정없던 감독관, 일하던 유리 제조 공장에서의 폭발에서 살아남아 첫 번째 태양 스펙트럼을 찍었다. 그리고 태양의 조성을 알려주는 특징들을 보았다. 100년이 지난 다음, 하버드대학교 천문대에서 저임금으로 일하던 여성들이 사진 건판에 기록된 스펙트럼 수십만 개를 스캔해 정보를 모았다. 이 자료는 별들이 무엇으로 만들어져 있는지를, 그리고 우주가 실제로 얼마나 큰지를 이해하는 데 사용되었다.[21]

나는 천문학자로서 평생에 걸쳐 스펙트럼 수천 개를 찍었고, 각각의 스펙트럼은 해결해야 하는 수수께끼이거나 포장을 풀어야 하는 선물이었다. 스펙트럼은 거리나 화학조성을 측정하는 열쇠이며, 은하중심에서 일어나는 이루 말할 수 없이 격렬한 물리현상을 이해할 실마리를 담고 있다. 야간 관측이 끝날 즈음 망원경에 도착한 빛의 결과로 화면에 구불구불한 선이 등장했고, 이 선이 분광기에 스며들어 희미한 빛줄기로 갈라진 다음 실리콘으로 만들어진 전하결합소자charge-coupled device, CCD로 떨어졌다. CCD는 광자를 전자로, 그리고 전기 신호로 바꾸었으며 신호를 처리하면 파장에 따른 빛의 세기 지도를 얻을 수 있었다.

하와이에서의 어느 날 밤, 나는 해발 4,300미터 높이 휴화산인 마우나케아Mauna Kea 꼭대기 망원경에서 관측 중이었다. CCD에서 얻은 자료는 컴퓨터 모니터에 수평 줄들로 배열되어 있었다. 내 눈은 특정한 어두운 줄 하나로 향했다. 디지털 스펙트럼에서 보이는 어두운 줄들은 우리은하와 같은 물질로 이루어진 먼 은하의 증거였다. 나는 은하의 회전을, 은하를 구성하는 별들의 종류를, 그리고 별들 안에 섞인 가스의 종류를 추론할 수 있었다. 스펙트럼에 나타난 **적색이동**redshift은 은하가 약 100억 광년쯤 떨어져 있음을, 그리고 지구가 만들어지기 전부터 빛이 우리에게 달려오고 있었음을 알려주었다. 빛이 방출되었을 때 이 어두운 은하가 우리은하로부터 빛보다 빠른 속도로 멀어지고 있었다는 것을 알 수 있었다. 빅뱅 이후 얼마 지나지 않아 급격히 우주가 팽창한 덕분이었다.

우주는 특수상대성이론이 아닌 일반상대성이론의 지배를 받고, 따라서 공간은 광속보다 빠르게 팽창할 수 있다! 그런 사실을 인정하기 살짝 꺼려졌지만, 그 순간에는 우주에 대해 이런 놀라운 사실들을 알 수 있다는 데 놀라는 것조차 잊어버렸다. 나는 내가 아는 것을 뒷받침하는 과학적 방법의 토대와 추론 과정에 대해 질문한 적이 거의 없었다.

분광학은 쌍성계와 그들의 궤도를 이해하는 열쇠다. 분광학을 사용해 천문학자들은 쌍성계에서 보이지 않는 동반 질량을 측정할 수 있다. 그리고 보이지 않는 질량을 충분한 정밀도로 측정해 아인슈타인의 괴물이 실제라고 결론지을 수 있다. 몇몇 '특별한' 쌍성계에서는 보이지 않는 동반 천체가 블랙홀이 되기에 충분한 질량을 지니고 있으며, 그것들은 어떤 가설로도 설명하기 매우 어렵다. 그런 전형인 백조자리 X-1에 대해 자세히 알아보자.

여름에 높게 뜨는 백조자리를 우리가 지구에서 바라본다고 생각해보자. 백조의 몸통을 이루는 십자가 정중앙을 향해 곧장 나아간다. 좋은 쌍안경이 있다면 모두 동시에 태어나 느슨하게 묶인 뜨겁고 젊은 별들 사이에 자리 잡은 청백색 별을 볼 수 있다. 500만 년 전 우리의 영장류 조상이 진화 계보에서 갈라져 나왔을 때, 이 별들은 수축하는 가스와 먼지의 구름에서 엉겨 붙어 태어났다. 우리가 관심 있는 청백색 별은 우리은하를 이루는 이웃 나선팔의 가장자리 부근에 있으며 우리로부터 6,000광년 떨어져 있다. 대략 3만조 킬로미터에 가까운 굉장한 거리다. 이 별이 육안으로 쉽게 보이기 위해서는 태양보다 40만 배 더 많은 에너지를 방출하면서 매우 밝아야 한다. 아주 오래된 빛이다. 그 빛은 지구상에 인류가 100만 명도 안 되게 존재하던 시기에 별을 떠났다. 당시 북아메리카에서는 매머드가 멸종되려 하고 있었다.

우리는 먹이에 조심스럽게 접근할 것이다. 태양과 지구 사이 거리에 그 별을 놓는다면, 눈부실 만큼 밝고 태양보다 20배나 클 것이다. 양팔을 쭉 벌렸을 때 한쪽 손바닥에서 다른 손바닥까지의 너비에 해당한다. 이 청색초거성과 거의 보이지 않는 동반성은, 수성 궤도보다 짧은 거리에서 6일 주기의 궤도에 묶여 있다. 그러나 동반 천체가 완전히 어둡지는 않다. 이 청색초거성은 맹렬한 핵융합로여서 플라스마의 바람을 자신의 바깥 대기에서 우주로 밀어낸다. 이렇게 별에서 흩어진 물질 중 일부는 동반 천체에 의해 사로잡히고 매우 뜨거운 가스의 소용돌이 원반을 형성한다. 이 가스는 100만 도 이상의 온도를 지녀 방대한 양의 자외선과 엑스선복사를 방출한다. 동반 천체의 중력 역시 초거성의 바깥층을 뒤틀어 눈물방울 형태로 만들고, 좁은 끝은 동반 천체를 향하게 한다. 만약 우리가 뾰족한 눈물방울을 따라 동반 천체를 드러내는 소용돌이 원반에 접근할 수 있다면, 완전한 어둠 한가운데의 작은 점을 볼 수 있을 것이다. 그것이 블랙홀이다(그림 13).

이 설명은 추론일 뿐이다. 우리는 이것뿐 아니라 어떠한 블랙홀도 가까이에서 본 적이 없다. 하지만 백조자리 X-1에 관해 100이 동 넘는 연구 논문이 나왔고, 이는 하늘에서 가장 집중적으로 연구된 천체 중 하나다. 궤도주기는 5.599829일로, 오차가 10분의 1초 수준인 매우 높은 정확도로 측정되었다.[22] 초거성의 질량과 궤도경사

그림 13. 완전히 고립된 블랙홀은 관측할 수 없다. 거대한 질량이 함께 있는 쌍성계에서, 블랙홀은 동반성으로부터 자기 부착원반으로 질량을 빼돌린다. 가스는 엑스선을 방출할 수 있을 만큼 가열된다. 부착원반은 회전하는 블랙홀 사건지평선 주변을 휘감는다. ©NASA/JPL-Caltech

각을 알면 동반 천체의 질량을 계산할 수 있다. 분광학과 정교한 모델링에 따르면 HDE 226868의 질량은 대략 태양의 40배 정도다.[23] 경사각을 측정하는 일은 더 어려운데, 검은 동반 천체가 보이는 별 뒤로 숨는 순간이 없기 때문이다. 달리 말하면, 이 구조에서는 식eclipse이 일어나지 않는다. 최근의 연구에 따르면 경사각이 27도 정도라고 하는데, 이를 고려하면 검은 동반 천체의 질량은 태양질량의 15배에 이른다.[24] 이 질량 범위는 별의 잔해가 중성자별이 되기 위한 최대 질량에서 한참 떨어져 있다. 중력이 너무 강해서 작은 동반 천체는 블랙홀이어야만 한다. 자료의 모든 불확실성과 모델링에서 존재하는 불확실성을 다 더하더라도 이 결론을 부정하지 못한다.[25] 1990년에 이 증거는 블랙홀의 존재를 입증하기에 충분했으므로 호킹은 캘텍에 있는 손의 연구실에 앉아, 벽에 걸려 있는 패배 인정 증명서에 서명해야만 했다.

블랙홀로 죽음을 맞을 정도로 질량이 큰 별은 꽤 드물다. 우리은하는 대략 4,000억 개의 별을 거느리고 있는데, 대부분은 어두운 적색왜성으로 태양보다 훨씬 질량이 작다. 우리는 또한 태양계 인근에서 확인된 블랙홀들의 작은 표본을 가지고 은하 전체에 있는 총 블랙홀 집단의 성질을 추산할 수 있는데, 이에 따르면 3억 개 정도의 블랙홀이 있다. 수십 개의 '특별한' 예시들은 모든 블랙홀에 비하면 극히 낮은 비율이고, 결국 별들의 전체 집단에 대해서는 훨씬 더 낮은 비율이다.

지난 10여 년간, 전문가들은 25~30개의 '특별한' 블랙홀 후보 목록을 발표했다. 이 수는 그리 빠르게 증가하지 않는다. 왜냐하면 증거로 인정되는 기준이 높기 때문이다.[26] 목록의 모든 블랙홀은 쌍성계를 이루어 아주 정밀하게 궤도가 측정되었고, 어두운 동반 천체가 태양질량의 세 배 이상이니 블랙홀이어야만 한다. 각각의 경우, 가설을 뒷받침하는 추가적인 증거들이 존재한다. 이런 블랙홀의 질량은 태양질량의 6~20배에 달하고, 궤도주기는 느긋한 한 달에서 빠른 네 시간까지 넓은 범위에 걸쳐 있다. 우리은하의 가장 가까운 이웃 은하인 대마젤란은하Large Magellanic Cloud에서는 블랙홀 두 개가 발견되었다. LMC X-1과 LMC X-3이다. 둘 다 16만 5,000광년 거리에 있다. 다른 모든 녀석들은 지구로부터 4,000~4만 광년 사이에 떨어져 있다. 나머지 30여 개의 계들은 더 좋은 자료가 얻어지는 대로 '특별한' 목록에 합류하기를 기다리고 있다.

중력 광학을 이용하다

지금까지 블랙홀 탐사는 보이지 않는 댄서 블랙홀이 존재하는 쌍성계에 의존한다는 이야기를 했다. 하지만 어둠의 댄서가 홀로 있더라도 그것을 찾을 수 있는 한 가지 방법이 존재한다. 이 방법은 일반상대성이론의 핵심 예측에 기반한다. 질량에 의한 빛의 휘어짐이다. 질량이 빛을 휘게 만들기 때문에, 별이나 은하는 더 먼 광원에서 오는 빛의 초점을 모으거나 확대할 수 있다. 이 현상은 중력렌즈효과gravitational lensing effect라고 불리며, 아인슈타인이 이론을 발표한 지 얼마 되지 않아 예측되었다. 중력렌즈 현상이 처음 관측된 것은 1979년이었다. 하나의 밝은 별 퀘이사quasar를 관측하자 두 개의 이미지가 보인 것이다. 이렇게 상이 갈라진 이유는 우리와 퀘이사 사이를 가로막고 있는 은하단의 작용 때문이었다.

렌즈효과는 상당히 미묘한 현상이다. 별 하나의 질량으로는 빛이 그렇게 많이 휘어지지 않는다. 1919년, 에딩턴은 태양 가장자리를 2각초 거리에서 지나는 먼 별의 빛이 휘어지는 현상을 측정했다. 2각초는 태양 각지름의 1,000분의 1 정도밖에 되지 않는다. 또한 렌즈효과는 드물게 일어난다. 별들 사이 공간은 넓고, 렌즈효과가 관측될 만큼 두 천체가 가까이 정렬될 확률은 희박하다. 그런 정렬이 일어날 확률은 기껏해야 100만분의 1밖에 되지 않으며, 따라서 하

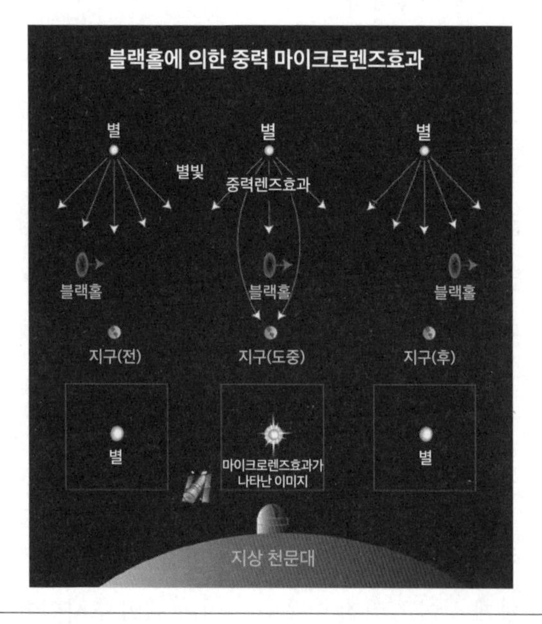

그림 14. 동떨어진 블랙홀은 질량이 빛을 휘게 만든다는 사실을 이용해 검출할 수 있다. 만약 블랙홀이 더 멀리 있는 별의 앞을 곧장 지나간다면, 블랙홀이 렌즈처럼 작용해 별에서 오는 빛이 순간적으로 증폭된다. 이미지만 놓고서는 어떤 망원경으로 관측하더라도 효과가 너무 작아 분리해낼 수 없다. ©NASA/ESA

나의 사건을 관측하기 위해서는 이론상 별 100만 개를 관측해야만 한다. 가까운 별이 더 먼 별의 앞을 정확히 지날 때, 이것은 마이크로렌즈효과microlensing effect라 불린다. 마이크로렌즈효과에서 각도의 편향은 이미지상으로 갈라지기에 너무 작지만, 배경 별빛의 중력적 증폭도 일어난다. 관측자는 앞쪽 별이 배경의 별을 가로지르는 순간 순간적으로 배경의 별이 밝아지는 모습을 볼 수 있는 것이다. 앞쪽의 별이 무거울수록 효과가 지속되는 기간이 길다. 렌즈효과가 빛이 아니라 질량에 의존하기 때문에, 찰나의 밝아짐은 앞쪽의 별 또는 렌즈가 빛을 방출하지 않을 때도 발생한다(그림 14). 이것이 홀로 떨어진 블랙홀을 관측할 수 있는 유일한 방법이다.[27]

마이크로렌즈효과의 장점은 방법이 간단하고 관측이 직접적이라는 것이다. 어떤 쌍성계든 측정해야 하는 질량이 두 개인데다가 궤도경사각은 종종 미지수이기에, 분광을 통해 유도하는 값들은 간접적이다. 렌즈효과에는 빛의 증폭을 질량에서 렌즈까지의 거리와 연결하는 하나의 공식이 필요할 뿐이다. 일반적인 블랙홀 질량의 경우라면 증폭은 수백 일간 지속되기 때문에 관측도 쉽다. 한편, 마이크로렌즈의 단점은 증폭이 일시적 사건이라는 것이다. 궤도운동이 반복되기 때문에 더 많은 자료를 얻을 수 있는 쌍성계의 경우와는 다르기 마련이다. 블랙홀이 더 멀리 있는 별 앞을 지나는 순간, 그것은 밤에 항해하는 배와 같다. 신호는 반복되지 않는다. 더욱 중요한 사실은, 렌즈효과 공식에서 거리와 질량이 결합해 있다는 점이다.

따라서 거리를 특정할 수 있는 추가적인 정보가 없는 한, 질량이 불확실하다.

마이크로렌즈로 블랙홀을 사냥하는 것은 마치 짚더미에서 바늘 찾기와 같다. 마이크로렌즈 탐사는 '마초'를 찾기 위해 개발되었다. 마초는 질량이 큰 **헤일로밀집천체**massive compact halo objects, MACHO를 뜻하고 '**암흑물질**dark matter'을 설명할 수 있을지도 모르는 천체다. 암흑물질은 우리은하에서 일반적인 물질보다 여섯 배나 많은 양을 차지한다. 어떠한 어둡고 흐린 천체도 마초일 수 있다. 예를 들어 블랙홀이나 중성자별, 갈색왜성(준항성sub-stellar object), 혹은 별에 묶이지 않은 채 자유롭게 떠다니는 행성들처럼. 마이크로렌즈효과 관측은 마초를 검출하는 데 실패했지만, 암흑물질을 검출하려던 같은 탐사에서 실제로 블랙홀(몇 개)이 발견되었다.[28] 100만 개 중 하나의 별이 마이크로렌즈효과를 보이지만, 그중 다시 1퍼센트만이 블랙홀에 의해 렌즈효과를 나타낼 것이므로, 수억 개의 별을 추적 관측해야 몇 개의 블랙홀을 찾을 수 있을 것이다. 폴란드의 한 연구팀은 1.3미터 망원경을 이용해 10년간 관측한 자료를 분석해 1.5억 개 별들에 대한 수십억 개 측광 측정에서 그럴싸한 블랙홀 후보 세 개를 가려냈다.[29] 그들은 헌신적이었다.

대혼란의 경계에 선 물리학

에드거 앨런 포Edgar Allan Poe의 1841년 단편 〈큰 소용돌이 속으로의 추락A Descent into the Maelström〉에서, 화자인 젊은 남자는 노르웨이 해안가 멀리 소용돌이에서 발생 가능성 높은 자신의 죽음을 예상하며 급격히 나이를 먹는다. 그의 형제 중 하나는 깊은 수렁에 빠져 죽는다. 다른 형제는 그런 상황에 미쳐버린다. 화자 홀로 살아남아 이야기를 전한다.[30] 그는 한 장면을 회상하면서 당혹감에 움츠러든다. "소용돌이의 가장자리는 빛나는 물보라의 넓은 띠로 묘사되었다. 하지만 어떠한 입자도 그 엄청난 깔때기의 입으로 쓸려 들어가지 않았다. 깔때기의 안쪽은, 눈으로 헤아릴 수 있는 한, 새까만 물이 만든 매끈하고 반짝이는 벽이었다. […]"

포의 소설 속 화자는 소용돌이 안에서 이상하고 끔찍한 아름다움을 발견했다. 우리도 블랙홀에 대해 비슷하게 느낄지 모른다. 아인슈타인의 괴물은 무섭지만 눈을 떼기 어렵다. 쌍성계에 있는 블랙홀은 마치 소용돌이 가장자리에서 빛나는 물보라와 표류물, 기류에 휩쓸려 가는 부유물처럼 극적인 효과들을 만들어낸다. 원칙적으로 전혀 보이지 않아야 하는 대상이 우주에서 가장 밝은 천체일 수 있다는 것이 천문학의 놀라운 아이러니다. 그 이유는 중력이다.

지구상의 예로, 브라질과 파라과이 국경 사이에 위치한 이타이푸Itaipu 댐을 떠올려보라. 이 시설은 1년에 10테라와트라는 가공할 만

한 양의 전력을 생산하는데, 이것은 수억 명의 사람이 필요한 에너지를 충당할 수 있을 수준이다.[31] 어디서 이런 동력이 생겨나는가? 댐은 파라나Parana강에서 오는 물을 끌어 올린다. 초당 30만 세제곱미터의 물이 110미터 높이에서 떨어지고 가속되어 중력 위치에너지를 시속 160킬로미터에 이르는 운동에너지로 전환한다. 댐의 밑바닥에서 운동에너지가 터빈 날개를 돌리는 회전에너지로 바뀐 다음 물은 시속 16킬로미터까지 느려진다. 그리고 회전하는 터빈은 전기를 생산한다. 비슷한 방식으로, 블랙홀에 떨어지는 물질은 에너지를 만든다.

블랙홀에 물질이 떨어질 때 어떤 일이 일어나는지 살펴보자. 이 과정은 "부착accretion"이라고 불린다. 블랙홀은 대부분 수소 가스를 잡아당긴다. 이 수소 가스는 별을 만들고 별들 사이 공간을 느슨히 채우는 재료다. 이 양성자들과 전자들은 곧장 블랙홀로 떨어질 수 있다. 사건지평선 너머로 흘러 들어가 블랙홀 안으로 사라질 수도, 다시는 보이지 않게 될 수도 있다. 하지만 그런 일이 일어나는 경우는 매우 드물다. 가스 입자들이 블랙홀로 바로 떨어지는 경우가 거의 없기 때문이다. 입자들 대부분은 옆으로 움직이는 운동 성분을 갖고 있다. 이렇게 측면을 향하는 운동이 있으면, 입자들은 블랙홀을 지나쳐 우주 공간으로 향해 아주 돌아오지 않거나, 블랙홀 주변에서 궤도운동을 시작할 수 있다. 또한 입자들은 서로 조금씩 다른 궤적을 그리기에 서로 부딪히기도 한다. 결과적으로 입자들은 간접적이고 무차별적인 경로를 따라 블랙홀로 향하고, 그러한 충돌로 인해 가스가 뜨거워진다.

이제 블랙홀이 회전한다는, 그래서 각운동량이 생긴다는 핵심적인 사실을 여기에 더하자. 물리학에서 각운동량은 언제나 보존된다. 그리고 입자들이 회전하는 계에서 어떻게 움직이는지에 대한 법칙이 있다.[32] 블랙홀이 빠르게 회전하는 이유는 그것이 수축해 크기가 작아졌기 때문이다. 천천히 회전하는 질량이 큰 별은 빠르게 회전하는 별의 잔해로 변하고(피겨스케이팅 선수가 팔을 바깥으로 펴고 있을 때는 천천히 회전하다가 팔을 오므리면 빠르게 회전하는 것을 생각해보라). 회전하는 블랙홀은 주변의 뜨거운 가스를 소용돌이치게 한다. 마치 당신이 욕조 한가운데에 있는 물을 힘차게 휘저으면 욕조 가장자리에 가까이 있는 물도 소용돌이치는 것과 같은 현상이다. 가스의 소용돌이는 블랙홀 적도 근방에서 가장 강력하다. 이 뜨거운 가스의 소용돌이는 "부착원반"이라고 불린다.

가스 대부분이 블랙홀의 적도를 따라 부착원반에 집중되어 있기 때문에, 블랙홀 양쪽 극 주변 영역은 상대적으로 비어 있다. 이것은 뜨거운 가스 일부가 극을 따라 블랙홀에서 탈출할 수 있음을 뜻한다. 가스는 블랙홀의 회전에너지를 운동에너지로 변환한다. 이 가스는 빠르게 움직이는 입자들의 쌍둥이 **제트**로 방출되고, 그것들은 블랙홀의 회전축과 정렬되어 있다. 이 제트는 블랙홀로 떨어지는 물질의 중력에너지 일부를 운반해 간다. 만약 우리가 부착원반에 가까

그림 15. 블랙홀과 블랙홀을 둘러싼 부착원반의 컴퓨터 시뮬레이션 이미지. 시뮬레이션은 일반상대성이론의 모든 공식을 사용한 것이다. 왼쪽의 더 밝은 원반 부분은 우리에게 다가오고, 오른쪽의 어두운 부분은 멀어지는 중이다. 이러한 왜곡은 질량이 빛을 휘게 만들면서 나타난다. 블랙홀의 반대쪽이 숨겨지지 않은 이유는 중력렌즈효과를 통해 우리가 블랙홀의 뒤를 볼 수 있기 때문이다. ©J. A. Marck/CNRS

이 갈 수 있다면 빛을 휘게 하는 블랙홀의 강력한 중력에 의해 일어나는 이상한 왜곡을 목격할 것이다(그림 15).

우리는 포의 소설 속 소용돌이 가장자리에 보이던 표류물과 부유물처럼, 소용돌이치는 가스 원반을 시각화할 수 있다. 이러한 활동의 중심은 회전하는 블랙홀로, 어둡고 인정사정없다. 입자들은 블랙홀에 가까워지면서 더 빠르게 움직인다. 입자들의 중력에너지는 운동에너지로 전환된다. 또한 그것들이 서로 충돌하면서 가스가 가열되고, 원반 내에서의 마찰이 강렬한 열복사를 만들어낸다. 부착원반의 가스는 수백만 도에 이르는 온도를 띠고 엑스선 영역에서 밝게 빛난다.

즉 중력의 힘이 복사로 탈바꿈하는 것이다. 그토록 검은 물체가 그토록 밝은 장면을 만들어낼 수 있다는 사실이 역설적이다. 이 작용은 매우 효율적이다. 이 맥락에서 효율이란 저장된 에너지 중 얼마만큼이 복사로 전환되느냐를 가리킨다. 지구에서 가장 강력한 에너지원인 화학적 연소는 0.0000001퍼센트의 효율을 띤다. 별이 빛나게 하는 작용인 핵융합반응은 효율이 1퍼센트 될까 말까 한다. 정적인 블랙홀로의 부착은 10퍼센트나 되고, 회전하는 블랙홀의 경우 이 수치가 40퍼센트까지 증가한다.[33] 블랙홀은 자연에서 가장 강한 에너지원이다.

가스는 쉽게 블랙홀로 떨어지지 않는다. 각운동량을 띠기 때문이다. 태양 주위를 공전하는 행성들도 마찬가지다. 블랙홀의 부착에 관련된 자세한 계산은 천체물리학에서 가장 어려운 문제 중 하나였고, 수십 명의 연구자가 거의 20년을 매달려야만 했다.[34] 원반의 가스 입자들은 마찰을 겪고, 원반 전체는 마치 점성이 있는 듯 작동한다. 결과적으로, 어떤 물질들은 각운동량을 잃어 블랙홀 가까이 다가가고, 어떤 물질들은 거꾸로 각운동량을 얻어 블랙홀에서 멀어진다. 원반 안쪽 경계에 다가가는 입자들은 거의 광속에 가깝게 움직인다. 그리고 사건지평선에 근접할수록, 일반적인 입자들은 다른 모든 입자와 섞여 혼잡한 상태에서 부착원반을 통해 안쪽으로 느린 나선운동을 겪는다. 그러면 부착원반의 안쪽 경계에서는, 중력이 입자들을 블랙홀로 곧장 잡아당긴다. 블랙홀은 이런 순차적 사건들을 통해 질량을 얻는다.

20세기 초반, 에딩턴은 부착이 일어날 수 있는 한계를 계산했다. 에딩턴한계Eddington limit라는 개념은 구형 기하를 가정할 때 입자를 안쪽으로 끌어들이는 중력이 입자를 바깥으로 밀어내는 복사압과 어떤 점에서 평형을 이루는지를 묻는다. 블랙홀에 질량이 더해질 수 있는 최고 비율은 생각보다 낮다. 블랙홀은 1년에 달 질량 3분의 1만큼보다 더 성장하지 못한다. 그런 비율이면, 질량이 두 배가 되는 데 3,000만 년이나 걸린다. 그러나 안쪽으로 떨어지는 질량을 바깥으로 나가는 복사로 효율적으로 전환할 수 있다는 것은 블랙홀이 극도로 밝다는 뜻이다. 동반성에 의해 가스 연료가 공급되는 블랙홀의 경우 같은 질량의 별보다 100배 이상 밝을 수 있다.

쌍성 우화로의 여행

전체 별 중에서 삶을 중성자별로 마감하는 별의 비율은 낮고, 블랙홀로 죽음을 맞는 별의 비율은 그보다도 낮다. 수십 분의 1퍼센트 정도밖에 되지 않는다. 블랙홀은 검은 백조만큼이나 드물다. 다시 말하지만 별들이 태어날 때 질량 분포는 질량이 작은 쪽으로 심하게 쏠려 있고, 태양과 같은 별 하나당 질량이 작은 적색왜성이 수백 개씩 존재한다. 적색왜성은 꺼져가는 잉걸불(백색왜성)로 죽는다. 그러므로 별의 95퍼센트 이상은 생애를 중성자별 또는 블랙홀이 아닌 백색왜성으로 끝낸다.

별들 중 겨우 절반 넘을 정도가 우리 태양처럼 홀로 존재한다, 그리고 3분의 1은 쌍성계로, 10퍼센트 정도는 세 개 혹은 그 이상의 다중계로 존재한다.[35] 쌍성계 대부분은 멀리 떨어진 궤도를 돌아 주기가 1년, 10년 혹은 심지어 몇 세기가 걸리기도 한다. 따라서 그들은 상호작용하지 않고 서로의 진화에도 영향을 미치지 않는다. 쌍성 전체에서 5퍼센트 이하로 낮은 비율만이 몇 시간에서 몇 주 사이의 궤도주기를 갖는다.

어떤 별이든 물질이 중력에 속박되는 가상의 경계를 지닌다. 홀로 동떨어진 별의 경우, 이 경계는 원형이다. 쌍성을 이루는 별들이 가까이 있는 경우에는, 이 경계가 눈물방울 형태로 늘어져 끝이 맞닿아 있다. 질량은 한쪽에서 다른 별로 눈물방울이 연결되는 그 점을 통해 흐를 수 있다. 일반적으로, 질량이 더 큰 별이 작은 별로부터 가스를 빨아들인다. 만약 쌍성계를 이루는 별들이 정말 가까이 있다면, 가상의 경계는 공통의 곡선으로 병합되고 질량은 별들 사이를 더 쉽게 넘나들 수 있다.[36]

대부분의 가까운 쌍성들은 두 개의 적색왜성으로 이루어져 있다. 왜냐하면 별들이 대부분 왜성이기 때문이다. 이 별들이 죽으면 백색왜성으로 수축하지만, 작은 질량의 별은 오래 살기 때문에 대부분은 아직 죽지도 않았다. 질량이 큰 별들은 상대적으로 짧은 생을 누리고, 따라서 질량이 큰 별과 작은 별이 짝을 이룬 쌍성계를 찾는다면, 질량이 큰 별이 죽어서 중성자별 혹은 블랙홀을 남기게 되겠다고 생각할 수 있다.

별의 잔해가 이루는 쌍성계 중 아주 희귀한 종류가 있다. 쌍백색왜성, 백색왜성-중성자별, 백색왜성-블랙홀, 쌍중성자별, 중성자별-블랙홀, 쌍블랙홀이다. 마지막 녀석을 쌍흑진주라고 부르자. 가장 희소한 종류이기 때문이다. 나중에 이것을 다시 살펴볼 것이다.

쌍성계에 관한 이야기를 하려면 이 책보다 훨씬 두꺼운 책이 필요하다. 사람 간의 관계와 마찬가지로, 별이 맺는 관계도 꽤 다양하다. 규모가 크거나 작을 수 있고, 성격도 뜨겁거나 차가울 수 있다. 양쪽이 무언가를 주고받고 하나의 삶이 다른 삶을 완전히 바꿔놓을 수도 있다. 한쪽이 관계를 떠날 때도 있고, 한쪽이 자기 짝보다 먼저 죽는 경우가 대부분이다. 별들에서 가까운 관계는 죽음 이후의 삶으로 이어질 수도 있다.

인생의 황금기에 수소를 헬륨으로 융합하면서 서로를 돌고 있는 보통의 두 별을 생각해보라. 더 질량이 큰 별은 자기 수소를 먼저 소진하고 동반성으로 가스를 흘리면서 적색거성red giant으로 부풀어 오른다. 두 별 모두가 가스 안에 사로잡히면서 서로 더 가까이 돌기 시작한다. 더 질량이 큰 별이 죽고, 백색왜성으로 수축한다. 마침내 더 작은 별이 나이가 들고 부풀어 올라, 죽은 동반성으로 가스를 쏟는다. 백색왜성의 아주 강한 중력은 가스를 압축시켜 융합이 점화될 수준에 이르고, 불꽃을 뿜으며 잠깐 삶으로 돌아온다. 이것이 노바nova 또는 신성new star이다. 격렬한 핵융합은 많은 양의 가스를 분출하고, 이 과정은 단편적으로 반복될 수 있다. 어떤 경우에는 신성이 망원경으로나 보일 만큼 희미하던 별빛을 맨눈에 보일 정도로 밝게 만들기도 한다.[37] 질량 교환이 아주 크다면, 백색왜성은 태양질량의 1.4배에 달하는 찬드라세카르한계를 넘어선다. 이 경우, 죽은 별은 초신성으로 두 번째 죽음을 맞고, 중성자별을 남긴다.[38]

블랙홀로 끝을 맺는 쌍성의 삶은 다음과 같은 이야기다.[39] 두 개의 뜨겁고 큰 별이 좁은 쌍성 궤도에 딱 붙어 살고 있다. 질량이 더 큰 별은 핵에 있는 수소를 소진하고 부풀어 오른다. 그리고 바깥층 거의 모두를 동반성에 내어준 다음, 겉으로 드러난 헬륨핵을 남긴다. 수십만 년이 지나면 초신성으로 맹렬히 죽고 블랙홀을 남긴다. 더 작은 질량의 동반성은 폭발에서 가스를 얻고, 그것이 별의 진화를 가속한다. 1만 년이 지나면 자기 삶의 끝을 향해 가면서 팽창하고, 가스를 블랙홀로 쏟아 강력한 엑스선방출을 촉발한다. 이 별 역시 초신성이 되고, 질량에 따라 최종의 계는 중성자별과 블랙홀, 또는 쌍블랙홀이 된다.

블랙홀은 기이해 보이지만, 질량이 큰 별의 진화에서 피할 수 없는 결과물이다. 만약 그 녀석들이 쌍성계에 있다면 상호작용을 통해 검출할 수 있을 것이다. 우주 어딘가에서는 매초 질량이 큰 별이 격렬히 죽는다. 매초 시공간의 조각이 시야에서 떨어져 나가고, 매초 블랙홀이 태어난다.

그러나 만약 블랙홀을 형성할 수 있는 다른 방법이 있다면 어떨까? 그리고 결과물이 이미 상상했던 무엇보다도 더 괴물 같다면?

3장 초대질량블랙홀

♦

죽은 별만이 블랙홀을 만들 수 있을까? 블랙홀의 필요조건은 빛이 탈출할 수 없을 정도로 강한 중력을 만드는 높은 밀도다. 원칙적으로 이것은 수축한 별보다 더 큰(그리고 더 작은) 천체에서 일어날 수 있다. 그런데도 초대질량블랙홀이 발견된 것은 놀라운 일이었고, 그 중 일부는 너무 질량이 커서 우리은하에 존재하는 모든 **별질량블랙홀**stellar black hole을 합친 것보다도 컸다. 초대질량블랙홀 중 하나가 모든 은하의 중심마다 존재한다는 사실은 더욱 놀라웠다.

세계 유일의 전파천문학자

일리노이주 휘턴의 1937년 여름은 덥고 습했다. 26세의 그로트 레버Grote Reber는 어머니 집 옆에 있는 공터에 매일 나와 아침 일곱 시부터 어둠이 내려앉을 때까지 나무를 자르고 금속을 다듬었다. 그는 전파망원경을 만들고 있었다. 전파망원경 접시는 지름 10미터로, 사용 가능한 재료들로 그가 만들 수 있는 최대한의 크기였다.[1] 완성되었을 때 그것은 지구상에서 가장 큰 전파망원경이었고, 지름 100미터에 이르는 현대판 전파망원경의 원조 격이었다. 10년간 레버는 세계 유일의 전파천문학자였다(그림 16).

그러나 레버가 첫 전파천문학자는 아니었다. 칼 잰스키Karl Jansky는 물리학을 공부했으며 겨우 스물셋의 나이에 뉴저지주 홈델의 벨연구소Bell Labs에 고용되었다. 벨연구소는 대륙 간 전화 서비스를 위해 파장이 10~20미터인 전파를 사용할 수 있을지 연구하고 싶어 했다. 잰스키의 일은 음성 통신과 간섭을 일으킬지 모르는 잡음의 원인을 조사하는 것이었다. 1930년, 그는 연구소 인근의 휴경 중인 감자밭에 안테나를 건설했다. 그 기계는 초기 복엽기의 날개 뼈대를 닮았고, 포드 T모델에서 가져온 고무 타이어 바퀴 네 개가 달려 원형 트랙을 돌았다. 잰스키는 안테나를 회전시키면서 전파가 어느 방향에서 들어오는지 알 수 있었고, 전파신호는 증폭된 다음 근처 판잣집 안에서 움직이는 종이 차트에 펜으로 기록되었다. 잰스키는 대부분

그림 16. 아마추어 전파천문학자 레버가 1937년 만든 세계 최초의 포물형 전파망원경. 최초의 전파망원경은 잰스키의 쌍극형 안테나 배열이었다. 크기 9미터의 접시가 일리노이주 휘턴에 위치한 레버의 뒷마당에 건설되었다. 당시 신생 분야였던 전파천문학에서 미래에 쓰이게 될 모든 접시의 효시였다. ©Grote Reber

인근 뇌우에서 발생하는 정전기를 검출했지만, 흐릿한 전파 잡음도 있었다. 1년이 되지 않아, 잰스키는 전파 잡음이 지구상에서 발생하는 것이 아님을 보였다. 잡음은 별들의 시간을 따라 발생했다. 24시간마다가 아니라 23시간 56분마다 커졌다 작아지기를 반복했던 것이다.[2] 그 신호는 은하수 중심 방향 궁수자리에서 가장 강했다. 잰스키의 발견은 논란을 일으켰고, 1933년 5월 5일 〈뉴욕타임스〉에 보도

되었다.[3]

이는 우주를 연구하는 새로운 방식의 탄생이었다.[4] 맨눈으로 천문학을 하던 수천 년 동안, 그리고 갈릴레이가 처음 망원경을 사용한 이래 수백 년 동안, 우주에서 오는 모든 정보는 가시광선 영역의 좁은 파장으로 들어왔다. 우리 눈으로 볼 수 있는 범위 내 가장 붉은 파장에서 가장 파란 파장까지는 두 배밖에 차이가 나지 않는다. 그런데 인류가 이제 전자기파라는 완전히 새로운 영역에서 신호를 기록하게 된 것이었다. 잰스키는 자신의 발견을 추적 관측하려고 30미터 전파 접시 제작을 제안했다. 벨연구소는 그리 흥미를 보이지 않았다. 그들은 잰스키를 다른 프로젝트에 배정했고, 그는 더 이상 전파천문학을 하지 않았다.

잰스키의 연구는 우주에 있는 전파원이 무엇인가에 관한 레버의 호기심을 자극했다. 1930년대 초반, 레버는 벨연구소에서 잰스키와 함께 일하기 위해 지원했지만 대공황 시기에 사람을 고용하는 회사는 없었다. 그래서 그는 어떻게 망원경과 수신기를 만드는지 혼자 공부했다. 레버는 혼자 일하는 것을 즐겼고, "내 어깨 너머로 나쁜 조언을 하는 자칭 교황이 없었다"라고 말했다.[5] 그는 리듬에 적응했다. 낮에는 인근 시카고에 있는 공장에서 전파 수신기를 설계했다. 저녁을 먹고 나서는 네댓 시간 잠을 청했고, 자정부터 해가 뜰 때까지 그의 접시가 하늘을 추적했다. 그동안 레버는 지하실에 앉아 전파신호를 1분 간격으로 기록했다. 그러다 수신기를 개선하고 자동 차트 기록기를 구입하면서 더 이상 밤을 샐 필요가 없게 되었다. 레버는 이 덕분에 하늘의 첫 전파탐사에 착수했다.

레버는 혼자였다. 아이디어를 교환할 동료가 없었고, 미개척의 파장에서 연구 중이었다. 세계 최초의 조각가가 되는 일을 상상해 보라. 다들 물감으로 그림을 그리고 소묘하는 중에 누구도 3차원의 예술작품을 창작하지 않는다. 말이 통하는 이가 한 명도 없다면 무척 외롭지 않겠는가. 엔지니어들은 전파공학 학회에 발표한 레버의 일에 주목하지 않았다. 이전에 잰스키도 겪었던 일이었다. 한편 천문학자들은 관심이 없거나 회의적이었다. 1940년 레버는 잰스키가 검출했던 은하수에서 오는 전파를 확인한 다음, 자신이 "우주적 잡음"이라 불렀던 것에 관해 쓴 논문을 〈천체물리학저널Astrophysical Journal〉에 투고했다. 편집자였던 오토 스트루브Otto Struve는 논문을 몇몇 심사자에게 보냈다. 엔지니어들은 그 논문의 천문학적 함의를 이해할 수 없었다. 천문학자들은 전파공학에서 사용하는 각종 특수 용어에 혼란스러워했다. 누구도 논문이 출간되기를 추천하려고 하지 않았다. 스트루브는 어쨌든 그것을 출간하기로 했다.[6] 세계 유일의 전파천문학자는 홀로 외로운 작업을 이어나갔다.

레버는 세심한 주의를 기울여 하늘의 지도를 만들었다. 그는 더 짧은 파장에서도 작업을 이어나갔는데, 그 파장에서 전파가 방출된 위치를 더 정확히 파악할 수 있으리라는 것을 알았기 때문이다. 그는 여러 파장대에서 관측하면서 어떤 물리적 과정이 복사를 일으키는지 판단할 수 있었다. 1944년, 레버는 최초로 하늘의 전파 지도를 포함한 논문을 썼다.[7] 이 논문은 또한 우주에서 오는 전파의 방출 원리가 비열적nonthermal임을 증명했는데, 그러므로 고정된 온도의 천체에서 오는 복사와 다르다는 것이다. 그의 지도는 복사가 은하수 쪽에 집중되어 있음을 보였고, 전파방출은 카시오페이아자리와 백조자리에서 가장 강했다. 카시오페이아자리의 전파원은 약 1만 1,000광년 떨어진 초신성 잔해인 것으로 밝혀졌고, 백조자리의 전파원은 우연히도 전형적 블랙홀인 백조자리 X-1에서 멀지 않았는데, 끝내 5억 광년 거리에서 아주 강한 전파방출을 하는 은하로 드러

그림 17. 백조자리 A는 하늘에서 가장 강력한 전파원 중 하나다. 중심의 밝은 점은 6억 광년 떨어진 은하에 있는 초대질량블랙홀로 알려져 있다. 고에너지의 플라스마제트는 핵에서 뿜어져 나와 은하 저 멀리까지 넓게 퍼진 전파방출의 '로브'를 만든다. ©Pelligton

났다.[8]

천문학자들이 백조자리 A라는 이름이 붙은, 하늘에서 가장 강한 전파원인 이 은하의 정체를 파악하는 데는 시간이 걸렸다(그림 17). 이 발견으로 레버는 인습타파주의자가 되었다. 그는 언젠가 젊은 학생을 지도하며 다음과 같이 말했다. "알려진 것이 거의 없는 분야를 선택해서 전문가가 되어라. 그러나 현재의 모든 이론을 절대적 사실로 받아들이지 마라. 만약 다른 모두가 내려다본다면, 올려다보거나 다른 방향에서 보아라. 네가 찾을 무언가로 인해 놀랄지도 모른다."

밝은 핵을 지닌 은하들

과학은 강물처럼 흐르지 않는다. 과학자들이 이해의 바다로 부드럽게 운반되는 일은 거의 없다. 대부분의 경우 어려운 지역을 가로지르는 탐험가들이다. 어떨 때는 낮에 꾸준한 진보를 이루기도 하고, 어떨 때는 나침반 없이 안개 속에서 헤매기도 한다. 우회로도 있고 막다른 길도 있다. 다른 사람들도 같은 목표를 향해 달리지만 항상 그들과 의사소통하는 것은 아니고 다른 이가 존재한다는 사실을 모를 때도 있다. 누군가가 그저 똑똑하거나 운이 좋아서 높은 땅을 찾아 더 넓은 풍경을 보는 일은 드물다.

20세기로의 전환기에, 천문학에서는 '성운'의 성질에 대해 격렬한 토론이 있었다. 성운은 허셜(과 다른 이들)이 100년도 더 전에 분류한 빛의 흐릿한 조각이었다. 그중 많은 천체가 나선구조로 되어 있었고 대부분의 별생성 영역처럼 은하수 평면에 가까이 자리 잡고 있지 않았기에, 천문학자들은 그것들이 '섬우주island universes'라는 가설을 진지하게 받아들이기 시작했다. 이 천체들이 우리은하에서 엄청나게 멀리 떨어져 있는 별개의 별들로 구성된 계라는 주장이었다. 만약 그렇다면, 그것들의 스펙트럼은 태양과 다른 별들이 보이는 것과 같은 흡수선을 나타내면서 여러 별빛을 합친 듯 보일 것이었다. 1908년, 릭천문대Lick Observatory의 에드워드 파트Edward Fath는 성운 NGC 1068의 스펙트럼을 보았고, 흡수선뿐 아니라 여섯 개의 강한 방출선이 나타난 것에 놀랐다. 방출선은 가스가 강한 에너지원에 의해 가열되었을 때만 생겨날 수 있었다.[9] 그러나 이 결과는 대단히 당혹스러웠던 탓에 기억에서 잊혔고, 에드윈 허블Edwin Hubble이 NGC 1068이 실제로 은하라는 사실을 밝혀내기까지는 20년이 더 걸렸다.[10]

1940년대 초반, 칼 세이퍼트Carl Seyfert는 캘리포니아 남부 윌슨산 천문대Mount Wilson Observatory에서 박사후연구원으로 근무했다. 허블을 지도교수로 삼아, 세이퍼트는 당시 가장 강력한 망원경이었던 60인치와 100인치 망원경을 연구에 활용했다.[11] 세이퍼트가 자료를 모으던 시절, 로스앤젤레스는 현재에 비해 인구가 3분의 1에 지나지 않았고 도시의 불빛도 10분의 1 수준이었다. 그는 또한 진주만 공격 이후 시행된 등화관제(적국의 관측을 방해하기 위해 일정 지역의 전등을 모두 끄게 하는 것-옮긴이) 덕도 보았다. 세이퍼트는 밝은 은하핵들의 스펙트럼을 찍었고, NGC 1068처럼 강력한 물리 작용을 암시하는 밝은 방출선을 보이는 천체들을 여섯 개 발견했다. 또한 방출선들의 폭이 굉장히 넓다는 것을 알아차렸다. 방출선의 폭은 가스의 운동 범위를 나타냈다. 일반적인 나선은하에서, 최고 회전속도는 초당 200~300킬로미터에 달한다. 그러나 세이퍼트가 측정한 도플러 폭은 초당 수천 킬로미터였고, 그것은 이 은하들 중심에서 가스가 이전에 측정된 어느 것보다도 10~20배는 빠르게 회전한다는 의미였다. 이런 속도로 물질이 움직이면 중심에 가스를 붙잡고 있는 커다란 질량이 있지 않은 한 가스가 은하에서 떨어져 나가고 말 것이었다.

세이퍼트에게는 풀어야 할 질문이 생겼다. 무엇이 은하중심에서 그렇게 빠른 가스의 운동을 일으킬 수 있을까? 당시에는 아무도 알지 못했다. 다음 해 그로트 레버가 "우주적 잡음"에 관해 출간한 논문처럼, 세이퍼트의 논문은 천문학 세계에 어떤 물결도 일으키지 못했다. 출간된 후 16년이 지나기까지 한 차례도 인용되지 않았다.[12] 잊힌 채 기다리던 은하들에는 결국 세이퍼트의 이름이 붙었다. 그사이 전파천문학의 기술 발전에 따라 새로운 통찰이 등장했다.

전파천문학의 시대가 도래하다

전쟁이 시작되던 1940년대에 순수과학은 무의미한 듯 보였다. 그러나 많은 전파천문학자가 레이더(전파탐지기) 개발에서 핵심적인 역할을 했고, 그 레이더가 제2차 세계대전의 결과에 주요한 역할을 했다. 적군의 비행기, 배 또는 잠수함을 먼저 발견하는 쪽이 전투에서 이겼다. 영국, 미국의 엔지니어들과 과학자들은 수백 킬로미터 너머까지, 심지어 밤에도 '볼 수 있는' 레이더를 개발했다. 레이더의 도움으로 독일의 U보트가 침몰했고, 영국군은 다가오는 폭격기를 발견할 수 있었다. 그리고 레이더는 노르망디상륙작전을 위한 교란에도 쓰였다. 종종 원자폭탄이 전쟁을 끝냈다고들 하지만, 사실은 레이더의 승리였다.

레이더는 또한 몇몇 천문학적 발견을 이끌었다. 1942년, 육군작전연구그룹의 스탠리 헤이Stanley Hey는 영국 해안가 레이더 방어망에서 발생하는 강한 간섭에 골머리를 썩이고 있었다. 그는 간섭이 적군에게서 오는 것이 아니라, 태양에서 발생한다는 것을 깨달았다. 그는 전쟁 후반부에 독일의 V2 로켓을 추적하려던 중 유성의 이온화된 꼬리도 발견했다. 두 발견 모두 전쟁이 끝나기 전까지 어디에도 게재되지 않았다. 또한 헤이의 그룹은 수수께끼였던 전파원, 백조자리 A의 존재와 크기를 확인했다. 헤이는 전쟁이 끝나고 영국 남부의 왕립레이더연구소Royal Radar Establishment에서 군사 업무를 계속했다.

헤이처럼 전쟁 중에 레이더 연구를 했던 다른 이들은 전파천문학의 선구자가 되었다. 라일은 케임브리지대학교에 캐번디시연구소Cavendish Laboratory를 세웠고, 버나드 로벨Bernard Lovell은 맨체스터대학교의 현장 기지로 조드럴뱅크천문대Jodrell Bank Observatory를 설립했다.[13]

호주는 전쟁 중 동맹국들에 기여한 덕에 쌓은 기술적 전문 지식에 힘입어 전파천문학 강대국이 되었다. 세계 최고의 전시 레이더 연구소가 시드니에 위치했고, 연구소는 전쟁이 끝난 다음에도 온전히 명맥을 이어나갔다. 연구소 직원들은 우주적 전파 '잡음'에 대한 연구로 방향을 틀었다. 그중 주목할 만한 이는 루비 페인-스콧Ruby Payne-Scott이었다. 그녀는 호주가 낳은 최고의 물리학자 중 한 명이었으며 세계 최초의 여성 전파천문학자였다. 전쟁에 기여한 것뿐만 아니라, 그녀는 태양의 전파방출을 연구한 최초의 인물이었고, 전 세계 전파 배열에서 사용하는 간섭계interferometry에 필요한 수학적 형식을 개발했다. 그녀는 커리어 내내 성차별과 싸웠고, 당시 기혼 여성은 전일제 공무원으로 일하는 것이 불가능했기 때문에 결혼 사실을 숨겨야만 했다.[14]

한편, 전쟁이 끝나갈 무렵 유럽에서는 독일의 레이더 시설에서 쓰이던 7.5미터 안테나들을 영국, 네덜란드, 프랑스, 스웨덴, 체코슬로바키아의 국립 천문대에 재배치하면서 천문학 연구에 시동을 걸었다. 칼이 과학적 쟁기로 탈바꿈하는 기쁜 이야기였다.

1946년, 헤이와 동료들은 변형된 대공 레이더 안테나를 사용해 백조자리 A에서 오는 전파신호 세기가 매분 변한다는 것을 보였다. 빛은 짧은 시간 동안 한정된 거리만을 이동할 수 있기 때문에, 어떤 변화의 시간 척도를 알면 복사 방출원의 크기 척도를 정할 수 있다. 백조자리 A는 별 크기 정도밖에 되지 않는 아주 작은 천체로 드러났다. 라일은 백조자리 A가 전파 파장에서는 밝게 보이지만 가시광선 파장 대역에서는 보이지 않는 새로운 종류의 별, 즉 '전파별radio star'일지도 모른다고 제안했다. 이는 모두를 혼란케 했다.[15] 태양과 같은 별은 아주 약한 전파를 방출한다, 그런데 어떻게 별이 그리 밝은 전파원일 수가 있는가? 전파천문학자 존 G. 데이비스John G. Davies는 이렇게 논평했다. "가시광의 우주와는 전혀 다른, 하지만 공존하는, 전파의 우주가 드러났다. 그러므로 그것들을 어떻게든 함께 엮어야 했다."[16]

전파천문학 진보에 장애물로 작용한 것은 각분해능angular resolution이었다. 각분해능은 망원경이 분해해서 볼 수 있는 가장 작은 각을 말한다. 즉 각분해능이 좋다는 것은 작은 각도를 볼 수 있다는 뜻이다. 만약 광원들이 망원경의 각분해능보다 가까이 붙어 있으면 함께 흐릿해 보인다. 각분해능은 또한 시각의 깊이에도 영향을 준다. 만약 광원들이 서로 겹쳐 흐릿하게 보이면, 우리에게 어느 것이 더 가깝고 어느 것이 더 멀리 있는지를 분간할 수가 없다. 당신에게 근시가 있는데 사람들로 가득 찬 커다란 방에 있는 상황을 상상해보라. 가장 가까이 있는 사람들 몇 명의 얼굴은 알아볼지 모르지만, 나머지 모든 이들은 어쩔 수 없이 흐릿하게 보일 것이다. 심지어 방 안에 있는 사람들의 수를 헤아리기조차 어려울 것이다. 안경을 쓰면, 모든 거리에 초점이 맞아 깨끗하게 보일 것이다.

선명한 이미지는 짧은 파장이나 큰 망원경을 사용해 얻을 수 있다.[17] 각분해능은 관측 파장에 비례하고 망원경의 크기에 반비례한다. 전파 파장은 가시광선 파장보다 수백 배나 더 길기 때문에, 전파천문학자들은 광학 파장 연구에 비해 아주 심각하게 불리한 상황에서 시작하는 것과 다름없다. 그들은 커다란 망원경을 짓는 것으로 성능을 일부분 보강했다. 레버의 접시는 지름이 9.4미터였고, 당시 어떤 광학망원경보다도 컸다. 그러나 그 망원경으로 얻을 수 있는 가장 선명한 이미지는 분해능이 15도밖에 되지 않았다. 팔을 쭉 뻗었을 때 주먹의 폭 정도다. 그렇게 커다란 하늘 영역에서는 수많은 천체가 가시광선 영역에 보인다, 그러므로 레버는 전파가 어디서 오는지 판단할 수 없었다. 더 높은 주파수로 가면서, 즉 더 짧은 파장대로 가면서, 2미터 대신 20센티미터로 가면서, 열 배의 분해능 이득을 볼 수 있었다. 다른 관점으로 보면, 가시광선은 레버가 관측했던 2미터 파장보다 300만 배 짧다. 레버가 가지고 있던 망원경과 같은 크기의 광학망원경이 있다면 300만 배 더 선명한 이미지를 얻을 수 있었다. 1미터짜리 광학망원경과 같은 선명도를 얻기 위한 전파망원경의 크기는 아메리카대륙 크기와 같아야 한다!

간섭계의 발명이 문제를 해결했다. 간섭계에서 두 개(혹은 그 이상)의 전파망원경에 도착하는 전파신호는 전파의 위상 정보와 함께 저장되어 합쳐진다. 위상 정보가 있다는 건, 어떤 점에 도착하는 파장의 마루와 골의 정확한 시간이 기록된다는 뜻이다. 그러므로 간섭계에서 각분해능은 망원경 자체의 크기가 아니라 망원경 사이의 거리에 의해 결정된다. 서로 1킬로미터 떨어진 두 개의 10미터 접시가 쓰일 경우 각각의 망원경 하나씩만 쓰였을 때보다 100배나 좋은 각분해능을 갖게 된다.[18] 이 기술은 또한 "구경 합성aperture synthesis"이라고도 불리는데, 망원경들을 '합성'해서 훨씬 더 큰 망원경의 분해능을 갖도록 만들기 때문이다. 1950년, 케임브리지의 캐번디시연구소에 있던 그레임 스미스Graeme Smith는 두 개의 독일 안테나를 재활용해 백조자리 A의 밝은 전파원을 1각분arcminute 정확도로 측정했고, 이는 달 지름의 30분의 1에 해당한다. 간섭계는 굉장히 중요한 돌파구였다(그림 18).

백조자리 A 위치의 정확한 측정은 캘텍 천문학자 바데의 관심을 끌었다. 스미스에게서 자료를 받은 지 2주가 되지 않아, 바데는 팔로마산천문대Palomar Observatory 200인치 관측 케이지 안에 있었다. 팔로마산에 있는 200인치 망원경은 당시 세계에서 가장 강력한 광학망원경이었다. 이 독일 출신의 천문학자는 제2차 세계대전 중 입대할 수 없었기에, 세이퍼트처럼 로스앤젤레스의 등화관제를 이용해 전례 없이 깊은 밤하늘의 사진을 찍었다. 당시 상황을 생생하게 묘사한 짧은 소개글이 있다. "그가 수천 장의 건판을 면밀히 살피면서 무

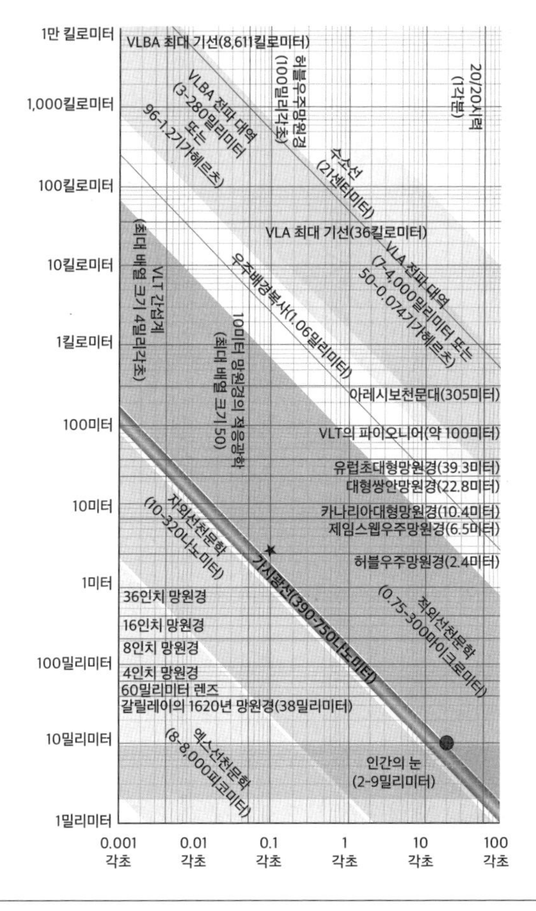

그림 18. 망원경의 크기와 각분해능을 로그 단위로 그린 그림. 참고로, 달의 각크기는 1,800각초다. 10밀리미터과 20각초에 있는 점은 맨눈을 뜻하고, 2.4미터 크기와 분해능 0.1각초에 있는 별은 허블우주망원경을 나타낸다. 전자기 복사의 파장은 대각선의 선들로 나타나는데, 왼쪽 아래의 엑스선에서 오른쪽 위의 전파까지 증가한다. 가장 큰 단일 망원경은 가시광 영역에서는 10미터 정도고, 전파에서는 300미터 정도가 된다. 간섭계는 아주 큰 망원경처럼 작동하기에, 아주 높은 각분해능을 제공한다. ©Cmglee

엇을 보았고 찾아냈는지 말했을 때, 우주적 영역의 믿을 수 없는 위엄이, 은하계 안과 밖의 세계가, 수와 사진과 천문학적 소문을 넘어 펼쳐지기 시작했다. 회색 정장에 어두운 파란색 넥타이를 맨 이 남자는 거대한 크기의 갈색 구두를 신었고, 자기 연구에 완전히 매료되어 있었다. 몸짓을 섞어 이야기하고 끊임없이 담배를 피워대며, 정성 들여 가르마를 탄 얇은 백발과 희고 숱 많은 눈썹, 돌출된 매부리코를 가진 바데는 우주의 신비를 보았다. 마치 그가 형사반장 중 하나로 등장하는 최고의 탐정 소설처럼 말이다."[19]

'왕눈이Big Eye'라는 별명을 지닌 200인치 망원경을 백조자리 A에 겨누었을 때, 바데는 그 결과로 얻은 사진 건판을 보고 전율에 빠졌다. "네거티브필름을 확인하던 순간, 평소와 뭔가 다르다는 것을 알았다. 건판 전체에는 200개 넘는 은하가 가득했고, 가장 밝은 은하가 중앙에 있었다. 그것은 두 핵 사이의 중력적 끌어당김인 조석변형의 흔적을 보여주었다. 그런 것은 이전에 본 적이 없었다. 너무 대단했기 때문에 저녁을 먹으러 집으로 운전해 가다가 잠시 차를 멈추고 생각해야만 했다."[20] 전파천문학자와 광학천문학자의 협력으로, 중요한 질문 하나에 대한 답이 발견되었다. 백조자리 A는 멀리 있는 왜곡된 은하였다. 그 스펙트럼선들은 5.6퍼센트나 적색이동되어 있었고, 이는 천체가 우리에게서 시속 5,600만 킬로미터로 멀어지고 있음을 뜻했다. 팽창하는 우주 모델에 따르면 적색이동은 거리를 의미하고, 백조자리 A가 7.5억 광년 떨어져 있음을 뜻했다. 우리가 지금 보는 전파는 지구에 형성되던 생명체가 옷핀 머리보다 작던 시절에 방출된 것이다.

바데는 우주적인 '열차 충돌 사고'에서 생겨날지 모르는 힘에 대해서 생각했었고 아주 밝은 백조자리 A가 충돌하는 한 쌍의 은하로 이루어져 있다고 제안했다. 캘텍에서 바데의 동료로 있던 루돌프 민코프스키Rudolph Minkowski는 바데의 이론을 의심했다. 바데는 자기 가설을 걸고 민코프스키와 1,000달러 내기를 했다(분명 과학자들 중 블랙홀 이론가들만 내기를 즐기는 것은 아니다). 1,000달러면 당시 한 달 치 봉급이었다. 민코프스키는 내기에 응하지 않았고, 바데는 내기 금액을 위스키 한 병으로 내렸다. 스펙트럼을 찍어 그것이 백조자리 A 중심 인근 아주 뜨거운 가스에서 나오는 방출선임을 보이자, 민코프스키는 내기에 승복했다. 두 은하가 충돌하면 그것들이 지닌 가스의 온도가 올라간다(나중에 바데는 민코프스키가 위스키 한 병이 아닌 휴대용 술병 하나를 주었을 뿐이고, 심지어 자신의 연구실에 방문했을 때 그 술을 마셔버렸다며 불평했다). 어쨌든 신중한 계산 끝에 몇몇 이론가들은 은하 간 충돌이 관측된 전파의 밝기를 설명할 수 없음을 보였다. 핵심 질문은 풀리지 않은 채 남겨졌다. 어떻게 백조자리 A가 우리은하보다 1,000만 배나 많은 전파를 방출할 수 있었을까?

퀘이사를 발견한 네덜란드 천문학자

1950년, 우주에서 오는 전파에 대한 새로운 물리적 설명이 제안되었다.[21] 전자들이 자기장 안에서 빛의 속도에 가깝게 움직이면, 나선 형태를 그리며 넓은 파장 영역에서 강한 복사를 방출한다는 것이다. 이것이 "싱크로트론복사synchrotron radiation"라고 불리는 현상이다. 싱크로트론은 실험실 가속기에서 1940년대에 만들어졌는데, 이 과정이 수백 수천 광년에 이르는 우주 영역에서 입자가 가속될 때 발생할 수 있다는 사실은 놀랄 만했다. 1958년 파리에서 열린 국제천체물리학 학회에서 과학자들은 싱크로트론복사가 태양의 플레어를, 1054년 폭발한 게성운의 초신성을, 특이한 타원은하였던 M87을, 심지어 백조자리 A까지 설명할 수 있다고 주장하는 논문들을 발표했다.

케임브리지의 전파천문학자들이 1959년 세 번째 천체 목록 3C를 발표했을 때, 광학천문학자들은 가장 밀집된 전파원들을 겨누었다. 좁은 영역에서 밝게 전파를 방출하는 천체들은 광학 영역에서 대응되는 천체를 찾기에 가장 좋은 조건을 제공할 것이었기 때문이다.[22] 이전처럼 캘텍 천문학자들이 행동의 중심에 있었다. 톰 매슈스Tom Matthews와 앨런 샌디지Allan Sandage는 목록의 48번째 천체인 3C 48을 관측했고, 전파원 위치에서 몇 줄기의 성운기로 둘러싸인, 푸르고 희미한 천체를 찾았다. 이 천체의 빛은 급격하게 변화했다. 그리고 이 천체가 별보다 훨씬 더 클 수는 없었다. 스펙트럼이 가장 수수께끼였다. 어떤 알려진 원소로도 특정될 수 없는 강하고 넓은 방출선이 나타났기 때문이다. 매슈스는 그것을 복도 건너편의 제시 그린스타인Jesse Greenstein에게 보여주었지만, 별 전문가였던 그린스타인도 그런 스펙트럼을 본 적이 없었다. 자료를 설명할 길이 없자, 그린스타인은 스펙트럼을 서랍에 넣고 기억에서 지워버렸다.

마르텐 슈미트Maarten Schmidt가 다음 걸음을 디뎠다. 이 네덜란드 출신의 젊은 천문학자는 은하에서의 별생성을 연구하려 캘텍에 왔지만, 전파원의 수수께끼에 호기심이 생겼다. 1963년 호주 천문학자들은 달이 천체를 가리는 현상을 활용해 3C 273의 아주 정확한 위치를 측정했다. 슈미트는 200인치 망원경으로 달려가 별과 비슷한 푸른색 천체를 관측했다. 그것은 한쪽으로 길게 늘어진 구조를 보였다. 이 천체의 스펙트럼은 3C 48에서와 마찬가지로 이상한 방출선을 보였다. 슈미트는 잘 알려진 원소의 스펙트럼을 이용해 관측한 스펙트럼선 형태를 맞추려고 시도했고, 이내 이것이 붉은 쪽으로 16퍼센트 이동된 수소선임을 알아차렸다. 적색이동이 우주팽창에 의해 발생했다고 할 때 3C 273은 우리에게서 시속 1억 6,000만 킬로미터라는 가공할 속도로 멀어지고 있었다. 슈미트의 발견을 설명하는 고전 논문 네 편은 〈네이처Nature〉에 게재되었다.[23]

슈미트는 50년이 지나 발견 당시의 순간을 회고했다. "천체가 하늘에서 매우 밝았기 때문에 나는 관측 결과를 우주론적 적색이동으로 해석했다. 그러자 광도가 매우 높은 것으로 밝혀졌다. 놀라

그림 19. 슈미트가 팔로마산 200인치 망원경으로 얻은 스펙트럼을 조사하고 있다. 슈미트는 이 망원경에서 퀘이사 3C 273을 발견했다. ©Maarten Schmidt/Caltech

웠다. 왜냐하면 일반적인 은하보다, 심지어 가장 밝은 은하들보다도 대단히 밝았기 때문이다. 우주 저 멀리에 있는 그 녀석은 은하 전체보다 밝으면서도 별처럼 보였다. 믿기 어려운 경험이었다(그림 19)."[24]

슈미트의 통찰에 힘입어, 그린스타인은 이전의 3C 48 스펙트럼을 찾아내 일반적인 원소의 스펙트럼선들이 두 배나 더 멀리, 37퍼센트나 적색이동되어 있음을 확인했다.[25] 3C 273은 20억 광년, 3C 48은 45억 광년 떨어져 있었다. 3C 48에서 온 빛은 지구가 생겨날 때 출발했고, 그때부터 우주를 가로질러 왔다. 두 천체 모두 은하 하나에서 방출되는 빛을 다 합한 것보다 100배나 많은 빛을 방출하는 중이었고, 그런데도 크기가 태양계보다 작았다. 슈미트는 이 기이한 천체에 준항성전파원quasi-stellar radio source 또는 퀘이사라는 새로운 이름을 붙였다.

로스앤젤레스에서 중대한 연구들이 이루어졌으므로(패서디나는 로스앤젤레스가 팽창함에 따라 그 도시에 포함된 지 오래였다), 이 대도시를 비유로 사용하자. 밤에 헬리콥터를 타고 로스앤젤레스 상공을 난다고 생각해보자. 대략 1,000만 인구의 도시에서 모든 사람이 집, 도로, 차를 밝히는 불빛을 열 개씩 보유하고 있다고 가정하면, 총 1억 개의 불빛이 있다고 생각할 수 있다(단순하게 표현하기 위해 숫자들을 가장 가까운 자릿수로 반올림했다). 만약 로스앤젤레스가 은하라면, 각각의 빛은 별 1,000개를 나타낸다. 이제 로스앤젤레스 시내에 도시 전체보다 수백 배 밝게 빛나는 하나의 점광원이 있다고 상상하자. 크기가 몇 센티미터밖에 되지 않아, 다른 어떤 개별 빛보다도 크지 않다. 우리가 지구 위로 충분히 높이 올라간다면, 그래서 도시를 수천 킬로미터 위에서 내려다볼 수 있다면, 그 점광원 중심의 밝은 빛은 다른 빛들 하나하나가 시야에서 사라진 다음에도 보일 것이다. 우주를 가로질러 먼 거리에서 은하는 너무 작고 희미하게 보일지 모르지만, 밝은 핵만큼은 눈부시게 빛난다. 그것이 바로 퀘이사다.

멀리 떨어진 빛의 점들을 수확하다

퀘이사의 성질 중 가장 놀랄 만한 것은 높은 적색이동이고, 이는 먼 거리와 높은 광도를 의미한다. 우주의 팽창은 내부를 여행하는 광자의 파장을 잡아 늘이고, 그 효과는 우주론적 적색이동이라고 불린다.[26] 기호 z로 쓰이는 적색이동은 $1+z=R_0/R_e$라는 공식으로 정의된다. 여기서 R_0는 천체에서 출발한 빛이 관측되었을 때 우주의 크기(또는 우주에서 어떤 두 점 사이의 거리)를 뜻하고, R_e는 같은 빛이 방출되었을 때 우주의 크기(또는 우주에서 두 점 사이의 거리, 왜냐하면 모든 공간은 같은 비율로 팽창하기 때문에)를 말한다. 이 공식은 복사에서의 관계와 정확히 같은 식을 따른다. $1+z=\lambda_0/\lambda_e$에서 λ_0는 우리가 지금 망원경으로 관측하는, 늘어졌거나 적색이동된 광자의 파장을, 그리고 λ_e는 광자가 원래 방출되었을 때의 파장을 뜻한다.

은하는 멀리 떨어져 있을수록 더 빨리 멀어진다. 사실 모든 은하는 다른 모든 은하로부터 멀어지는 중이다.[27] 허블이 1929년에 수행한 관측은 우주의 팽창이라는 아이디어로 이어졌다. 적색이동 값이 작다면, 우리은하에 대해 외부은하들이 멀어지는 속도인 후퇴속도recession velocity는 대략 빛의 속도의 몇 분의 일 정도밖에 되지 않는다.[28] 퀘이사가 발견되기 전 가장 멀리 있다고 알려진 천체는 큰물뱀자리로, 은하단에 있는 은하이며 적색이동 값이 $z=0.2$였다. 그로부터 2년이 지나지 않아 슈미트가 3C 9 관측을 통해 적색이동 기록을

z=2.0으로 밀어냈다.[29] 광속의 80퍼센트로 멀어지는 퀘이사였고, 우리가 지금 보는 빛은 우주가 현재 나이의 4분의 1에 불과할 때 방출된 것이다. 멀리 있는 빛은 오래된 빛이므로, 천문학자들은 멀리 떨어진 천체들을 '타임머신'으로 이용한다. 퀘이사는 멀리 떨어진 초기 우주를 연구하는 수단이다.

초기에는 퀘이사를 찾기가 어려웠다. 정확한 위치를 측정하려면 전파천문학자들이 고되게 일해야 했다. 전파는 낮이든 밤이든 똑같이 잘 관측할 수 있었기 때문에 전파천문대에서의 일반적인 하루는 12시간씩 2교대로 구성되어 있었다. 제어실 안의 복잡한 전기 연결을 확인하고 또 확인해야 했다. 전선들은 다른 망원경이나 배열의 일부에서 오는 신호를 연결해 상관기로 보냈고, 오직 전문가들만이 엉킨 스파게티 면 같은 연결을 파악할 수 있었다. 컴퓨터를 사용하던 아주 초기였으므로, 신호들을 아날로그 식으로 자기테이프에 기록했다. 테이프 플레이어를 모니터하고 테이프가 다 나가기 전에 새로운 테이프를 갈아 끼우는 것이 전일제 업무였다. 그러고 나서 신호를 메인프레임 컴퓨터로 보내 천공 카드(과거 컴퓨터에서 구멍을 뚫어 정보를 기록하던 카드-옮긴이)에 기록했다. 전파원이 하늘을 가로질러 가며 전파신호 세기가 변하는 것을 추적 관찰하고 정확한 시간을 기록해 합했다. 위치를 계산하기 위한 작업이었다. 한 천체의 정확한 위치를 얻기 위해서는 여러 날, 여러 번 반복해서 하늘을 훑어야 했다.

광학천문학자의 삶은 그보다 약간 쉬웠고 더 화려했다. 그들은 거대한 망원경의 프라임 포커스 케이지에 올라탔으므로 금속 거미줄에 걸린 파리처럼 주경 위에 매달려야 했다. 열린 돔의 틈으로 빛나는 별들이 시야에 들어왔다. 그들은 노출하지 않은 사진 건판을 케이지에 들고 올라가 빛이 들어가지 않는 상자 안에 고정했다. 그리고 밤하늘을 향해 노출할 카메라로 조심스레 건판을 옮겼다. 작은 주걱에 달린 버튼으로 망원경이 하늘을 추적해 가는 비율을 정밀 조정했다. 이미지를 가능한 한 선명하게 만들기 위한 조치였다. 이 일은 매력적이긴 했지만 지루하기도 했다. 겨울에는 12시간이나 이어지는 추운 밤을 맞았고, 몇 초마다 가이드 버튼을 누르거나 몇 시간마다 건판을 바꾸는 작업 말고는 딱히 할 일이 없었다. 광학천문학자들은 한 천체의 적색이동을 측정하려고 밤새도록 망원경에서 시간을 보내야만 했다.

퀘이사 목록에 수십 개의 천체 이름만 올라 있던 시절, 천문학자들은 퀘이사들이 어떤 별들보다 푸르다는(즉 뜨겁다는) 사실을 알아차렸다. 몇몇 연구자는 다른 종류의 천체가 있다는 것을, 어떤 전파원과도 관련되지 않은 파란색의 동일한 준항성체들이 있다는 것을 알아차렸다. 스펙트럼을 보자 이 푸른 천체들 여럿은 높은 적색이동을 보인다는 사실이 드러났다. 이들 역시 퀘이사였다. 발견에 흥분한 천문학자들은 푸른색 천체들을 '수확하기' 위해 하늘의 넓은 영역에 걸쳐 측광 탐사를 했다. 아주 효과적인 방법이었다. 이런 방법으로 발견된 퀘이사는 강한 전파방출을 지닌 퀘이사보다 열 배 이상 많아졌다.

종종 퀘이사 사냥 경쟁이 악감정으로 번지기도 했다. 1965년, 카네기연구소의 샌디지는 약전파퀘이사radio-quiet quasar라는 새로운 종류의 천체에 관한 논문을 썼고, 그의 명성을 고려해 〈천체물리학저널〉 편집자는 해당 논문을 동료 평가 없이 게재했다. 캘텍의 츠비키는 격분했다. 자신이 이미 이전에 퀘이사의 성질을 지닌 밀집된 은하들을 발견했기 때문이었다. 몇 년 후, 그는 특이한 은하들의 성질에 관해 쓴 자신의 책 서문에 혹평을 담았다. "1964년 이 모든 사실이 알려져 있었음에도 불구하고, 샌디지는 우주의 새로운 주성분 중 하나의 존재를 발표하며 가장 경악스러운 표절 솜씨 중 하나를 보여주려 했다. 그것은 준항성은하였다. 샌디지의 세계를 떠들썩하게 한 발견은 밀집된 은하를 '침입자'이자 준항성은하라고 개명한 것 이상에 지나지 않으며, 그러니 샌디지 본인이 침입자일 뿐이다."[30] 고상한 학계란 참.

카네기와 캘텍의 경쟁은 20세기 광학천문학을 이끈 수많은 야심적인 프로젝트들을 불러왔다. 먼저 캘텍은 하와이에 쌍둥이 10미터 켁망원경Keck Telescope을 지었고, 카네기는 칠레에 쌍둥이 6.5미터 마젤란망원경Magellan Telescopes을 지었다. 카네기는 22.5미터 거대마젤란망원경Giant Magellan Telescope, GMT의 주 파트너이며, 캘텍은 계획 중인 30미터망원경Thirty Meter Telescope, TMT의 주 파트너다.[31] 두 망원경 모두 국제적인 파트너를 거느린 수십억 달러 프로젝트다. 천문학자들이 더 멀리에서 온 빛을 수확하러 찾아다니는 동안 그들의 '장난감'은 더 복잡해지고 더 비싸졌다.

애리조나대학교는 GMT 거울을 만들고 있다. 나는 거의 매년 풋볼경기장 아래에 위치한 시설을 방문한다. 그곳에서는 순수한 유리 20톤이 작은 조각들로 쪼개져 지름 9미터 욕조에 놓이고 1,170도로 가열된 후 포물면 형태로 만들어진다. 거대한 거울 오븐이 회전하면 반짝이는 빛과 열기의 물결이 쏟아져 나오는데, 그 모습이 마치 사악한 놀이기구 같다. 하얀 코트와 안전 고글 차림인 근처 엔지니어들은 미친 과학자들처럼 보인다. 3개월 후, 거울이 완전히 식고 나면 거의 완벽에 가깝게 다듬어진다. 완성된 거울을 아메리카대륙 크기로 확장한다면 가장 큰 기복이나 티가 몇 센티미터도 되지 않는다는 사실이 놀랍다. GMT는 커다란 거울 일곱 개를 사용하고, 여섯 개 거울이 중심 거울을 둘러싸고 꽃잎처럼 배열되어 있다. 한편 TMT는 492개의 육각형 거울로 만들어질 계획이고, 각각의 거울 크기는 1.5미터다. 두 프로젝트 모두 세계에서 가장 큰 새로운 망원경이 되기 위해 달려가고 있다. 두 망원경 모두 많은 시간을 퀘이사 연구에 쓸 것이다.

거대질량블랙홀을 추측하다

퀘이사가 발견되기 전에도, 어떤 은하들 중심에서 뭔가 특별한 일이 벌어진다고 믿을 만한 몇 가지 이유가 존재했다. 1959년, 세이퍼트 은하에서 나타나는 넓은 방출선들이 태양보다 수십억 배 무겁고 밀집된 천체의 중력에 의해 설명될 수 있다는 것을 보인 계산이 등장했다. 영국 이론가 제프 버비지Geoff Burbidge는 전파은하의 도전을 간단명료하게 요약했다. 전파은하가 자기장과 상대론적 입자에 포함하고 있는 에너지를 얻으려면 태양질량의 1억 배만큼을 에너지로 바꿔야 한다는 것이었다.[32] 상대론적 입자란 광속에 가까운 속도로 움직이는 입자를 말한다. 아르메니아 이론가 빅토르 암바르추미안Victor Ambartsumian은 "은하핵의 개념에 관한 급진적인 변화"를 제안했고 다음과 같이 말했다. "우리는 은하핵이 별들만으로 이루어져 있다는 고정관념을 거부해야만 한다."[33]

가설들이 소용돌이쳤다. 어쩌면 밀도가 높은 성단에서 폭발이 일어날 때 초신성 하나가 연쇄반응으로 다른 별의 폭발을 유발하면서 발생한 에너지일지도 모른다. 어쩌면 성단이 거대한 양의 가스를 뿜어내는 충돌에 의해 아주 높은 밀도로 진화했을지도 모른다. 어쩌면 에너지가 하나의 초대질량별에서 왔을지도 모른다. 1년이 지나지 않아 이루어진 슈미트의 극적인 발견에, 두 명의 이론가가 퀘이사 힘의 원천은 초대질량블랙홀로의 부착이라고 제안했다.[34] 그들은 별에서의 핵융합이 퀘이사 힘을 만들기에 너무 비효율적이라는 것을 깨달았다. 중력 엔진이 필요했다. 거대한 블랙홀의 가장 안쪽, 안정궤도로 질량이 소용돌이쳐 떨어지면 그것이 거의 10퍼센트에 가까운 효율로 입자와 복사에너지로 전환될 수 있었다. 이 정도의 효율을 발휘하더라도 가장 밝은 퀘이사들은 에너지를 공급하기 위해 태양질량의 수십억 배나 되는 블랙홀이 필요했다.

천체물리학계가 초대질량블랙홀에 즉시 놀란 것은 아니었다. 1964년은 '블랙홀'이라는 단어가 생겨난 해였으며 백조자리 X-1이 처음 발견된 해였음을 기억하라. 별질량블랙홀의 아이디어도 여전히 참신했다. 그런데 수십억 배 더 무거운 블랙홀을 제안하는 아이디어라니! 억측처럼 보였다. 10억 배라는 양을 상상할 수나 있는가? 모래 한 알과 모래로 가득 찬 상자 사이의 차이다. 햄버거를 살 수 있을 정도의 돈과 세계에서 가장 부자가 되는 것 사이의 차이다. 당신의 가까운 가족들 무게와 에베레스트산 무게 차이다. 노련한 천체물리학자들조차도 작은 은하만큼이나 무거운 블랙홀의 생각에 대해서는 어리둥절할 수밖에 없었다.

퀘이사가 극도로 큰 에너지가 필요하다는 사실은 그것이 지구에서 먼 거리에 있으며 밝은 만큼 높은 광도를 지녀야 한다는 사실에 기대고 있다. 광도는 본질적인 밝기이며, 천체가 매초 방출하는 광자의 수를 의미한다. 만약 퀘이사가 자신의 적색이동이 나타내는 만큼의 거리에 있지 않다면, 필요한 에너지는 적어질 수 있다. 논리는 다음과 같이 진행된다. 100미터 거리에 있는 100와트 전구는 어둡게 보일 것이다. 그러나 만약 전구가 실제로 100킬로미터에 있다면, 같은 밝기로 빛나기 위해 100만 배 더 밝아야 하므로 100메가와트 전구가 된다. 퀘이사는 어둡지만 수십억 광년 떨어져 아주 멀리 있으므로, 엄청나게 밝아야 한다.

이러한 논란으로 인해, 몇 명 안 되지만 목소리가 큰 천문학자들이 퀘이사 적색이동의 우주론적 성질을 의심하게 되었다. 그중에는 아주 존경받는 이름들도 있었다.[35] 팽창하는 우주 모델에서 우주론적 적색이동은 거리로 해석된다. 이 천문학자들은 훨씬 낮은 적색이동을 보이는 은하들 주변에서 퀘이사가 발견되는 곳을 가리켰다. 우연으로 발생해야 하는 것보다 더 많은 퀘이사가 있었다. 그들은 특정 적색이동에 퀘이사가 몰려 있다는 사실을 우주론적 해석으로 설명할 수 없다는 것을 알아차렸다. 이 통계적인 주장에 대부분의 천문학자는 주목하지 않았지만, 에너지밀도의 물리에 기반한 논의가 더 문제였다. 물리학자들은 퀘이사들이 스스로의 복사에 '숨이 막혀' 밝게 빛나기도 전에 꺼져버릴 것이라 주장했다. 아주 빠른 전파의 변화를 보여주는 퀘이사는 아주 작은 공간에 자리 잡은 나머지, 상대론적 전자들이 전파 영역의 광자를 방출했을 때 광자들과 충돌해 에너지를 가시광선, 엑스선, 감마선 주파수로 밀어 올렸을 수 있다. 결과적으로 전파원은 파괴되고 감마선원으로 변할 것이었다. 1960년대 중반, 학회에서는 이 주제에 관한 열띤 논쟁이 있었고 합의가 이루어지지 않았다. 새롭고 더 뛰어난 전파 관측이 나오고 나서야 진전이 생겼다.

제트와 로브의 지도

전파천문학자들이 살짝 언짢다고 느꼈어도 이해가 된다. 그들은 은하핵에 극도로 큰 에너지가 있다는 첫 번째 증거와 정확한 위치를 제공해 퀘이사가 발견될 수 있게 했다. 하지만 적색이동 측정이 없이는 퀘이사를 이해할 수 없었고, 이를 위해서는 광학적 스펙트럼이 필요했다. 그리고 퀘이사는 대부분 약한 전파방출을 보이는 것으로 드러났다. 마치 광학천문학에서 모든 일이 벌어진 것처럼 보였다.

그러나 전파천문학자들에게는 다른 비장의 무기가 있었다. 퀘이사가 발견되던 시점에 그들은 수백 미터 떨어진 접시들을 이용해 1각초 이내로 천체의 위치를 측정할 수 있었다. 간섭계 내에서 망원경이 떨어진 거리를 킬로미터 수준까지 늘려가면서, 가능한 짧은 파장을 사용하면서 1각초 정밀도에 도달했다. 이는 광학에서 얻을 수 있는 위치 정확도에 근접했다. 그러므로 전파 영역에서의 하늘 지도를 광학천문학자들만큼이나 정확하게 그릴 수 있었다. 이렇게 자세히 들여다보면, 전파원들은 놀랍도록 다양했다. 광학에서 은하에 해당하는 전파은하도 있었고, 광학에서 별처럼 보이는 퀘이사도 있었다. 가장 흔하게 보이는 전파원은 타원은하를 가로지르는 거대한 전파방출의 로브를 보여주었으며 핵에도 전파방출이 있었고, 어떤 경우에는 로브가 은하들 사이 공간까지 수백만 광년씩 뻗어 있었다.[36] 은하는 종종 특이하거나 어지러운 형태를 띠었다. 마치 고에너지입자들이 은하중심에서 방출되어 쌍로브의 빛나는 전파에 에너지를 공급하는 듯 보였다. 백조자리 A는 아름다운 예다.[37]

우리는 흥미롭고 색다른 특성을 보인 은하들을 마주했다. 어떤 은하들은 강한 전파방출을 보였고, 또 어떤 은하들은 강한 엑스선방출을 보였다. 어떤 은하들은 가시광선 영역에서 강한 방출을 보이며 중심 부근에서 가스가 빠르게 움직였다. 어떤 모습도 은하가 단순히 여러 별의 집합일 때 나타날 수 있는 것이 아니었다. 천문학자들은 핵 영역이 특별히 활동적으로 보이는 은하들을 종합적으로 '활동은하active galaxy'라는 용어를 사용해 불렀다.

나는 광학천문학자이기 때문에, 일반적으로 직접 볼 수 있는 자료를 선호한다. 하지만 활동은하를 이해하기 위해서 뉴멕시코주에 위치한 대형전파간섭계Very Large Array, VLA를 사용한 적이 있다. 영화 〈콘택트Contact〉에서 조디 포스터Jodie Foster가 외계인으로부터 온 메시지를 들었던 제어실에서 일하면서 말이다. VLA는 각각 지름 25미터인 접시 27개의 집합이며 40킬로미터에 이르는 Y자 형태로 배열될 수 있다. 접시들을 열차 선로 위에 올려 움직이면 접시 사이의 거리를 늘리거나 줄일 수 있다. 전파천문학 용어들과 친숙해지는 데는 시간이 걸렸다. VLA에서 일하는 전파천문학자들은 내 자료 처리를 도와줄 준비가 되어 있었지만, 나는 그들이 자기 주제에 대해 신비스러운 분위기를 간직하고 싶어 한다는 것을 알아차렸다. 나는 기껏해야 부족의 명예 회원쯤이었다.

전파천문학자들은 존재하는 간섭계로 분해해서 볼 수 없는 천체들에 특별한 관심을 두었다. 천체들의 **변광**variability 관측에 따라 우리 태양계보다 규모가 아주 크지 않음이 드러난 천체들이었다. 1960년대, 그들은 지구만 한 크기의 전파망원경을 만드는 일에 착수했다. 그들은 서로 다른 망원경에서 오는 신호들을 합성하는 다른 방법을 고안해야만 했다. 왜냐하면 케이블과 마이크로파 중계 회선은 대륙간 규모에서는 작동할 수 없기 때문이다. 그들이 찾은 방법은 각각의 망원경에서 신호를 자기테이프에 원자시계로 기록한 시간과 함께 저장하는 것이었다. 그리고 나중에 테이프들을 한데 모아 **간섭무늬**를 형성해 결국 지도를 만드는 것이었다. 자료 처리는 느렸고 원자시계, 컴퓨터, 자기테이프리코더의 발전에 의존했다. 1967년, 미국과 캐나다의 그룹은 200킬로미터가 넘는 거리에서 몇 개의 천체를 관측했다. 1년이 지나지 않아 그들은 푸에르토리코, 스웨덴, 호주에 원거리 안테나를 더 많이 추가했다. 안테나 사이의 거리인 기선baseline은 1만 킬로미터까지 증가했고, 이는 지구 지름의 80퍼센트에 달했다. 각분해능이 1,000배나 향상되어 1,000분의 1각초에 달했다. 즉, 뉴욕에서 에펠탑 꼭대기에 있는 동전을 분해해서 볼 수준이 되

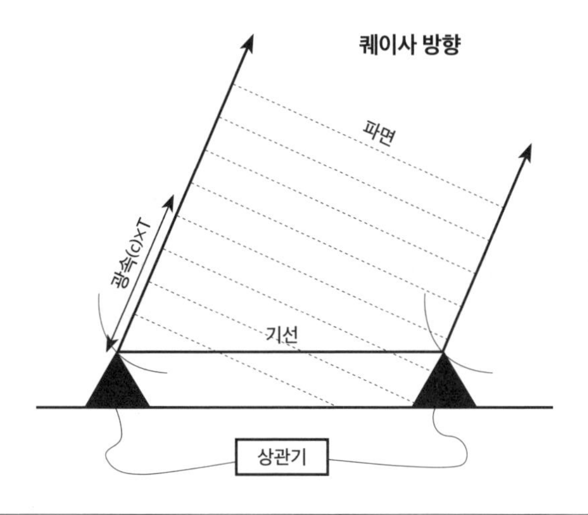

그림 20. VLBI는 멀리 떨어진 전파망원경에서 받은 신호를 합성해서 망원경 사이에서 가장 멀리 떨어진 거리에 해당하는 크기의 아주 큰 각분해능을 지닌 망원경을 시뮬레이션하는 기법이다. 먼 퀘이사에서 도착하는 빛은 두 망원경에 조금씩 다른 시각에 도착하고, 그 시간 차이(T)는 간단한 기하로 결정된다. 각각의 전파신호는 "상관기"라는 전자 장치에 의해 합쳐진다.

었다(그림 20). 전파천문학자들은 현재 광학천문학자들보다 훨씬 선명한 이미지를 생성해내고 있다.

이것이 초장기선간섭계Very Long Baseline Interferometry, VLBI라고 불리는 기술이다. 1970년대, VLBI를 이용해 퀘이사를 연구한 전파천문학자들은 가장 밀집된 전파원들이 한쪽 제트만 가지고 있거나, 종종 제트 안에 '방울blob'이나 열점이 존재하는 것을 발견했다. 1년 동안 자료를 모아 분석하자, 시간에 따라 방울이 핵에서 멀어지는 것을 볼 수 있었다. 천문학자들은 외부은하 우주의 긴 시간 척도에 익숙한데, 그런 곳에서는 은하가 한 번 회전하는 데 수백 년에서 수백만 년이 걸린다. 그래서 매년의 변화를 관측 자료에서 볼 수 있다는 것은 만족스러운 일이었다.[38] 그러나 눈에 보이는 방울들의 횡방향 움직임을 속도로 변환하자, 그들은 충격에 빠지고 말았다. 방울이 멀어지는 속도가 광속의 다섯 배에서 열 배에 달했기 때문이다. 이것은 상대성이론을 위반하는 것인가? 아니다. 그것은 착시였다. 밀집된 전파원 안에 있는 제트가 거의 곧바로 우리에게 향하고 방울이 빛의 속도에 가깝게 움직이기 때문에, 아주 빠른 횡방향 움직임을 보이는 듯 나타났을 뿐이다. 마치 지구에 있는 누군가가 강력한 광선을 이용해 달 표면을 가로질러 빛을 비추는 것과 같다. 만약 빛이 아주 빠르게 방향을 바꾼다면, 달에 있는 누군가에겐 지구 표면의 광선이 빛보다 빠르게 움직이는 듯 보일 것이다. 비록 광선을 이루는 광자들은 광속으로 움직일 뿐, 그보다 더 빠르게 나아갈 수는 없지만 말이다. 이 현상은 초광속운동superluminal motion이라 알려졌고, 밀집된 전파원 수십 개에서 관측되었다.

전파원의 정교한 지도 제작은 전파천문학자들이 광학천문학의 이미지만큼 아름다운 사진을 만들 수 있음을 보였다.[39] 그 자료는 초대질량블랙홀 가설을 뒷받침했다. 강한 전파방출은 입자가속기가 동작 중이라는 의미였고, 밀집된 전파원은 복사가 아주 작은 공간에서 발생한다는 의미였다. 블랙홀과 같은 중력 엔진만이 오직 이런 일을 할 수 있다. 또한, 은하들은 각운동량을 지니고 은하중심에 있는 밀집된 천체는 회전해야 하므로, 가스는 회전축의 극을 따라 빠져나갈 것이다. 블랙홀은 사람이 만든 최고의 기계보다 훨씬 더 강력한 입자가속기일 수 있다. 중력은 자기장을 띠는 플라스마의 쌍둥이 제트에 에너지를 공급하고, 쌍둥이 제트는 블랙홀 가까이에서 광속에 가까운 속도로 발사된다. 은하의 경계를 훨씬 넘어 펼쳐지고 전파의 하늘을 비추면서.

활동은하의 동물원

한 우화에서, 눈먼 사람들이 코끼리가 어떻게 생겼는지 알기 위해 제각각 코끼리를 만진다. 첫 번째 사람은 다리를 만지면서 코끼리가 기둥 같다고 한다. 두 번째 사람은 꼬리를 만지면서 코끼리가 밧줄 같다고 한다. 세 번째 사람은 귀를 만지면서 코끼리가 야자나무 잎 같다고 한다. 네 번째 사람은 상아를 만지면서 코끼리가 파이프 같다고 한다(그림 21). 이 우화는 불완전한 정보를 통한 추론의 위험성을 드러낸다. 동물들을 떠올리며 활동은하들이 모인 '동물원'을 살펴보자.

활동은하는 부정으로 정의된다. 강력한 활동을 보여주지만, 별이나 항성의 물리적 작용으로는 설명할 수 없다. 이 주제는 세이퍼트가 1943년 발견한 나선은하들에서 시작되었다. 세이퍼트은하의

그림 21. 이 19세기의 일본 그림 안에서, 눈먼 사람들이 코끼리를 조사하고 있고, 각각은 동물의 성질에 관해 서로 다른 결론에 도달한다. 이 이미지는 과학에서 불완전한 정보의 위험에 대한 은유로 쓰이고, 천문학에서는 다른 부분의 전자기파 영역에서 오는 정보를 합하는 과정에서 발생하는 어려움을 보여준다. ©Itcho Hanabusa

밝고 푸른 핵과 넓은 방출선은 일반적인 은하의 회전 양식으로 설명하기에 너무 빠른 가스의 움직임을 의미했다.[40] 지나고 나서 보니, 세이퍼트은하들이 일반적인 은하와 퀘이사 사이의 '잃어버린 연결고리'였음이 자명하다. 비열적 복사방출을 보였지만 우리에게 더 가까웠고 퀘이사보다는 덜 밝았기 때문이다. 그러나 세이퍼트은하들이 수십 년간 잊혔기 때문에, 처음 발견되었을 때 퀘이사는 전례 없는 천체처럼 보였다. 천문학자들은 허블우주망원경을 이용해 선명한 이미지를 만들었고 퀘이사 주변의 '솜털fuzz'이 실제로 멀리 있는 은하에서 온 빛임을 보였다. 앞에 나왔던 밤의 로스앤젤레스 비유를 연상시키듯, 퀘이사의 광원이 정말로 '별들의 도시'에 살고 있었음을 밝혔다.[41]

전파원들의 서로 다른 종을 분류하기 위해 비슷한 시도가 있었다. 광도가 낮은 전파은하는 일반적으로 은하 안에서 불규칙한 방출의 로브로 끝나는 핵과 쌍둥이 제트를 가진다. 높은 광도의 전파은하는 핵을 가지고 있고 모은하보다 훨씬 멀리 떨어진 곳의 로브까지 뻗은 한 방향 제트를 지닌다. 가장 강력한 핵을 가진 전파원들은 퀘이사로, 전파와 광학의 밝기가 빠르게 변화하며 극히 높은 에너지 밀도를 지닌다. 모든 종류 중 가장 극적인 종류는 "블레이자blaza"로 불린다. 이름에서 볼 수 있듯, 블레이자는 극적인 밝기 변화를 보이며 어떤 때에는 분 단위로 밝기가 변화하기도 한다. 그 성질은 우리가 은하중심의 엔진, 초대질량블랙홀을 향해 상대론적 제트의 목구멍을 들여다보는 상황과 일치한다.[42]

수십 년 전, 나는 러시아에 블레이자를 사냥하러 가서 기대 이상의 수확을 올렸다. 이 여행 이야기는 마치 스파이 소설에서 그대로 끄집어낸 것처럼 들린다. 내가 차 뒷자리에 타 있는데 내 양옆으로 육중한 남자 둘이 총을 들고 탔다. 나는 슬슬 불안해졌다. 관측천문학자의 삶이란 보통 그렇게 파란만장하지 않다. 우리는 국경을 가로질러 그루지야의 아이스크림 공장으로 향하고 있었다. 물물교환을 통해 우리가 미국에서 가져온 기기를 냉각할 드라이아이스를 구하기 위해서였다.

우리는 외부은하 동물원에서 가장 드문 괴물을 연구하기 위해 세계에서 가장 큰 러시아의 6미터 망원경에 온 것이었다. 블레이자에서 온 빛은 한 시간 안에 은하 전체 광도의 100배까지 변할 수 있었다. 우리 기기는 멀리 떨어진 복사원의 밝기를 1초도 안 걸려 측정할 수 있는 측광계photometer였다. 우리는 초대질량블랙홀 근처 소용돌이 모습을 깨끗하게 볼 수 있는, 방해받지 않는 시야가 펼쳐지길 희망했다. 내 공범자는 애리조나에서 만난 칠레 천문학자 산티아고 타피아Santiago Tapia였다. 우리의 호스트는 천문대 스태프이자, 박사 학위가 있음에도 한 달에 10만 원도 안 되는 봉급을 받는 선임 과학자였다. 그는 옷을 사고 가족을 부양하는 데 어려움을 겪었지만 미국에서 일하는 젊은 박사후연구원이었던 나는 상대적으로 부유했다.

소비에트연방의 쇠퇴기 시절 러시아였다. 스트레스와 쇠락의 신호가 산재했다. 레닌그라드에서 우리는 텅텅 비어 있는 시장 가판대들과 몇 개 되지 않는 레스토랑들 앞의 긴 줄을 목격했다. 망원경이 위치한 코카서스로 여행하는 3일 동안, 군인들이 도둑을 잡는다고 기관총을 휘두르며 기차를 휘젓고 다녔다. 도착한 다음 날 나는 순진하게도 높은 강 유역으로 하이킹을 나섰다. 그날 밤 호스트와 함께 멀건 수프와 딱딱한 빵을 먹으면서, 조심하라는 말을 들었다. 그루지야의 총기 밀반입자들이 계곡을 이용했고 그들은 예측할 수가 없다면서.

어렵게 자료를 모았다. 산티아고와 나는 프라임 포커스 케이지를 교대로 탔다. 케이지는 망원경 꼭대기에 달린 금속 실린더로, 주경에 반사된 빛이 초점에 모이는 곳이었다. 케이지에 우리가 미국에서부터 가져간 측광계도 설치했다. 2월의 긴 밤이 끝나갈 즈음이었다. 케이지에는 충전재도 없었고, 겹겹이 입은 겨울옷에도 불구하고 뼛속까지 추위가 느껴졌다. 하지만 흥분의 순간들도 있었다. 어느 맑은 밤, 우리 타깃이 깜빡거리기 시작했고 기기의 광자 계수기가 천체에서 빛이 치밀어 오르고 떨어지는 것을 관측했다. 나는 별 하나가 부착원반을 강타해 갈기갈기 찢어지며 괴물의 먹이가 되는 모습을 상상했다. 밤이 끝나갈 즈음 우리는 러시아인 호스트와 앉아 가늘게 썬 채소를 절여 만든 '가난한 사람의 캐비아'를 먹었다. 독한 보드카 한 병을 끝내고 빨갛게 부어오른 태양이 코카서스산맥 너머로 떠오를 때까지 이야기를 나누었다.

활동은하에 대한 '코끼리 문제'는 선택적 시야 때문에 일어난다. 당신이 전파 방식으로 활동은하를 본다면 핵과 제트와 로브가 보이겠지만, 대부분의 활동은하는 전파에서 밝지 않다. 광학 방식으로 본다면 넓은 방출선과 밝은 핵, 희미하게 둘러싼 모은하를 볼 테지만, 제트 현상을 놓칠 것이다. 두 가지 전자기파 스펙트럼의 영역만으로는 전체 이야기를 들려줄 수 없다. 우리는 다른 관측 방법이 필요하다.

앞에서 보았듯, 엑스선천문학은 1964년에 전형적 블랙홀인 백조자리 X-1을 발견하는 역할을 했다. 6년 후, 로켓 관측을 통해 우리은하 인근 두 활동은하에서 엑스선을 검출했다, 센타우르스 A와 M87이었다. 퀘이사 3C 273에서도 엑스선이 관측되었다.[43] 1970년대, 지구를 공전하는 아인슈타인천문대Einstein Observatory는 여러 퀘이사를 검출할 감도를 지니고 있었다. 퀘이사의 엑스선방출은 변화가 심했고, 복사가 은하중심에 있는 엔진 부근에서 온다는 것을 보였다. 여러 퀘이사의 자외선과 엑스선방출은 10만 도가 넘는 온도의 가스에서 발생하는 열복사처럼 보였다. 놀랍게도 그것은 초대질량블랙홀을 둘러싼 부착원반 모델과 일치했다.[44]

천문학자들이 새로운 파장 영역을 개척할 때마다 활동은하가 검출되었다. 1977년 발사된 적외선천문위성Infrared Astronomical Satellite, IRAS은 퀘이사들이 강한 적외선 방출을 보인다는 것을 찾았다. 우리가 짐작하기로는 은하핵 근처에서 생성된 짧은 파장의 복사가 먼지 입자들에 의해 흩어져 훨씬 긴 파장인 적외선복사로 재방출되는 것이다.[45] 1990년대에, NASA의 콤프턴감마선관측소Compton Gamma Ray Observatory는 활동은하를 관측하는 고에너지 창을 더했다. 블랙홀 양극에서 생겨나는 쌍둥이 제트는 많은 양의 감마선을 끌어낼 수 있다. 특정 활동은하들은 미터 파장에서 짧게는 원자핵 수준에 이르는 파장까지 10^{20}배나 차이 나는 파장 대역들에서 관측되었다. 2018년, 40억 광년 떨어진 블레이자에서 **중성미자**neutrino가 검출되며 활동은하를 향하는 화려한 창이 열렸다. 그 이전까지 중성미자는 태양과 상대적으로 가까운 초신성에서만 관측되었다. 블레이자 한가운데 초대질량블랙홀에서 만들어진 중성미자가 40억 년이 지나서야 남극 대륙 얼음에 묻힌 검출기 배열에 의해 감지된 것이다.[46]

코끼리 문제는 파장 영역에 대한 맹목적인 우월주의에 의해 악화될 수도 있다. 천문학자들은 그들이 관심을 갖는 천체뿐 아니라 관측 방법에 따라서도 특화되어 있다. 여전히 천문학자 중 다수를 차지하는 광학천문학자들은 맨눈에서 사진, CCD까지 고전적인 연구 방식을 따랐다. 전파천문학자들은 공학적 배경을 지니고 있는 경우가 많으며, 적외선과 엑스선 천문학자들은 물리학적 배경을 가진 경우가 있다. 기술적인 구분을 넘어서서, 다른 파장에서 연구하는 천문학자 그룹들은 '부족' 같은 면이 있다. 서로 이야기해야 할 때도 하지 않기 때문이다.

관점의 문제

천문학자들은 활동은하들의 외관이 관측 방향에 따라 달라진다고 가정함으로써 '동물원'에 있는 다양한 종을 통합하려 시도한다. 나선은하는 납작하고 부착원반은 얇다. 그러므로 활동은하의 성질은 우주 공간에서의 상대적인 관측 방향에 따라 달라지리라 예측된다.

간단한 비유를 사용하자면, 구는 관측 방향에 상관없이 언제나 원형으로 보이지만 얇은 원반은 보는 각도에 따라 원으로, 타원으로, 심지어 선으로 보인다.

전파천문학자들은 퀘이사 간의 전파 밝기 차이가 고유한 광도 차이 때문이 아닐지도 모른다는 사실을 알게 되었다. 만약 광속에 가까울 만큼 입자를 가속하는 제트가 시선방향에 가깝게 정렬되어 있다면, 입자 방출은 극적으로 증폭되어 보일 것이다. 초대질량블랙홀의 극축을 곧장 내려다보는 경우에는 강한 전파 핵, 한쪽으로만 뻗은 제트, 어쩌면 퍼져 있는 전파방출이 약하게 보일 것이다. 이것들은 밝기가 빠르게 변화하는 블레이자인데, 전체 집단에서 작은 부분만을 차지한다. 왜냐하면 방향이 굉장히 특이하기 때문이다.[47] 같은 천체를 측면에서 보면 약한 핵, 쌍둥이 제트 그리고 양쪽 모두로 뻗은 로브가 보일 것이다.[48]

나는 박사 학위 연구 주제로도, 그리고 그 후로도 10여 년간 블레이자를 연구했다. 젊은이에게 블레이자는 스포츠카 같은 매력이 있었다. 황홀한 질주를 선사할 만큼 빠르고 까다로우며 당신을 언제라도 도로에 버려놓고 떠날 것 같은 매력이 있었다. 블레이자는 예측하기 어려운 천체다. 에너지방출이 초대질량블랙홀 인근에서 변덕을 부리는 천체물리 현상에 달려 있기 때문이다. 나는 종종 망원경에 갔고, 내가 좋아하는 거의 모든 천체는 조용히 자기의 시간을 기다리고 있었다. 어떤 천체들은 관측하기에 아주 어두웠다. 그러나 운이 좋으면 블레이자가 기네스북 기록을 선사했다. 나는 다른 몇 번의 관측에서 가장 높은 광도를 보이는, 가장 빠르게 변화하는, 가장 밀집된 방출을 보이는, 그리고 가장 높은 편광이 나타나는 활동은하들을 관측했다. 편광은 전자기파 복사에 의한 진동이 한 평면에서 일어날 때 생긴다. 빛의 편광을 연구하면 광원의 기하에 관한 정보를 얻을 수 있다.

어쨌든 좋은 과학 연구를 하려면 해석적 접근과 체계화된 관측이 필요하다. 그래서 내 연구는 가장 흥분되는 순간이 아니라 자료의 완전성에 의해 발전했다. 나는 블레이자가 중심 엔진을 향해 특혜나 다름없는 관점을 보여준다는 것을 배웠다. 뜨거운 가스가 광속의 99퍼센트로 움직인다는 것은, 제트 방향을 따라 관측하는 상황이 아니라면 블레이자가 활동은하 하나보다 수백 배 밝다는 뜻이다. 가스를 이토록 빠르게 가속하는 현상은 이론적인 도전이지만, 나 같은 관측자들은 이론가들을 애먹이길 즐긴다. 결국 덜 흥미로운 현상을 보이는 활동은하들을 훨씬 더 많이 식별해낼 수 있었다. 이 은하들은 우리가 제트를 바로 내려다보지 않는 관점을 대표했다. 내 연구 목표는 블레이자가 독특하고 이색적인 괴물임을 주장하는 것이 아니라, 활동은하의 '동물원' 안에 자연스러운 자리를 마련해주는 것이었다.

이 아이디어들은 활동은하핵active galactic nuclei, AGN의 통일 모델에서 하나로 합쳐진다. 통일 모델에서의 핵심 아이디어는 모든 활동은하

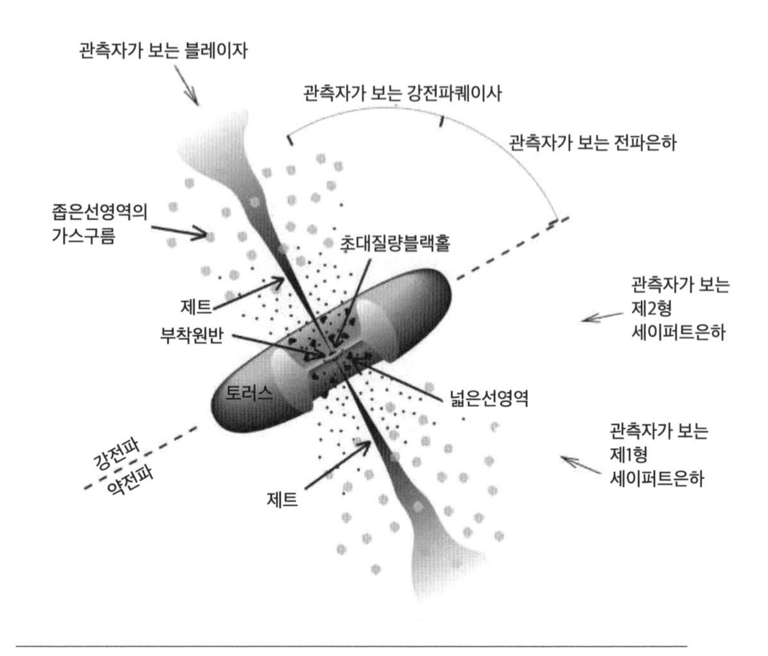

그림 22. 활동은하핵 '동물원'은 기본 테마의 변주로 생각할 수 있다. 에너지는 가운데 초대질량블랙홀로의 부착에서 오지만 관측자들이 보는 것은 내부 부착원반, 거대한 먼지 토러스, 쌍둥이 상대론적 제트에 대한 방향에 따라서 달라진다. '동물원'에서 우리가 관측하는 동물들의 이름은 가장자리에 화살표와 함께 쓰여 있다. 세이퍼트은하, 전파은하, 블레이자 같은 부류는 근본적으로 같다. 이 모델은 활동은하들 간의 많은 차이를 설명하지만, 모든 차이를 설명할 수 있는 것은 아니다.
©NASA/Goddard Space Flight Center/Fermi Gamma-Ray Space Telescope

에 초대질량블랙홀로의 부착에 의해 에너지가 공급되며 관측상 차이는 거의 방향 또는 관점 때문이라는 것이다(그림 22). 항상 그러한 것은 아니지만 말이다. 활동은하의 관측된 성질들은 엄폐 현상과 제트 안의 가스가 광속에 가깝게 운동한다는 사실에 크게 영향을 받는다. 은하핵의 고유한 성질은 모은하의 특성, 블랙홀의 스핀, 부착률에 의해 정해진다.[49] 자기를 겉으로 어떻게 드러내는지와 관계없이, 이 코끼리는 하나의 괴물이다.

4장 중력 엔진

♦

활동은하의 발견은 천문학을 완전히 바꿔놓았다. 그 당시까지 우주는 별과 가스로 이루어져 있다고 여겨졌다. 사람들은 이것들이 중력으로 모여 은하가 되고, 은하들은 우주팽창에 따라 서로 조용히 멀어지고 있다고 생각했다. 그러나 특정 은하들의 핵 영역이 엄청난 양의 에너지를 전자기파 전 영역에 걸쳐 쏟아낸다는 것을 알게 되자 은하에 대한 이해가 송두리째 바뀌었다. 발견에는 질문도 따라왔다. 어떻게 초대질량블랙홀이 형성되고 은하중심에서 성장하는가? 중력의 힘이 퀘이사 같은 그토록 놀라운 현상을 만들어낼 수 있다는 증거는 무엇인가?

첫 번째 답은 놀랄 만한 방향에서 등장했다. 우리은하 중심이었다.

요약하자면, 블랙홀은 중력 엔진이다. 중력에 의한 위치에너지를 복사에너지로 바꾼다. 다른 말로 하면, 질량을 이용해 빛을 생성한다. 질량이 사건지평선 가까이 가속해가면서 고에너지의 전자기파 복사를 방출한다. 이 과정의 효율은 태양과 같은 별의 에너지원인 핵융합보다 수십 배 높다. 아이러니하게도, 이 새카만 천체들이 우주 전체를 통틀어 질량에 대해서는 가장 밝은 천체일 수 있다.

이웃집의 커다란 블랙홀

제우스는 여신이든 인간이든 가리지 않고 모두와 붙어먹는 난봉꾼이었다. 그는 인간 여성에게서 아들 헤라클레스를 얻었는데, 신계의 아내인 헤라가 잠든 사이 아기 헤라클레스에게 그녀의 젖을 먹였다. 잠에서 깨어난 헤라는 젖을 먹고 있는 아기를 보고 몹시 화가 났고, 자신의 가슴을 아기의 입술에서 홱 떼어냈다. 젖이 하늘을 가로질러 쏟아졌다. 그래서 우리가 거주하는 항성계가 자리 잡은 들쑥날쑥한 빛의 띠가 은하수(젖줄Milky Way) 또는 우유를 뜻하는 그리스어를 차용해 은하galaxy라고 불리게 되었다.[1]

400년도 더 전에, 갈릴레이가 초기 망원경으로 은하수의 엷은 빛을 겨누었다. 그는 은하수가 무수히 많은 희미한 별들로 쪼개지는 것을 보았다. 우리는 이제 은하수가 고르지 못한 모습을 띤 것이 별

빛을 붉고 어둡게 만드는 먼지 때문임을 안다. 어두운 부분에 별이 없는 게 아니라 가려져 있는 것이다. 약 2만 7,000광년 떨어진 우리은하 중심에서 우리 쪽으로 여행하는 빛은 거의 모두 가로막힌다.[2] 광자 1조 개 중 하나만이 지구에 도착한다. 차라리 닫힌 문을 통해 보는 게 나을지 모른다.

1933년, 전파천문학의 아버지 잰스키는 은하수의 전파방출이 궁수자리 방향에서 최대치에 달한다는 것을 보였다. 이것은 궁수자리가 우리 '별들의 도시'에서 가장 밀집된 공간이라는 허셜의 관측과 일치했다. 전파는 먼지에 영향을 받지 않는다. 하지만 잰스키의 단순한 전파 안테나는 전파방출의 위치를 아주 정확히 찾을 수 없었다. 1974년, 브루스 발릭Bruce Balick과 로버트 브라운Robert Brown은 VLBI 관측을 사용해 우리은하 중심의 전파원이 아주 작은 천체라는 것을 보였다.[3] 더 최신의 관측을 통해 그것이 하늘에서 가장 작은 전파원임이 드러났다(그림 23). 이 천체는 초기 전파탐사에서 발견된 다른 두 천체와는 다르다. 궁수자리 A*는 처녀자리 A나 백조자리 A와 비슷한 전파 밝기를 띤다. 그러나 처녀자리 A(M87)은 활동적인 타원은하로 5,400만 광년 떨어져 있고, 백조자리 A는 왜곡된 은하로 7억 5,000만 광년 떨어져 있다. 은하수 중심에서의 에너지방출은 다른 전형적인 전파은하들보다 수백만 배 약하고, 따라서 다른 현상처럼 보인다.

어떤 종류의 전파원이기에 그렇게 보잘것없는가? 1974년, 케

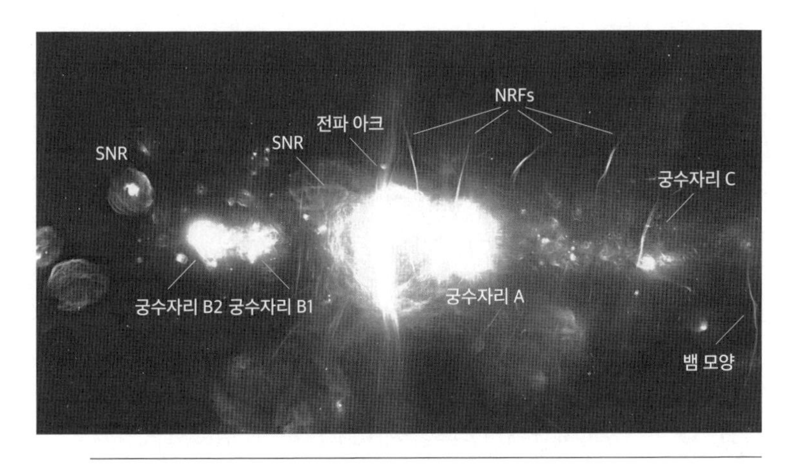

그림 23. 은하수 중심은 가시광선 영역에서 불투명하지만, 전파는 은하를 자유롭게 가로지를 수 있다. 이 전파 지도는 우리은하 중심 수백 광년 크기 안의 영역을 보여준다. 밝은 지역들은 더 강한 전파방출을 보이는 곳이다. 확인된 부분들 일부는 비열적 전파 필라멘트non-thermal radio filaments, NRFs와 초신성 잔해supernova remnants, SNRs다. '궁수자리 A'라고 표시된 가운데 영역이 지금까지 알려진 가장 밀집된 전파원으로, 잰스키가 1932년 발견했다. ©MeerKAT

임브리지대학교의 젊은 이론가 마틴 리스Martin Rees는 그 당시 주목받지 못했던 블랙홀 관련 논문에서 정답을 암시했다.[4] 그는 거대블랙홀이 어떤 질량도 부착으로 끌어들이지 않기 때문에 어두울 수 있다고 주장했다. 그리고 그는 블랙홀 주변을 궤도운동하는 별들에 미치는 영향에 의해 천체가 검출될 수 있을지 모른다고 주장한 첫 번째 사람이었다.

아이디어를 실현하기 위해 기술이 따라잡는 데는 시간이 걸렸다. 첫 번째 문제는 우리와 은하중심 사이에 놓인 먼지였다. 먼지 입자들은 빛을 효과적으로 흡수하고 산란시키지만, 긴 파장의 광자와는 상호작용이 훨씬 덜하다. 우리의 관심을 가시광선 파장에서 0.5마이크로미터 옮겨 2마이크로미터의 근적외선 스펙트럼으로 가면, 은하수 중심 방향으로의 소광효과가 1조분의 1에서 20분의 1 수준으로 떨어진다. 마치 닫힌 문 대신 뿌연 안경 너머로 보는 것과 같다. 적외선 검출기는 1970년대 물리학 실험실에서 처음 등장했으나, 하나의 소자 또는 '픽셀'만을 가지고 있었으므로 이미지를 만들기 위해서는 격자 모양으로 망원경을 지루하게 움직여야만 했다. 이 검출기들은 마치 이탈리아 스포츠카처럼 비쌌고 신경질적이었으며 쉽게 고장이 났다. 1990년대 중반, 처음으로 100만 화소를 지닌 메가픽셀 배열이 사용되기 시작했고, 디지털 적외선천문학은 그보다 15년 앞선 광학천문학만큼 성숙해졌다.[5]

두 번째 문제는 별들의 높은 밀도였다. 이 때문에 이미지들이 서로 겹쳐 엎치락뒤치락하게 된다. 물리적인 상황을 시각화해보자. 은하수 중심, 수 광년의 영역 안에는 별이 1,000만 개 있다.[6] 태양 인근보다 5,000만 배 높은 밀도다. 우리가 거기 살았다면 밤하늘이 장관을 이루었을 것이다. 수백만 개의 별에서 오는 빛이 보름달보다 수백 배 밝게 빛났을 테니까. 별빛만으로 신문을 읽을 수 있었을지도 모른다. 그러나 그런 환경에서 광학천문학을 하기란 거의 불가능했을 것이다. 게다가 어떤 행성에서라도 생명의 위협을 느꼈을 것이다. 초신성 폭발이 잦으며, 아마 생명을 파괴할 만큼 가까이에서 일어났을 테니까. 별들 사이의 빈번한 상호작용은 태양계와도 간섭을 일으켜, 행성들이 깊은 우주로 튕겨 가곤 했을 것이다. 태양계 주변의 혜성 구름은 분열되고, 지구에서보다 훨씬 자주 충돌과 대멸종이 일어났을 것이다. 우리는 은하의 조용한 외곽에 살고 있음에 감사해야 한다.

적외선검출기 배열의 개발과 천문학적 이미지를 선명하게 만들려는 기술이 수렴하면서 신나는 실험이 태어났다. 은하중심의 가장 선명한 적외선 이미지를 얻고자 하는 실험이다. 그러면 밀집된 전파원에서 수 광년 안쪽에 위치해 있고 매년 움직임의 변화를 추적할 수 있을 만큼 빠르게 움직이는 별들을 찾을 수 있을 것이었다. 그리고 별들의 궤도를 이용해 우리은하 중심 영역의 질량을 추산하는 것이 목표였다.

뮌헨 가까이 위치한 막스플랑크연구소Max Planck Institute의 연구 그룹은 처음으로 이런 실험을 시도했다. 그들은 특히 선명한 이미지를 얻도록 설계한 칠레의 3.5미터 망원경을 사용했다. 몇 년 뒤, 캘리포니아대학교 로스앤젤레스 그룹도 같은 실험을 시작했다. 그들은 새롭게 하와이에 건설한, 세계에서 가장 큰 10미터 켁망원경을 이용했다. 두 그룹 모두 지구 대기에 의한 이미지의 흐려짐과 싸워야 했다. 당신이 훌륭한 천문 연구 관측지에서 망원경으로 별을 본다면, 밝은 빛의 핵이 희미한 빛의 반점들로 둘러싸여 무작위로 춤추며 흔들리는 모습을 목격할 것이다. 이 무늬는 지구 상층대기에서 공기 밀도와 온도의 빠른 변화에 의해 생기는 것으로, 빛을 굴절시키고 이미지를 흐릿하게 뒤죽박죽으로 만든다. 관측 노출을 길게 하면 무늬들은 평균값으로 나타나, 별들이 부드럽게 보이기는 하지만 흐릿하게 나타난다. 짧은 노출 이미지는 대기를 '멈추게' 한다. 연구자들은 이런 이미지들을 처리하고 이동시키고 겹쳐 훨씬 선명한 이미지를 얻을 수 있다. 하지만 그런 방법은 굉장히 시간이 오래 걸린다. 선명한 이미지 한 장을 얻으려면 각각 10분의 몇 초씩 노출한 수천 장의 이미지를 분석하고 합쳐야만 한다.

이 힘든 방법을 몇 년 동안 사용한 끝에, 연구자들은 별들로 붐비는 지역에서 타원궤도를 추적할 수 있었던 별들을 수십 개 골라냈다. 각각의 별은 집합적 운동을 이끄는 질량을 측정하는 데 기여했다.[7]

두 그룹의 연구자들은 놀랍게도 동일한 결론에 도달했다. 은하중심에 가까이 있는 어떤 별들은 시속 48만 킬로미터보다도 빠르게 움직였고, 이는 은하중심 수 광년 안쪽에 있는 질량이 태양질량의 수백만 배라는 뜻이었다. 그러나 그만큼의 별빛은 안쪽 영역에서 보이지 않았다. 심지어 어두운 별들로 이루어진 밀도 높은 성단이 있다는 가설조차도 거대한 질량이 한가운데 집중되어 있음을 설명하기가 불가능했다. 증거는 한 방향을 가리켰다. 태양질량의 수백만 배나 되는, 단 하나의 밀집되고 어두운 천체. 아주 가까이에 초대질량블랙홀이 있었던 것이다.

심연 경계의 별들

시인 프로스트는 이렇게 썼다. "우리는 둥글게 모여 춤추고 생각하지만, 비밀은 한가운데에 앉아 있다." 자연은 자기 비밀을 열심히 지키며 이를 밝히기 위해서는 투지와 결의가 필요하다. 은하수가 거대한 블랙홀을 가지고 있음을 증명하는 임무는 천문학에서 가장 강한 라이벌 관계 중 하나를 드러냈다.

한쪽에 있던 이는 라인하르트 겐첼Reinhard Genzel이었다. 건장한 몸, 붉은 머리칼에 수염이 있는 혈색 좋은 남성인 겐첼은 독일 가르힝에 위치한 막스플랑크우주물리학연구소Max Planck Institute for Extraterrestrial Physics의 소장이었다. 겐첼은 천문학계에 존재하는 훌륭한 일자리들 중에서도 최고의 자리를 손에 쥐고 있었다. 독일의 엘리트 과학 집단인 막스플랑크협회가 임명하는 여러 막스플랑크연구소 소장들은 평생 그 직업을 유지한다. 위에서 아래로 전달되는 절대 권력을 휘두르며 자기가 선택한 연구 주제를 다루기 위해 거대한 조직의 자원을 동원할 수도 있다. 겐첼은 고작 34세에 소장으로 임명되었고, 겐첼 그룹은 은하중심에 관한 논문을 처음 게재했으며 어둡고 밀집된 질량의 존재를 주장했다.

다른 편에는 게즈가 있었다. 이탈리아계 조상을 둔 뉴요커로, 네 살 때 어머니에게 달에 발을 디딘 첫 여성이 되고 싶다고 선언했다. 그녀는 대신 천문학자가 되었고, 매사추세츠 공과대학MIT과 캘텍에서 학위를 받았다. 처음으로 하와이의 켁망원경을 사용해서 은하중심을 관측했을 때 그녀는 고작 29세의 캘리포니아대학교 로스앤젤레스캠퍼스(UCLA) 조교수였다. 다음 해, 그녀는 켁망원경으로 돌아가 짧은 시간 동안 움직인 별들을 보았다. "블랙홀이 있다면 별들이 꽤 움직였어야 했다. 첫 해 이후, 우리는 아주 쉽게 별들의 움직임을 볼 수 있었고, 완전히 흥분했다. 흥분은 우리 관측 날 밤이 시작되던 때 발생한 기기 고장으로 인해 고조되었던 듯하다. 켁 시간을 얻기는 아주 어렵고, 한 해에 단 며칠 밤밖에 얻을 수 없을지도 모른다. 우리은하의 중심이 지평선 아래로 사라져 더 이상 볼 수 없게 되기 직전에야 사진을 얻었다."[8]

천문학에서는 가끔 발견을 만나는 순간이 있다. 그리고 천천히 결정적 증명의 수준에 오를 때까지 몇 년에 걸쳐 공들여 자료를 쌓아야만 할 때도 있다. 이 경우 자신의 권력 정점에 서 있던 과학자가 이끄는 그룹[9]과 급속히 떠오르는 여성 스타가 이끄는 그룹[10] 둘 다 발견을 위해 어디를 쳐다보아야 할지, 자기들이 무엇을 찾고 있는지를 분명히 알고 있었다. 성공에는 인내와 세심한 실험 기술이 필요했다.

2000년대 초반, 겐첼 그룹은 3.5미터 망원경에서 칠레의 유럽남반구천문대European Southern Observatory가 운영하는 8.2미터 초거대망원경Very Large Telescope, VLT로 옮겨 갔다. 2000년대 중반에 양 그룹은 왜곡된 빛을 실시간으로 바로잡을 수 있는 적응광학을 쓰기 시작했는데,[11] 그것은 현대 천문학을 비약적으로 발전시킨 엄청난 혁신이었다. 적응광학 기술 덕에 천문학자들은 '대기를 속일 수 있게' 되었고 그들이 사용하는 대형 망원경의 **회절한계**diffraction limit만큼 선명한 이미지를 얻을 수 있었다. 이 기법을 사용하면 대기에 의해 형성되는 이미지의 흔들림과 뒤틀림이 유연한 망원경 부경을 통해 빠르게 보정되었다. 강력한 레이저에서 나오는 빛은 난류 운동이 일어나는 상층대기에서 반사되어 망원경으로 돌아왔고, 빛의 파면wavefront에 존재하는 작은 편차를 1초에 수백 번씩 측정한 다음, 부경 뒤에 부착된 기계 구동 장치가 대기 보정을 반영했다.

적응광학 덕분에 과학자들은 성난 벌 떼처럼 움직이는, 은하 중심에서 관측한 별들에 케플러법칙을 적용할 수 있었다. 어떤 별에 대해서는 16년짜리 공전궤도 전체가 측정되었다.[12] 천문학자들은 별이나 가스구름이 강한 중력의 영역에 가까이 떨어지며 찢기는 것을 목격했다.[13] 블랙홀에 잡아먹힌 물질들은 아마 2014년에도 관측된 적 있는 엑스선플레어를 일으켰을 것이다. 과학자들은 케플러법칙을 이용해 궤도운동을 일으키는 천체의 질량을 유도할 수 있었다. 게즈 그룹과 겐첼 그룹은 영예로운 무승부에 도달했다. 한편, 전파천문학자들은 전파원이 사건지평선의 예측 크기만큼이나 작다는 것을 보였다(2022년, VLBI 기술을 이용해 우리은하 중심에 위치한 초대질량블랙홀을 직접 관측한 이미지가 발표되었다. 이에 앞선 2019년에는 M87 중심의 초대질량블랙홀 관측 결과도 발표되었다. 인류가 처음으로 얻은 블랙홀 사진이었다-옮긴이).[14] 질량은 태양의 400만 배로 측정되었고, 오차는 고작 4퍼센트에 불과했다.[15] 이제 이런 계산을 할 수 있기 때문에 연구자들이 더 이상 글을 쓸 때 '후보' 또는 '가설의'라는 단어로 천체를 수식하지 않아도 된다. 초대질량블랙홀의 존재는 그럴듯한 의심을 넘어 증명되었다.

모든 은하가 품은 암흑의 핵

퀘이사는 매우 드물다. 일반적인 은하보다 100만 배쯤 드물다.[16] 평균적으로 퀘이사 한 개를 찾으려면, 한 변의 길이가 10억 광년인 부피를 탐색해야 한다. 활동은하들이 발견되자마자 천문학자들은 모든 은하가 활동 단계를 거치는지 의심했다. 그리고 젊고 똑똑한 영국의 이론가가 중요한 통찰을 얻었다.

도널드 린든-벨Donald Lynden-Bell은 다방면에 관심이 많았다. 퀘이사로 관심을 돌리기 전에 유체역학, 은하의 타원궤도, 음성 열용량negative heat capacity, 급격한 이완violent relaxation이라는 중력효과에 대한 연구까지 섭렵했다. 선견지명을 보였던 1969년 논문에서 린든-벨은 퀘이사에 활동적인 시기가 있으며 밝은 때는 아주 드물다고 추론했다. 그는 죽은 퀘이사가 흔할 것이며, 우리에게 가장 가까운 녀석은 1,000만 광년(안드로메다은하까지 거리의 네 배) 이내에 있을지도 모른다고 추측했다. 그는 이 어둠의 중심 질량이 주변에서 많은 별을 끌어당기기 때문에, 별에 미치는 이러한 영향을 통해 죽은 퀘이사를 검출할 수 있다고 주장했다.[17]

린든-벨이 논문을 썼을 때 나는 고작 12살이었으므로, 그것을 읽기까지는 시간이 훨씬 더 지나야 했다. 그러나 그는 이미 당시에도 내 삶에 영향을 미쳤다. 아버지와 나는 영국 남부 지방을 자동차로 여행하는 중이었다. 우리는 헤이스팅스에서 친척들을 만났고 브라이턴의 조약돌 해변에 앉아 있다가 사우스다운스를 거쳐 허스먼수Herstmonceux성으로 향했다. 중세 시대에 붉은 벽돌로 지어져 해자로 둘러싸인 그 성은 거의 완벽했다. 하지만 나는 성에 흥미를 느끼기에는 나이가 너무 많았다. 다른 놀잇거리를 찾던 중, 아버지가 그리니치천문대로 향하는 팻말을 가리켰다. 성의 일부를 차지한 천문대에서 30분 뒤에 강연이 시작될 예정이었다.

린든-벨은 고개를 숙인 채 강연대 옆을 서성거렸고, 깊은 생각에 빠져 있었다. 우리는 자리를 잡고 앉았으나 이내 강연이 우리에게 벅차다는 것을 깨달았다. 린든-벨은 강연 중간 중간 커다란 손동작을 하거나 칠판으로 돌아서서 수식들을 한바탕 휘갈겼다. 은하와 블랙홀에 관한 발표였다. 큰 줄기만 훑는 강연이었지만 여전히 이해하기가 어려웠다.

나는 미래 계획이 어떻게 될지 몰랐으며 가끔 농부나 건축가, 파일럿이 되면 어떨까 생각했다. 그러나 영국 상류층 같은 이론가의 모습이 내 가슴을 뛰게 했다. 린든-벨은 앞으로 우주에서 수많은 은하가 발견될 것이라 얘기했다. 그리고 이 은하들은 아름다운 수학으로 이해할 수 있는 검은 천체를 품고 있다고 말했다. 그는 우주를 인식할 수 있다는 전염성의 흥분을 투영했다. 작은 씨앗이 뿌려졌다.

린든-벨은 거대한 은하들이 모두 핵에 초대질량블랙홀을 가지고 있으며 퀘이사가 드문 이유는 그것들이 자기 삶의 작은 부분 동안만 활동적으로 가스를 끌어들이기 때문이라고 제안했다. 우리는 퀘이사들 중 적은 일부의 '스위치가 켜진' 상태를 본다. 대부분은 주변에 '식량' 없이 겨울잠을 자고, 맥박과 생명의 기색이 아주 낮은 수준으로 떨어져 있다.

어떻게 은하 한가운데서 밀집되고, 질량이 크고, 어두운 무언가를 찾을 수 있을까? 이것은 블랙홀이 중력을 지배하는 중심 영역을, 또는 블랙홀 중력의 영향을 받는 구를 분리할 수 있는지에 달려 있다. 이러한 구의 반지름 안에서, 별과 가스의 운동은 블랙홀에 좌우된다. 이 반지름을 넘어서면, 운동은 거의 은하중심에 가까이 있는 별들이 결정하고 블랙홀은 작은 역할을 할 뿐이다. 태양질량의 1억 배쯤 되는 우람한 블랙홀을 지닌 큰 은하라면, 이 거리는 약 10**파섹** 또는 33광년 정도에 달한다.[18] 지름이 10만 광년이나 되는 은하 기준으로 보았을 때, 중심에 아주 가까운 거리다. 은하가 식사용 접시 크기와 같다면, 블랙홀이 지배하는 영역은 먼지 티끌 크기 정도일 것이다. 이렇게 작은 규모에서 움직이는 별이나 가스의 운동을

멀리 떨어진 은하에서 관측하기는 대단히 어렵다.[19]

우리는 우리은하 중심에 있는 블랙홀까지 거리가 겨우 2만 7,000광년이라는 사실을 측정할 수 있다. 이 거리는 우리에게서 가장 가까운 안드로메다은하의 중심까지 거리보다 100배나 가깝다. 우리은하 안에서 천문학자들은 중력의 영향권 크기보다 1,000배나 작은 척도에서 별들을 관측할 수 있고, 이는 블랙홀의 질량에 대한 훌륭한 열쇠가 된다. 합리적 의혹을 넘어서서 존재를 확인하고자 할 때, 이것이 거대블랙홀을 검출하는 '최적의 표준'이 된다. 그러나 과학자들은 우리은하뿐 아니라 다른 은하에서 동면을 취하는 블랙홀을 채취하는 데 굶주려 있다. 그들은 허블우주망원경에 희망을 걸었다.

1990년 허블우주망원경을 처음 발사했을 때, 그것은 대단한 실망을 안겨주었다. 지구 공전궤도에서 아주 선명한 이미지를 얻기 위해 제작한 망원경이었고, 이전에 등장했던 최고의 지상 망원경보다 열 배까지 선명한 이미지를 생성하도록 설계된 것이었다. 그러나 허블우주망원경의 첫 번째 이미지가 도착하자 NASA 연구원들은 어리둥절했고 몹시 당황했다. 이미지가 몹시 왜곡되어 있었기 때문이다. 사실 그것은 역사상 가장 정교하게 가공된 거울이었지만 실험실에서 최종 시험을 하다가 교정 렌즈를 잘못 놓는 바람에 아주 잘못된 형태가 되었다. 언론이 이 문제를 잘못 보도하면서 사람들은 허블을 형편없는 싸구려 거울이라고 비난했다. 문제를 해결하는 데는 3년이 걸렸고 아주 위험한 우주 왕복 미션과 우주비행사의 35시간 우주유영이 필요했다.[20] 망원경을 완전히 수리하고 나서, 수천만 광년 떨어진 은하핵들의 깨끗한 사진을 찍을 수 있었다.[21]

과학자들은 주변 은하에서 블랙홀을 찾기 위해 은하핵이 분광기의 가느다란 슬릿 안에 위치하도록 망원경을 겨누었다. 슬릿을 따라 여러 위치에서 스펙트럼을 얻을 수 있었고, 이는 은하중심으로부터 서로 다른 거리에서 측정이 이루어졌다는 의미다. 스펙트럼 형태의 폭은 평균적인 물질의 속력을 보여주는데, 은하가 나선은하라면 방출선을 이용해 가스의 운동을, 타원은하라면 흡수선을 이용해 별의 운동을 측정했다.[22] 은하중심으로 아주 가까이 갈수록 가스나 별의 속도 분산이 급격히 증가했는데, 이는 숨길 수 없는 블랙홀의 증거였다(그림 24). 우리에게서 가장 가까운 은하들의 거대 집단은 처녀자리은하단Virgo Cluster으로 6,000만 광년 떨어져 있다. 처녀자리은하단 안에 있는 은하의 경우, 중력의 영향권 구의 각크기는 하늘에서 0.14각초다. 가까스로 허블우주망원경 분광기 각분해능의 두 배 정도에 해당하므로, 이 거리에서 블랙홀을 찾는 것은 우주망원경의 성능을 한계까지 밀어붙인 결과였다.

10년에 걸친 이 더디고 어려운 연구는 성공적인 결과를 낳았다. 가까운 은하에서 블랙홀 약 20개가 발견된 것이다.[23] 우리에게 아주 근접한 이웃인 안드로메다은하(M31)는 젊고 푸른 성단에 둘러싸인, 태양질량의 1억 배 되는 블랙홀을 가지고 있다. 우리는 그토록

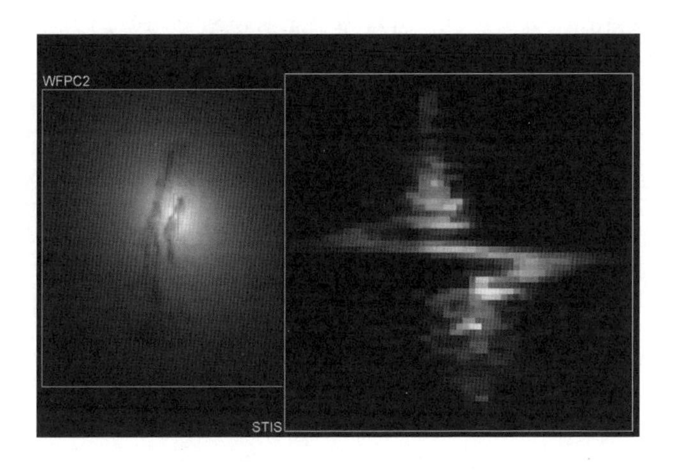

그림 24. M84는 처녀자리은하단에 있으며 5,000만 광년 떨어져 있다. 왼쪽 이미지는 먼지 띠가 가로지르는 은하의 중심 부분을 보여준다. 사각형은 허블우주망원경의 분광기 슬릿이 오른쪽에 있는 자료를 얻기 위해 겨누었던 곳을 나타낸다. 지그재그는 슬릿을 따라 측정한 가스 속도를 보여주고, 더 큰 수평 변위는 큰 속도를 의미한다. M84에 블랙홀이 없다면, 이 자취는 은하중심 근처에서 그렇게 커다란 속도를 나타내지 않았을 것이다. ©G. Bower, R. Green/NOAO/NASA

극한 환경에서 어떻게 성단의 별들이 형성되고 살아남았는지 여전히 알지 못한다.[24] 나선은하에서 흔하게 나타나는 현상이기는 하지만 말이다. 안드로메다은하의 동반 왜소은하인 M32 역시 블랙홀을 가지고 있는데, 우리은하의 블랙홀보다 살짝 규모가 작다. 1광년 미만의 좁은 영역에 태양의 340만 배 질량이 들어차 있다.[25] 크기 규모에서 다른 쪽을 보면, 전파원인 처녀자리 A가 있다. 이제는 거대타원은하 M87로 알려진 천체다. M87 중심의 블랙홀은 태양의 64억 배에 해당하는 진정한 괴물이다.[26] 사건지평선이 태양계보다 크다! 우리은하에서 가까운 우주에서 블랙홀은 아주 다양한 크기로 존재하고, 질량은 서로 2,000배까지 차이가 난다.

린든-벨은 예지력 있는 논문을 쓴 지 40년이 지나고 나서야 최초의 카블리Kavli상 수상자로 오슬로의 시상대에 섰다. 그 옆에 어울리게 선 사람은 퀘이사 발견자인 슈미트였다. 린든-벨의 블랙홀에 관한 통찰은 슈미트의 업적을 완전히 보완했다. 모든 은하 한가운데에는 암흑이 숨어 있다.

괴물을 길들인 루드로 남작 리스

블랙홀이 난해한 이론적 개념에서 거대한 별 진화와 은하핵의 활동에 대한 설명의 중심으로 자리 잡는 데는 10년밖에 걸리지 않았다. 케임브리지대학교는 당신이 이론가라면 머물러야 할 곳이다. 린든-벨은 그곳에서 1961년 박사 학위를 받았고 1969년 죽은 퀘이사에 관해 중요한 논문을 썼다. 호킹은 그곳에서 1966년 박사 학위를 받았고 1974년 블랙홀에서의 복사에 관한 논문을 썼다. 리스는 호킹보다 1년 늦게 박사 학위를 받았고 역시 1974년 초대질량블랙홀에 관해 영향력 있는 논문을 썼다.

탄탄한 이론을 기반으로 초대질량블랙홀에 중력 엔진의 역할을 부여한 것이 바로 리스였다. 우주론을 공부하는 모든 학생에게

리스는 거장이다. 그가 받은 상 목록만 해도 길다. 예를 들면 템플턴Templeton상, 디랙 메달Dirac Medal, 뉴턴Newton상, 브루스 메달Bruce Medal, 데카르트Descartes상, 일본의 욱일장Japanese Order of the Rising Sun, 영국의 공로 훈장British Order of Merit 등이다. 그는 왕립 학회 회장이었고, 케임브리지대학교 트리니티칼리지 학장이었으며, 천문학연구소Institute of Astronomy 소장, 케임브리지대학교 천문학과 실험철학의 플루미언 교수Plumian Professory, 영국의 왕실천문학자Astronomer Royal였다. 리스는 보통 자신의 직무에 대해 겸손한 태도를 보였고, 앞의 목록 중 마지막 직무의 할 일에 대해서는 "너무 별일이 아니라 죽은 사람도 할 수 있을 것 같다"고 표현했다.

리스를 처음 만났을 때 나는 전설적인 인물을 기대했다. 실물로 보면 그는 매부리코와 날카로운 회색 눈을 지니고 키가 작은 사람이다. 너무 부드럽게 말해서 그가 하는 말을 들으려면 몸을 기울여 가까이 가야 한다. 목소리에는 그가 자란 슈롭셔 지방의 경쾌한 억양이 있다(그림 25). 리스는 회전하는 블랙홀로의 부착이 쌍둥이 상대론적 제트 그리고 미터 길이 파장의 전파에서 양성자보다 작은 파장을 지닌 감마선까

그림 25. 리스는 40년이 넘도록 세계 최고의 이론가 중 한 명이었다. 그는 블랙홀이 어떻게 엄청난 양의 에너지를 생성하고 플라스마의 상대론적 제트를 만드는 중력 엔진으로 작용할 수 있는지를 이해한 최초의 사람이었다. 2005년, 그는 상원의원으로 임명되었다. ©M. Rees

지 전자기파 스펙트럼에 걸친 비열적 복사로 이어질 수 있음을 보였다.[27]

활동은하는 다양한 규모에서 나타나는 현상이고, 이는 활동은하를 이해하기 위해 다양한 파장과 기법이 동원되어야 한다는 뜻이다. 이론가에게는 매력적이었지만 관측하기는 어려웠다. 전파방출의 뿌연 로브는 은하로부터 수백만 광년까지 뻗을 수 있다. 중심에 있는 거대한 블랙홀의 연료 공급은 모은하의 인근 환경과 가스 함량에 따라 결정된다. 수백 광년의 규모에는 핵을 이루는 별생성 영역과 먼지 토러스torus(원형체)가 있다. 먼지 토러스 가운데서는 밀도가 높고 빠르게 움직이는 가스 뭉치가 광주light week에서 광월light month의 규모로 넓은 방출선을 생성한다. 더 가까이 들어가면, 뜨거운 부착원반이 막대한 양의 자외선과 엑스선을 태양계 규모로 내뿜는다. 이 방출은 여러 파장대에 걸쳐 연속복사로 매끄럽게 분산되어 있다. 마지막으로, 여러 겹으로 된 마트료시카 인형 중심에 초대질량블랙홀이 있다. 초대질량블랙홀은 수십억 배 규모까지 중력적 영향을 미친다.[28]

리스는 활동은하의 작동 패러다임으로서 블랙홀의 부착이 거의 이의를 제기받지 않는 데 대해 부분적으로 책임이 있다. 1977년 학회에서, 천체물리학자 리처드 매크레이Richard McCray는 천문학자들이 (그리고 어떤 분야 과학자라도) 인기 있는 아이디어에 좌우되는 경향을 풍자했다. 그는 간단한 막대와 점선으로 그린 도표를 보여주었다.

하나는 중력 영향의 구를 나타내고 다른 하나는 블랙홀 사건지평선을 나타내는 경계였다(그림 26). 만화에 대한 리스의 설명과 이면의 사회학에 대해 들어보자. "이 계는 두 반지름으로 특정할 수 있다. 부착 반지름 너머에 있는 천체물리학자들은 다른 문제들로 충분히 바쁘고, 심각하게 유행인 아이디어에 그리 영향을 받지 않는다. 그러나 반지름 안의 다른 이들은 유행인 아이디어를 향해 곤두박질치기 시작한다. 개인들은 초기 조건에 따라 무작위에 의한 탄도 궤적을 따르기 때문에 의사소통이 거의 없다. 최초가 되기 위해 달려가는 중에, 그들은 거의 언제나 중심점을 지나치고, 관계가 없는 어떤

그림 26. 어떻게 천체물리학자들이 블랙홀처럼 유행하는 아이디어에 반응하는지를 보여주는 풍자 그림. 어떤 이들은 붙잡히지 않고 지나간다. 다른 이들은 충돌하고 열을 발생시키지만, 그리 많은 빛을 만들지 못한다. 대부분은 아이디어의 영향력 구 안에 붙잡히고, 어떤 이들은 그들이 건강한 회의론을 잃는 '합리성 지평선'을 향해 떨어진다.

곳으로 날아가버린다. 아이디어가 고갈된 충분한 수의 천체물리학자들이 있으면, 의사소통이 발생해야만 한다. 그러나 그것은 보통 맹렬한 충돌 속에서 일어난다. […] 어떤 사람들이 유행을 타는 아이디어가 신념이 되는 합리성 지평선을 넘어가는 효과만 지속된다. 이 불행한 영혼들은 절대 탈출할 수 없다."[29] 매크레이의 발표는 농담조였다. 그는 블랙홀 논의를 받아들였지만, 동료들에게 회의적 태도를 버리지 말라고 상기시켰다.

1980년대 중반까지 우리은하만이 거대 블랙홀의 설득력 있는 증거를 보여준 유일한 천체였음을 기억하라. 논문 중 하나에서, 리스는 순서도 하나를 선보였다. 은하들 사이의 물질이 어떻게 은하로 흘러들어 천천히 핵 영역까지 찾아가는지를 보여주는 것이었다. 이 가스는, 그리고 진화한 별에서 버려진 가스는, 핵성단nuclear star cluster을 생성하는 재료가 된다. 이는 중력으로 수천 개의 별이 묶인 고밀도 집단이다. 그 성단은 그렇게 많은 별의 중력에 스스로 대항하지 못해 거대한 블랙홀로 수축하고, 블랙홀은 가스와 별들을 집어삼키며 성장한다. 비록 순서도로 간단히 보여주었지만, 리스에게는 매 단계 철저한 물리적 논거가 있었다. 이 결과로 거대 블랙홀은 불가피한 분위기가 되었다. 이것은 최고의 과학자들이 가진 재능이다. 복잡한 논의를 받아들여 그것을 분명하게 만드는 것 말이다.

퀘이사를 사용해 우주를 살피다

지금까지 우리는 내부에 집중했고, 거대 블랙홀이 주변에 미치는 영향을 살펴보면서 그것들을 이해하려 노력했다. 그런데 알고 보니 블랙홀은 우주의 더 거대한 암흑 성분을 살피는 데도 사용할 수 있음이 밝혀졌다. 이 기술은 퀘이사를 우주의 엄청난 거리에서도 보일 수 있는 강한 광원으로 사용한다.

퀘이사가 발견되었을 때, 관측된 적색이동은 퀘이사가 아주 먼 거리에 있음을 보여주었다. 첫 발견에서 2년이 지났을 때, 적색이동의 최고 기록은 z=2였고, 이는 빛이 우주 나이의 75퍼센트인 100억 년을 여행해 왔음을 뜻했다. 퀘이사들이 발견되던 당시 일반 은하의 적색이동 최고 기록은 고작 z=0.4였고, 빛이 우주 나이의 33퍼센트 동안 여행해 왔음을 나타냈다. 초대질량블랙홀을 먼 표시등으로 사용하는 것은 천문학에서 새로운 분야를 열었다.

안쪽은 검지만 양쪽이 열린, 아주 긴 상자를 상상해보라. 상자 안으로 좁은 빛의 빔을 비추고 다른 쪽에서 빛을 검출하면 상자 안에 무언가 있었는지 없었는지가 드러날 것이다. 장애물이 있다면 빛을 완벽히 차단할 것이고 가스처럼 뿌연 물질조차도 빛을 어둡게 만들 것이다. 천문학자들은 퀘이사의 빛을 정밀하게 파장에 따라 펼쳐놓으려고 분광관측을 사용했다. 이때, 부드러운 빛의 분포 위에 빛이 사라지거나 흡수된 'V자 표시'들이 흩뿌려져 있는 것을 보았다.

이러한 흡수의 중요성은 200년 전에 깨달은 것이었다. 프라운호퍼가 태양의 스펙트럼에서 어둡고 좁은 선들의 지도를 만들었고, 구스타프 키르히호프Gustav Kirchhoff가 그 선들이 태양의 상대적으로 온도가 낮은 바깥 대기의 화학원소들에 의해 나타난다는 사실을 밝혔을 때 말이다.

퀘이사 스펙트럼에는 두 종류의 흡수선이 있다.[30] 흡수선은 스펙트럼에서 좁고 어두운 영역으로, 우주에서 사이에 끼어든 물체에 의해 빛이 흡수된 영역이다. 네온, 탄소, 마그네슘, 규소처럼 별에 의해 생겨나는 선들이 있다. 또한 짧은 파장에는 수소 흡수선의 숲이 있다. 자세한 연구 끝에, 첫 번째 종류의 흡수선은 퀘이사 시선방향에 있는 **은하헤일로**의 화학적으로 풍부한 가스로 인해 생긴다는 것이 분명해졌다. 그리고 수소 흡수선은 은하들 사이 넓은 공간에 퍼져 있는 원시 수소들에 의해 생긴다(그림 27).[31]

흡수선 분광은 적은 양의 가스에도 민감해서, 태양질량의 10~100배밖에 되지 않는 흐리거나 어두운 가스구름도 수십억 광년 거리에서 검출할 수 있다. 우주팽창 모델에 따르면 적색이동과 거리 간의 관계를 계산할 수 있다. 따라서 파장의 지도인 스펙트럼은 쉽게 적색이동 또는 거리의 지도로 변환할 수 있다. 이전의 비유로 돌아가서, 검고 긴 상자는 우주를 통하는 길이고, 퀘이사는 한쪽 끝에 있는 손전등이며, 천문학자들은 이 빛 빔의 스펙트럼을 찍어 사이에 있는 물질들을 진단한다. 그것을 지리학적 연대가 아니라 우주적 시

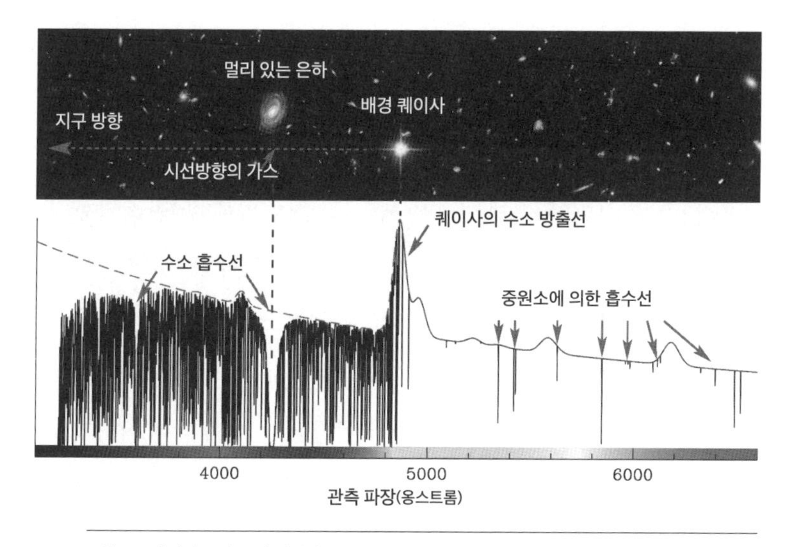

그림 27. 퀘이사는 아주 먼 거리에 있어서 우리와 퀘이사 사이에 있는 물질들을 비추는 손전등 같은 역할을 한다. 이 물질들은 검을 수도 있고 다른 방법으로는 검출하기 어려울 수도 있다. 위: 퀘이사에서 오는 빛이 거대한 은하와 헤일로, 은하간물질 안의 수많은 수소 구름을 지난다. 아래: 퀘이사 스펙트럼은 파장에 따른 세기를 나타낸 그래프다. 거대한 은하는 스펙트럼에서 빨간 쪽에 중원소에 의한 흡수선을 남기고 작은 수소 구름들은 좁은 흡수선들의 '숲'의 자국을 푸른 쪽에 남긴다. ©M. Murphy/Swinburne University

간에 따라 물질들의 지도를 그리는, 우주를 가로지르는 핵심 표본이라고 생각해보라. 퀘이사는 z=7 정도까지 높은 적색이동에서도 발견되었기 때문에, 이 표본은 우주 나이의 95퍼센트까지 포함할 수 있다. 퀘이사 흡수선 스펙트럼은 우주에서 별과 은하에 있는 물질을 모두 합한 것보다도 은하들 사이 공간에 있는 물질이 여덟 배나 많다는 것을 밝히는 데 사용되었다.[32]

퀘이사는 우주를 연구하는 다른 방법으로도 사용된다. 우주의

'검고 긴 상자'를 통해 빛을 비추는 비유로 돌아가보자. 우주는 대개 비어 있지만, 먼 퀘이사에서 나온 빛이 곧장 은하 혹은 은하단을 지날 확률이 낮게나마 있다. 아인슈타인의 일반상대성이론은 빛이 관측자와 광원 사이에 존재하는 천체의 질량에 의해 휜다고 말한다. 만약 정렬이 완벽하다면, 퀘이사 점광원은 '아인슈타인고리Einstein ring'라는 원형의 빛으로 나타난다. 만약 정렬이 조금 어긋나 있다면, 점광원은 쌍둥이 이미지로 보일 수 있다.[33] 이런 우연이 일어날 확률은 오직 1퍼센트밖에 되지 않으므로, 이 현상은 수백 개의 퀘이사가 발견되기 전까지 주목받지 못했다. 중력렌즈 효과가 눈에 보이는 물질뿐 아니라 암흑물질에 의해서도 일어나기 때문에, 관측을 통해 암흑물질이 일반적인 물질의 여섯 배나 많은, 은하 어디에서나 존재하는 성분이라는 것이 드러났다.

퀘이사가 그렇게 훌륭한 우주탐사의 도구라는 것은 예상하지 못했던 보너스였다. 우주는 10^{22}개의 별을 수천억 개의 은하에 거느리고 있다. 그런데도 퀘이사는 은하들 사이에 더 많은 물질이 있으며 심지어 다른 방법으로 검출할 수 없는, 암흑의 질량이 있다고 말해주었다. 모든 별과 모든 은하는 우주를 구성하는 물질의 고작 2퍼센트밖에 차지하지 않는다!

블랙홀 수천 개의 무게를 재다

퀘이사 발견에 관한 이야기를 이어가보자. 퀘이사를 관측으로 확인하고 이해하기 위해서는 분광이 필수적이다. 광학 스펙트럼은 적색이동을 재는 데 사용하고, 이를 사용하면 광도를 계산할 수 있다. 양질의 스펙트럼은 블랙홀 질량을 재는 데도 쓸 수 있다. 하지만 발전은 더뎠다. 큰 망원경들은 오직 한 번에 한 천체의 스펙트럼만을 얻을 수 있었다. 1960년대에서 1970년대까지, 알려진 퀘이사의 수는 수십 개에서 수백 개까지 서서히 증가했다.

첫 돌파구는 하늘의 넓은 영역의 이미지를 얻는 특별한 광학계를 장착한 망원경들을 통해 이루어졌다. 팔로마산천문대에 있는 넓은 시야의 슈미트망원경Schmidt Telescope은 1948년 완성되었고, 1950년대에 북반구 하늘 전체를 두 가지 색깔로 탐사하는 데 사용되었다. 거의 2,000개의 사진 건판을 사용했고, 건판 각각은 36제곱각square degree을 덮었다. 팔을 쭉 뻗었을 때 꽉 쥔 주먹 크기 정도에 해당하는 면적이다. 미국 국립지리협회National Geographic Society가 지구 지도를 만들자는 연구 목적을 우주로 확장하며 이 탐사에 자금을 댔다. 팔로마산 슈미트망원경의 쌍둥이가 호주에 세워졌고 그 망원경은 1970년대에 남반구 하늘을 탐사했다. 각각의 이미지는 수백만 개의 은하와 1만 개의 퀘이사 및 활동은하를 포함했다.

핵활동을 보이는 1퍼센트의 은하를 찾기 위해서는 추가적인

그림 28. 여러 스펙트럼은 망원경의 광경로에 거대한 프리즘을 놓아 얻을 수 있고, 따라서 (점들로 나타난) 천체 각각의 실제 이미지가 담긴다. 그리고 (수평 줄무늬들로 보이는) 스펙트럼은 오른쪽에 나타난다. 이런 낮은 분해능에서 시야에 등장하는 천체 대부분은 부드럽고 그다지 특징이 두드러지지 않은 스펙트럼을 지닌 은하나 별이다. 하지만 줄무늬 위에 겹친 방울처럼 강하고 넓은 방출선을 드물게 보이는 퀘이사는 돋보인다. 이 사진 중앙 가까이에는 퀘이사 3C 273이 보인다. ©David Haworth

정보가 필요했다. 광학 시스템 설계자들은 슈미트망원경의 광경로에 끼워 넣을 수 있는 거대한 프리즘을 개발했다. 그 프리즘은 각각의 어두운 천체에서 오는 빛을 작은 스펙트럼으로 쪼개 사진 건판에 기록했다. 퀘이사는 강하고 넓은 방출선을 보였다. 사람들은 퀘이사들이 관측 자료에서 두드러지기를 희망했다. 방출선이 줄무늬 위에 방울처럼 나타나기 때문이었다(그림 28). 눈으로 퀘이사를 찾는 데는 대단한 전문성이 필요했지만, 건판을 스캔하고 디지털화한 다음 알고리듬을 이용해 훨씬 많은 수의 별과 은하를 샅샅이 살펴 퀘이사를 찾는 기기가 개발되었다.

나는 이 방법을 이용한 퀘이사 사냥에 발을 들여놓았다. 사냥 장소는 호주 뉴사우스웨일즈의 워럼벙글Warrumbungle산에 있는 쿠나바라브란Coonabarabran이었다. 호주 오지에 해당하는 지역 가장자리에 위치한 이 지루한 마을은 영국 슈미트망원경의 본거지였고, 이 망원경은 팔로마산 슈미트망원경의 남반구 쌍둥이였다.[34] 나는 에든버러대학교 대학원생으로서 사진 프리즘 탐사를 돕기 위해 출장을 갔다. 우울한 스코틀랜드의 겨울에서 뜨거운 호주의 여름으로 계절이 바뀌는 것은 큰 고난이 아니었다. 도착한 지 며칠 안 되어 나는 암실에서 일하는 법을 배웠고, 밤샘 관측을 마치고 자러 가기 전 사진 건판을 현상하고 있었다. 건판은 한 변 길이가 35센티미터, 두께는 1밀리미터쯤 되었으며 어둠 속에서 다루기 무척 어려웠다. 이 모든 시간이 지난 지금도 내가 건판 몇 개를 깨뜨려 망원경 시간을 낭비했다는 사실을 받아들이기는 고통스럽다. 그리고 가끔은 정착액과 현상기에 피를 몇 방울씩 떨어뜨리며, 면도날처럼 날카로운 모서리에 문자 그대로 고통받았다.

하늘이 맑은 날 건판 노출이 잘 이루어지면, 노력에 상응하는 가치가 있었다. 각각의 건판은 창백한 회색 배경에 수천 개의 작고 어두운 줄로 스펙트럼이 나타난 네거티브였다. 나는 점심까지 잠을 잤고, 오후에는 건판을 라이트 박스에 올려놓고 현미경으로 면밀히 살피곤 했다. 내 목표물인 찾기 힘든 사냥감은 푸른 쪽에 방울이 있는 줄로, 올챙이처럼 보여야 했다. 방울은 수소 방출선을 나타냈고 퀘이사를 뜨거운 별과 구별할 수 있게 해주었다. 내가 첫 퀘이사를 찾았을 때 기뻐서 가슴이 뛰었던 느낌을 아직도 기억한다. 비록 몇 시간씩 현미경을 들여다보고 나니 시야가 흐릿해지기 시작했지만 기쁨은 퀘이사 수십 개를 찾은 뒤에도 사라지지 않았다. 이 작은 올챙이 하나하나는 수십억 광년 떨어진 거대한 블랙홀이었고, 우주로 복사를 퍼붓고 있었다. 100번째 퀘이사를 찾은 다음 나는 성취를 기념해 지역 산들을 누비며 하이킹을 했고 야생 지역을 여행했다. 저녁 식사 중, 천문대에서 일하던 천문학자가 나를 놀렸다. 그는 내게 호주에는 세계에서 가장 독이 강한 거미 다섯 종류 중 세 종류가, 가장 독이 강한 뱀 다섯 종류 중 네 종류가 살고 있음을 상기시켰다.

1990년대에 두 번째 기술적 발전이 등장했다. 사진 건판이 거대한 크기의 CCD로 대체되었을 때였다. 광섬유나 슬릿을 사용하면 천체 수백 개에서 온 빛이 모여 CCD에 투영되었다. 현재 거대한 망원경들은 1제곱각 혹은 그 이상을 관측할 수 있는 분광기를 가지고 있는데, 이것은 보름달보다 몇 배나 넓은 면적이다. 슬론디지털하늘탐사Sloan Digital Sky Survey, SDSS를 수행하는 2.5미터 망원경은 뛰어난 퀘이사 사냥 도구다. 이 망원경은(물론 허블우주망원경도) 세계에서 가장 큰 망원경 목록 50개에는 이름을 올리지 못할 것이다. 그러나 정교한 분광기와 CCD 덕에 망원경이 빛을 꽉 움켜쥐도록 하는 대단한 능력을 갖게 되었다. 이 망원경은 200만 개의 은하와 50만 개 퀘이사의

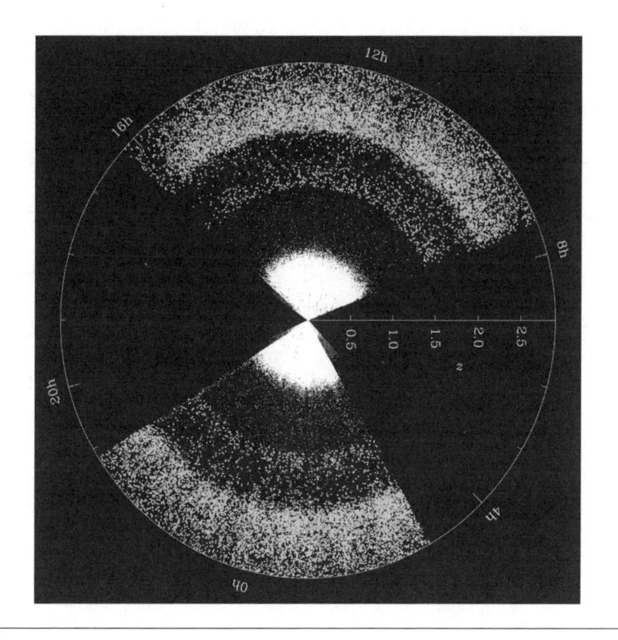

그림 29. SDSS는 뉴멕시코주의 2.5미터 망원경과 효율적인 다천체분광기multiobject spectrograph를 사용해 유례없이 많은 수의 은하와 퀘이사의 적색이동을 측정했다. 바리온진동분광탐사Baryon Oscillation Spectroscopic Survey, BOSS 프로젝트는 하늘의 '파이 차트'에 보이는 일부에 해당하는 50만 개의 은하와 10만 개의 퀘이사를 관측했다. 적색이동 또는 거리는 반지름 방향으로 증가한다. 은하들은 적색이동 1 이하의 점들, 그리고 퀘이사는 적색이동 1.5에서 3까지 보이는 점들이다. ©M. Blanton/Sloan Digital Sky Survey

적색이동을 측정했다(그림 29). 결정적으로, 이 디지털 스펙트럼은 내가 1970년대에 퀘이사를 발견하려 사용하던 작은 빛줄기들보다 훨씬 뛰어나다. SDSS로 얻은 스펙트럼 자료는 블랙홀 질량을 측정하는 데 사용할 수 있을 만큼 훌륭하다.

우리는 초대질량블랙홀의 '무게를 재는' 일이 얼마나 어려운

지 보았다. 우리은하 한가운데에 있는 가장 가까운 초대질량블랙홀은 타원궤도로 주변을 도는 개별 별들을 이용해 질량을 정확히 측정했다. 두 번째 정확한 블랙홀 질량 측정은 1995년, 전파천문학자들이 물분자메이저water maser를 발견했을 때 이루어졌다. 메이저는 긴 파장에서 생기는 레이저와 비슷하고, 가스에서(이 경우 물 분자에서) 에너지방출 조건이 자연스럽게 발생할 때 생성되어 강력하고 순수한 복사를 뿜는다. 전파천문학자들이 메이저를 발견한 곳은 인근의 활동은하인 NGC 4258 중심이었으며 메이저는 얇은 원반 안에서 궤도운동하고 있었다. 다른 은하들 역시 밀도가 높은 핵 영역에서 물분자에 의한 메이저방출을 보여준다. 그리고 관측 결과로 얻는 스펙트럼선에 전파 방식을 적용하면, 메이저의 속도를 아주 높은 정밀도로 측정할 수 있다.[35] NGC 4258에서, 메이저의 위치와 속도는 케플러의 운동 법칙과 들어맞았고, 이는 은하의 중심에 태양의 382만 배에 해당하는 질량이 존재함을 의미했다. 오차는 고작 0.3퍼센트였다. 메이저방출은 은하중심에서 1광년 안쪽까지, 또는 중력 영향권 구의 크기보다 1,000배쯤 작은 영역에 뻗어 있다. 따라서 일반적으로는 별 수백 개가 들어갈 만한 공간에 거대한 질량이 집중된 것이다. 블랙홀이 유일하게 가능한 설명이다. 메이저방출은 드물고, 따라서 이 관측을 여러 은하에 반복해 사용하기는 어려운 것으로 드러났다. 하지만 밀리미터 파장에서 간섭계를 사용하면 곧 가능할지도 모른다.[36]

우주적 이웃에 위치한 은하의 조용한 블랙홀들은 핵 주변의 가스나 별의 운동을 통해 무게를 잴 수 있지만, 우리는 수십 년간의 연구를 통해 겨우 블랙홀 70개의 질량만을 얻었을 뿐이다. 이러한 측정을 6,000억 광년 떨어진 처녀자리은하단 너머까지 확장하는 것은 현재의 기술로는 불가능하다.

앞서 보았듯 퀘이사는 떨어지는 질량을 강한 복사로 전환하는 중력 엔진으로 작용하는 초대질량블랙홀들을 지닌다. 밝기를 이용해 블랙홀 질량을 재면 어떨까? 좋은 아이디어이지만, 실제 적용은 힘들다. 퀘이사 밝기는 표준 밝기의 손전등으로 사용할 수 없을뿐더러, 한 퀘이사에서 다른 퀘이사 사이에 1,000배까지 밝기 차이가 난다. 특정 블랙홀 질량에서 밝기는 부착 효율, 블랙홀의 회전속도, 중심 영역의 가스와 먼지 양에 의해 결정된다. 불행히도, 퀘이사의 에너지방출은 블랙홀 질량을 추정하는 좋은 방법이 되지 못한다.

막다른 골목에 다다른 것처럼 보였을 바로 그때, 천문학자들은 인근 활동은하 블랙홀의 질량을 추정하는 똑똑한 방법을 고안했다. 퀘이사의 중요한 특징 중 하나인 넓은 방출선을 사용하는 방법이다. 이 방출선을 만드는 뜨거운 가스는 중심 천체에서 1광년 이내에 위치하고, 따라서 가스의 움직임은 블랙홀의 지배를 받는다. 이 영역의 가스는 $M_{BH} \approx RV^2/G$라는 간단한 공식을 따를 것이다. 여기서 G는 중력상수, V는 가스의 속도다. 우리가 궤도운동을 하는 행성들의 속도와 거리를 알면, 같은 공식을 써서 태양질량을 구할 수 있다. 블랙

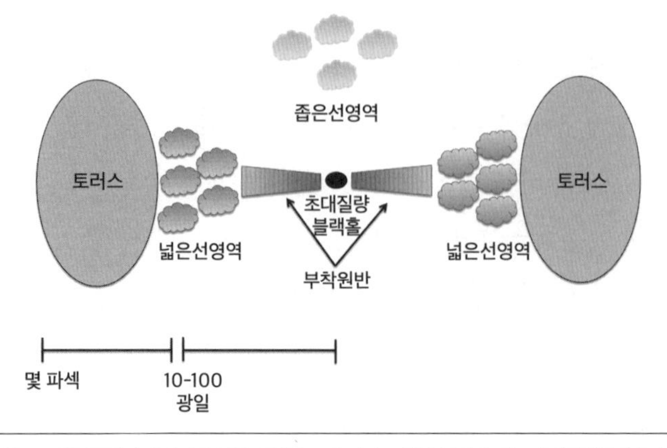

그림 30. 활동은하나 퀘이사의 안쪽 영역을 그린 단면 도식은 중심에 있는 초대질량블랙홀의 질량을 재는 데 사용 가능한 성분들을 보여준다. 중심의 '엔진'에서 나온 빛이 변화하면, 넓은선영역broad line region, BLR의 가스구름들은 10에서 100광일의 시간지연을 띠고 반응한다. 구름의 속도는 스펙트럼선의 폭으로 측정 가능하다. 결과적으로, 이 운동을 일으키는 블랙홀의 질량을 측정할 수 있다. ©C. Ricci/AGN

홀의 경우, 방출선의 폭에서 회전하는 가스의 속도를 쉽게 유추할 수 있다. 그러면 넓은 방출선을 만드는 영역의 크기인 *R*만을 미지수로 남긴다. 다양한 물리적 설명에 따르면 그 영역은 대략 0.01파섹 또는 10광일light day 크기로 제시된다. 태양계보다 열 배나 크다(그림 30).[37] 그러나 은하들 대부분에서 이 값은 어떤 망원경으로도 분해하기 어려울 만큼 매우 작다. 그렇다면 어떻게 *R*을 잴 수 있을까? 퀘이사와 활동은하의 밝기가 시간에 따라 변화한다는 사실을 활용하는 영리한 방법이 있다.

상황을 시각화해보자. 퀘이사의 거대한 밝기를 생성하는 부착원반은 너무 작기 때문에 우리는 그것을 점광원으로 고려해도 된다. 밝기는 수일 간격으로 변화하는데, 이것이 초대질량블랙홀에 대한 초기 논거 중 하나였다. 광원은 빛이 그것을 가로지르는 데 걸리는 시간보다 클 수 없기 때문이다. 밝기 변화가 한 천체에서 일어나는 것이라면, 더 빠른 변화는 더 작은 천체를 의미한다는 논리다. 중심의 점광원을 떠난 빛은 밖으로 나가며 빠르게 움직이는 가스와 부딪친다. 그러면 가스는 반응하거나 변화하는 점광원에 대해 '반향을' 불러일으킨다. 가스를 가로지르는 데 걸리는 시간은 $t=R/c$이고, 점광원의 밝기 변화는 t라는 시간지연으로 나타날 것이다. 이것을 반향측량reverberation mapping이라고 부르는데, 점광원에서 오는 빛이 가스에서 만드는 '메아리(반향)'의 지도를 만드는 것이기 때문이다. 메아리가 도착하는 데 걸리는 시간은 뜨거운 가스 영역의 크기와 같다.

여기서 필요한 관측은 단순하지만 지루하다. 퀘이사나 활동은하 표본의 스펙트럼을 측정하는 전 세계의 망원경들을 가지고 관측 '캠페인'이 수립된다. 세계에서 몇 대의 망원경으로 관측하면, 밝기 변화를 24시간 동안 추적할 수 있고, 만약 한두 군데 천문대에서 날씨가 좋지 않더라도 자료를 충분히 수집할 수 있다. 1년 안에 흩뿌려진 1주일 이상의 관측 동안 스펙트럼을 얻고, 수일에서 수개월에 이르는 시간 척도에 따라 표본을 수집하게 된다. 방출선은 블랙홀에서 오는 복사에 대해 빛의 이동 시간에 따른 시간지연으로 '반응'한다. 이 시간지연에서 넓은선영역의 크기를 계산할 수 있고, 결국 블랙홀

의 질량을 얻는다.[38]

따라서 반향측량은 공간분해능보다는 시간분해능에 의존한다. 이 방법은 세이퍼트의 초기 활동은하 중 하나였던 NGC 5548에 처음으로 적용되었다. 중심의 블랙홀은 태양질량의 6,500만 배로, 측정 불확도uncertainty는 4퍼센트다.[39] 작은 망원경들을 이용한 집중적인 모니터링 캠페인 결과로 인근 활동은하 60개에 대해 질량을 측정할 수 있었다.[40] 이 연구는 더 강력한 활동은하가 더 넓은 크기의 빠르게 움직이는 가스를 가지고 있다는 사실을 보여준다.

여기에서 재미있어진다. 철저한 반향측량 연구는 방출 영역의 크기가 활동은하의 광도와 어떤 관계가 있는지를 보인다. 이제는 관심이 있는 활동은하 하나에 대해 수백 수천 시간을 들여 측정을 수행하는 장기간 모니터링 캠페인 대신, 하나의 스펙트럼만으로 블랙홀 질량 측정이 가능해진다. 방출선의 폭에서 V를 얻고 광도에서 R을 추정할 수 있으니, 앞의 가스 공식에서 필요한 모든 값을 얻은 셈이다. 하나의 스펙트럼을 이용하면 블랙홀 질량 측정이 별로 정밀하지 못해서 세 배 또는 300퍼센트의 불확도를 갖는다. 그러나 통계적 연구를 하기에는 적합하다. 수개월의 관측을 통해 하나의 블랙홀 질량을 얻는 대신, 하룻밤에 100개의 블랙홀 질량을 측정할 수 있다. 수만 개 블랙홀의 질량이 이미 알려져 있다.[41] 천문학자들은 블랙홀의 질량을 산업적인 수준으로 수확하고 있다.

우주에서의 부착에너지

물질이 블랙홀로 떨어지면 가열된다. 또한, 회전하는 블랙홀의 회전 에너지는 입자를 가속하고 거기서 복사가 방출된다. 이 작용은 극히 효율적이다. 만약 우리가 나오는 에너지를 모든 투입 요소의 질량-에너지로 나눈 값으로 효율을 정의한다면 핵융합은 1퍼센트, 화학 에너지는 10^{-7}퍼센트를 띠는 데 비해 블랙홀로의 부착은 대략 10퍼센트 효율을 보인다. 물질이 그저 떨어지는 것만으로 자기 질량-에너지의 10퍼센트를 광자로 해방시킬 수 있다!

초대질량블랙홀을 퀘이사로 바꾸려면 어느 정도의 질량이 필요할까? 아주 많지는 않다. 태양질량의 1억 배 되는 블랙홀이 퀘이사처럼 10^{39}와트의 에너지를 10퍼센트의 효율로 내려면, 1년에 태양질량 하나만 부착이 일어나면 된다.[42] 고작 별 하나를 1년마다 간식으로 먹는 것이 블랙홀을 은하 전체의 별들을 합친 것보다 밝게 빛나게 할 수 있다고 생각해보라. 존 업다이크John Updike는 말했다. "간과된 별 하나에는, 어떤 제안된 현상보다 모든 천체를 빛나게 할 수 있을 만큼 충분한 에너지가 있다."[43] 그러나 블랙홀에 먹이를 주는 일은 도전이다. 퀘이사에서 발생하는 복사가 압력을 가해 물질이 중심 천체로부터 멀어지기 때문이다. 이는 복사압 때문에 태양의 반대로 생기는 혜성 꼬리와 유사한 현상이다. 물질의 부착이 일어나려면 초대질량블랙홀의 안쪽으로 향하는 중력이 바깥으로 향하는 복사압력을 능가해야 한다.

천문학자들이 활동은하에서 부착에너지에 대해 완전한 그림을 얻는 데는 오랜 시간이 걸렸다. 블랙홀 가까이에서 일어나는 물리적 현상은 엄청난 범위의 파장에 걸쳐 에너지를 발산하기 때문이다.[44] 예를 들어, 전형적인 퀘이사인 3C 273은 10^8헤르츠에서 10^{24}헤르츠에 이르는 주파수 영역에서 관측되었다. 3미터의 전파에서 양자 3분의 1 크기인 감마선까지, 1만조가 넘는 비율의 파장 범위다(그림 31). 그러나 그 넓은 파장 범위에도 지상의 천문대에서 검출할 수 있는 빛은 넓은 전파 영역과 좁은 폭의 적외선에서부터 광학 파장까지뿐이다. 나머지 범위의 빛은 지구궤도를 도는 특별한 위

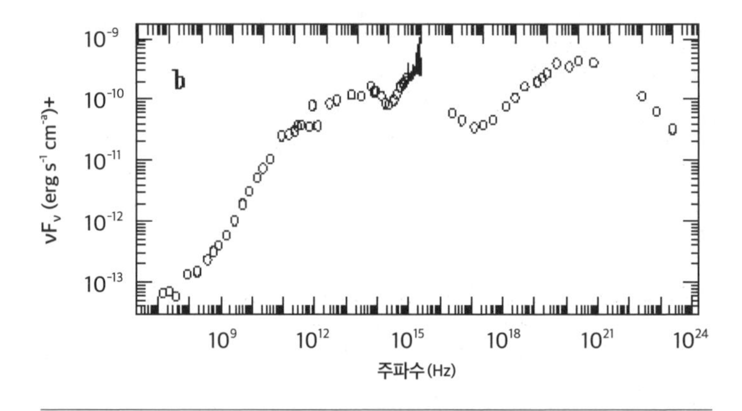

그림 31. 전파에서 고에너지 감마선까지 전자기파 스펙트럼 전체를 가로지르는, 밝은 퀘이사 3C 273의 에너지 분포. 세로축은 에너지를, 가로축은 주파수를 나타낸다. 별들이나 일반적인 은하들은 오직 좁은 폭의 광학과 적외선 파장에서만 에너지를 방출하기에, 이렇게 넓은 영역의 에너지는 블랙홀 가까이에서 발생하는 중력에너지와 입자 가속을 의미한다. ©Andrii Neronov

성들이 필요하다.

우주를 오직 한 부분의 전자기파 스펙트럼으로 관측한 결과는 불완전한 정보로 이어진다. 코끼리 문제다. 부착에너지 전체를 고려한다는 건 우리가 코끼리 전체를 생각하는 것과 같다. 1950년대에 활동은하로 처음 관심을 집중시켰던 전파방출은 퀘이사에서 나오는 에너지 전체 중 극히 일부임이 드러났다. 이 방출은 블랙홀 주변과 쌍둥이 제트 안의 상대론적 전자들에서 온다. 그것을 코끼리의 꼬리라고 부르자. 다음으로 중요하게 기여하는 건 고에너지 엑스선방출인데, 이것 역시 상대론적 전자들에서 온다. 그것을 코끼리의 코라고 하자. 더욱 중요한 것은 블랙홀에서 멀리 떨어진 곳, 차가운 먼지에서 오는 적외선복사인데, 절대온도 10도에서 100도 사이의 온도 범위에 있다. 먼지는 코끼리의 다리다. 퀘이사의 에너지에 지배적인 역할을 하는 것은 블랙홀 아주 가까이 위치한 부착원반이다. 그것은 대략 절대온도 10만 도에 가까운 온도를 띠고 자신의 에너지 대부분을 자외선과 엑스선 파장에서 방출한다.[45] 이것은 코끼리의 대부분을 차지하므로, 몸통이라고 할 수 있다.

활동은하는 처음에 전파방출에 의해 발견되었다. 일반적으로 조용한 전파 하늘에서 복사가 돋보였기 때문이다. 그러나 몇 년이 지나지 않아, 천문학자들은 대부분의 활동은하가 아주 약한 전파방출을 보여 전파탐사에서 보이지 않는다는 것을 깨달았다. 전파탐사에서보다 열 배나 많은 활동은하가 광학 탐사를 통해 발견되었다.

그리고 1980년대에, 엑스선천문학자들은 하늘 전체에서 보이는 약한 엑스선 신호에 어리둥절했다.[46] 그들은 그것이 개별적으로 검출되기에는 너무 약하고 멀리 떨어져 있는 광원들 여럿에서 오는 빛의 합이라고 생각했다. 하지만 광학 탐사를 통해 검출한 활동은하에서 예측되는 엑스선복사를 전부 더했을 때, 엑스선배경에 비해 열 배나 부족했다. 수수께끼는 완전히 해결되지 않았지만, 광학 탐사에서는 보이지 않는 활동은하들 때문에 훨씬 큰 엑스선배경복사가 나타난다는 사실이 이제는 분명하다.[47] 먼지에 가려 보이지 않았던 것이다. 먼지의 존재는 광학 방출을 적외선방출로 재처리하기에 활동은하의 에너지 분포를 극적으로 바꿀 수 있다. 먼지는 엑스선 광자에 영향을 미치지 않으므로, 가장 선명하고 아주 완전한 전파은하의 분포에 대한 시각은 엑스선 탐사에서 온다.

거대 블랙홀은 무섭지 않다

블랙홀과 관련해 우리에게 공포를 유발하는 요인들을 줄여보자. 일단 블랙홀은 주변의 모든 것들을 빨아들이는 우주적 진공청소기와 같지 않다. 블랙홀은 질량을 가진 모든 물체처럼 실제로 중력적 영향의 구를 가진다. 하지만 태양이 갑자기 블랙홀로 수축한다면, 지구 거리에서의 중력은 변하지 않은 채 남을 것이고 지구는 자기 궤도에서 흐트러지지 않은 채 운동을 지속할 것이다(비록 사람들은 8분 뒤 일어날 태양 빛과 에너지의 소멸에 아주 흐트러질 테지만). 두 번째로, 우리는 블랙홀을 마주할 당장의 위험에 처해 있지 않다. 블랙홀로 죽는 별의 수는 적고, 태양의 이웃에는 블랙홀이 없다.[48]

가장 가까운 블랙홀은 외뿔소자리 V616이다. 대충 태양질량의 열 배 정도 되고 3,000광년 떨어져 있다. 다음으로 가까운 블랙홀은 원형의 백조자리 X-1으로 태양질량의 15배이며 6,100광년 떨어져 있다. 그러나 우리는 소형 우주선을 사용하더라도 수십 년 동안은 블랙홀을 방문할 기술을 가지지 못할 것이다. 그래서 사람이 떨어지는 어떠한 논의도 가설일 뿐이다. 가장 가까운 거대 블랙홀은 태양질량의 400만 배로, 우리은하 가운데에 있으며 2만 7,000광년 떨어져 있다. 가장 가까운 초대질량블랙홀은 거대한 타원은하 M87 중심에 자리를 잡았고, 6,000만 광년 떨어진 처녀자리 은하단에 있다. 이 괴물은 태양의 50억 배나 되는 육중한 체중을 지녔다.

그러나 거대 블랙홀들은 당신이 생각하는 것처럼 극적이지 않다. 사건지평선을 정의하는 슈바르츠실트반지름을 구하는 공식은 $R_s=GM/c^2$이므로, 사건지평선 크기는 질량에 비례한다. 태양질량의 1억 배 되는 퀘이사 블랙홀의 경우는 3억 킬로미터, 즉 태양과 지구 사이 거리의 두 배다. 크기가 질량에 비례해 선형적으로 증가한다는 것은 사건지평선 내부 밀도가 질량의 제곱에 따라 감소한다는 뜻이다. 태양질량 세 배의 별질량블랙홀은 밀도가 물의 1경 배에 이르고, 우리은하 중심에 있는 블랙홀은 밀도가 물보다 1,000배밖에 높지 않다. 태양질량 1억 배의 퀘이사 블랙홀은 밀도가 물의 10퍼센트고, 가장 질량이 큰 블랙홀들은 1만분의 1밖에 되지 않는다. 블랙홀의 밀도가 우리가 숨 쉬는 공기보다 낮다니!

잠시 생각해보자. 당신이 태양계 크기만 한 공간을 가져다 물로 채운다면 그것은 블랙홀이 된다. 그리고 만약 당신이 바다를 크게 만들 수 있다면, 그 블랙홀은 물에 뜰 수 있어 방울처럼 솟아오를 것이다.

거대 블랙홀의 사건지평선을 가로지르는 것은 별질량블랙홀에 들어가는 일보다 훨씬 덜 위험할 것이다. 일단 스파게티화가 일어날 확률이 훨씬 낮다. 늘이고 당기는 힘에 의한 가속은 밀집된 천체의 질량이 증가함에 따라 급격히 줄어든다. 태양질량 1억 배의 블랙홀 사건지평선에서, 가속은 지구의 중력가속에 비해 몇 자릿수나 적을 것이다. 용감한 여행자는 아무 느낌도 받지 않고 사건지평선을 가로지를 것이다.

이는 먼 미래의 우주 여행자를 위한 궁극의 모험을 제안한다. 어떤 블랙홀이든 태양질량의 1,000배 이상 큰 것을 발견한다. 친구들과 가족들을 모아 우주선에 태워 안전한 거리로 보내라. 그들은 그것을 당신과의 마지막 작별이라고 생각할 것이다. 누구도 블랙홀에서 탈출할 수 없기 때문이다. 이제 당신의 우주선을 사건지평선까지 자유낙하시켜라. 사건지평선에 다가갈수록 태평하게 손을 흔들어라. 친구들은 당신의 이미지가 늘어지고 왜곡되는 상황을 목격할 것이다. 광자가 블랙홀의 강한 중력을 벗어나려 힘쓰면서 당신의 모습은 붉게 보일 것이다. 사건지평선을 지나 흥미롭지만 알 수 없는 운명으로 나아갈 때, 당신은 아무것도 보고 느끼지 못할 것이다. 친구들과 가족들은 당신이 손을 흔들던 자세로 굳은 마지막 광경을 볼 것이고, 당신의 모습은 붉게 서서히 사라지며 영원히 얼어붙을 것이다.

우리가 여행한 길을 돌이켜보자.

비록 초기 과학자들 일부는 블랙홀을 꿈꿨지만, 그것을 예측하기 위해서는 용감하고 새로운 중력이론이 필요했다. 블랙홀의 성질은 너무 이상해서 심지어 이론의 건축가인 아인슈타인마저도 그런 괴물이 존재한다는 사실을 믿지 않았다. 물리학자들은 블랙홀의 아이디어에 활기가 생겼고 중력과 양자 세계의 이론을 조화시키려는 노력을 배가했다.

그 시점에 믿을 만한 이들은 관측자들뿐이었다. 우리가 꿈꾸고 생각하고 계산하는 모든 것이 실제는 아니다. 블랙홀은 거대한 별이 죽을 때마다 생겨나지만 눈에 보이지 않고, 오직 보이는 별 주변을 돌 때만 보일 수 있다. 수십 년에 걸쳐 공들인 연구 끝에 쌍성 수십 개가 발견되었고, 그 안에서 계의 어두운 구성원은 너무 거대해 블랙홀일 수밖에 없었다. 관측에 설득력이 있었다. 블랙홀의 존재에 반대하는 내기를 건 이론가들은 대가를 치렀다.

한편, 천문학자들은 은하들이 거대한 별의 집합체 이상이라는 증거들을 쌓아나갔다. 어떤 은하들의 중심은 회전하는 뜨거운 가스를 지녔고 강한 전파와 엑스선이 방출되는 원천이었기에 은하 전체보다 더 밝게 빛날 수 있고 우주 대부분을 가로질러 보일 수 있었다. 복사에너지는 태양질량의 수백만 배에서 심지어 수십억 배에 이르는 블랙홀의 중력에 의해 얻는 것이었다. 그렇게 어두운 천체가 그렇게 많은 빛을 발생시킬 수 있다는 사실이 천문학의 아이러니다. 우리은하는 거대질량블랙홀을 지니고 있다. 이 블랙홀은 식사 사이에 잠을 자고 있어 어두우며, 시속 수백만 킬로미터 속도로 공전하는 별들 무리에 의해 발견되었다.

이론가들은 모든 은하가 거대질량블랙홀을 지녀야 한다고 예측했다. 허블우주망원경과 같은 도구들의 도움으로 천문학자들은 예측을 확인했고, 비활동적이며 어두운 블랙홀들뿐 아니라 게걸스럽게 가스를 소비하며 밝게 빛나는 녀석들까지 관측했다. 그들은 1,000개가 넘는 블랙홀의 질량도 측정했다. 이 연구를 통해 블랙홀의 충격과 경외감이 사라졌으며, 필연성의 분위기가 생겼다. 그렇다고 해서 블랙홀이 덜 놀랍지는 않다.

이제 블랙홀의 함의를 탐험할 시간이다. 우리는 그들의 일생 이야기와 빅뱅까지 거슬러 올라가는 우주의 진화에서 블랙홀의 역할을 볼 것이다. 우리는 블랙홀을 어떻게 컴퓨터로 시뮬레이션할 수 있는지를 배우고 그것들이 실험실에서 만들어질 수 있는지 없는지 물을 것이다. 우리는 어떻게 블랙홀이 중력이론을 시험하는 데 쓰일 수 있으며, 어떻게 블랙홀들이 병합될 때 생기는 시공간의 물결을 검출했는지 볼 것이다. 마지막으로, 거의 무한에 가까운 우주적 시간 동안 블랙홀의 운명을 볼 것이다.

2부

블랙홀의 과거, 현재 그리고 미래

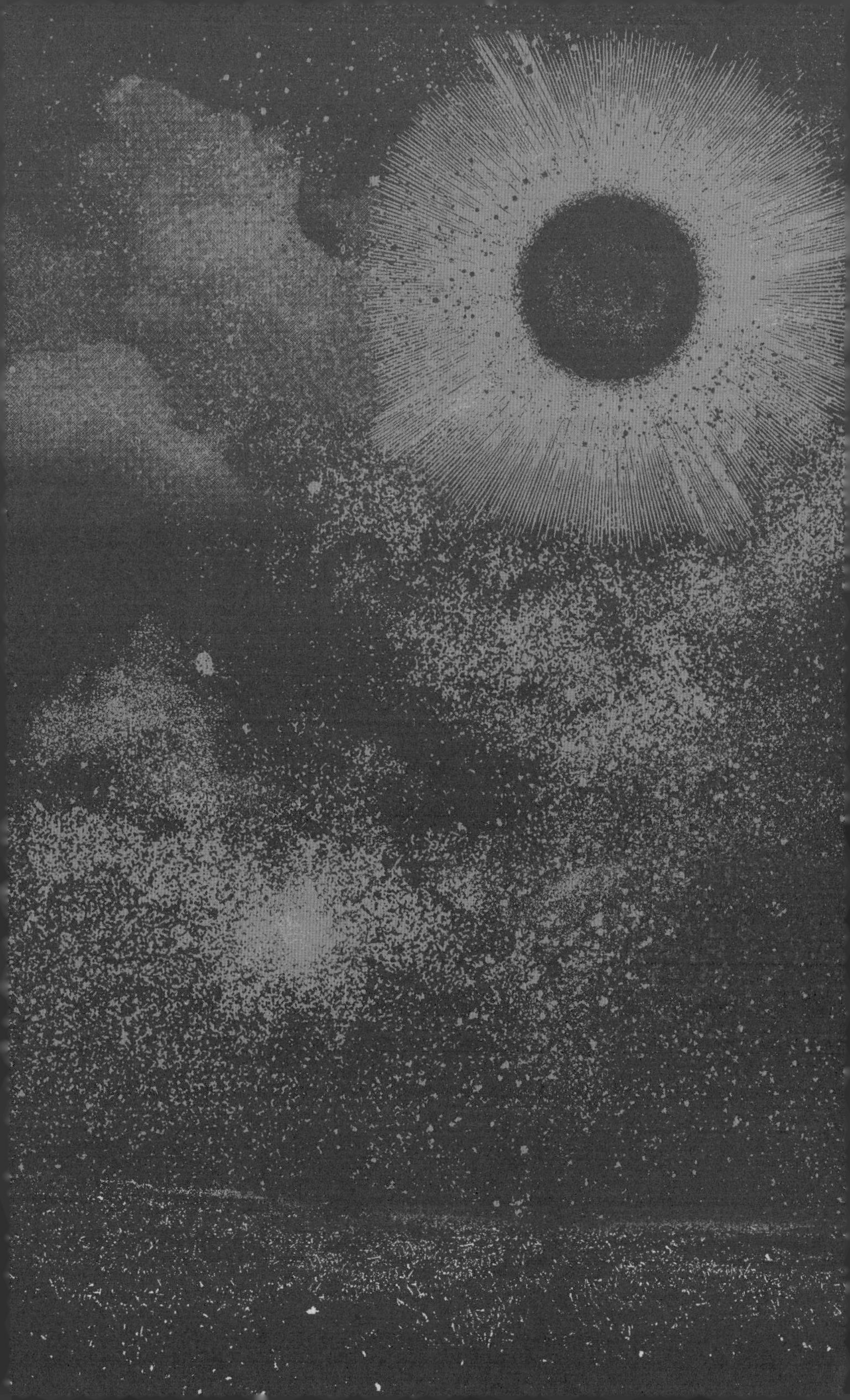

블랙홀의 삶은 어땠을까? 천문학자들은 빅뱅 직후 뜨겁고 밀도가 높은 초기 우주 시절에 어떤 블랙홀들이 만들어졌으리라 추측한다. 그때부터 거대한 별이 죽으며 작은 블랙홀이 생겨났고, 은하중심에서 거대한 블랙홀이 가스를 게걸스럽게 먹고 다른 은하와 병합될 때 성장했다. 2부에서는 어떻게 다른 규모의 블랙홀들이 생겨나고 자라는지를 살펴본다. 블랙홀의 존재가 이제 확실하므로, 천문학자들은 사건지평선에 더 가까운 영역을 조사하기 위한 관측까지 설계한다. 또한 안전하게 컴퓨터 시뮬레이션을 통해 블랙홀의 특성을 탐구하는 법도 배웠다.

블랙홀은 우리가 여태껏 해본 적 없는 방식으로 일반상대성이론을 시험대에 세운다. 다음 10여 년간 블랙홀 연구에서 대부분의 놀라운 발견은 중력파 검출에서 등장할 텐데, 이는 일반상대성이론의 핵심 예측인 시공간에서의 물결이다. 수년 전 블랙홀 병합이 최초로 발견되었을 때 천체물리학의 새 분야가 열렸다. 중력파 검출기는 곧 블랙홀 병합을 매주 한 개꼴로 검출할 것이다. 인류가 오래 생존한다면, 우리의 먼 후손들은 우리 은하중심에 있는 블랙홀이 안드로메다은하 중심에 있는 비슷한 블랙홀과 병합하는 모습을 가까이에서 관측하는 호사를 누릴 것이다.

우리는 블랙홀이 어떻게 성장하고 우주가 팽창하고 은하들이 소멸함에 따라 궁극적으로 블랙홀이 굶어갈지를 살펴보며 마무리할 것이다. 심지어 가장 큰 블랙홀도 언젠가는 호킹복사의 속삭임으로 끝내 증발할 것이다. 영원한 것은 없다. 우주도, 블랙홀도.

5장 블랙홀의 생애

◆

우주는 별 질량의 도시 크기만 한 녀석들부터 은하 질량의 태양계 크기만 한 것까지 다양한 블랙홀을 가지고 있다. 그렇다면 어떻게 블랙홀이 태어나고 살아가는 것일까? 이 이야기는 빅뱅에서 시작해, 은하중심에서 발생하는 극렬한 별의 죽음 그리고 질량 수렴과 함께 이어진다. 관측, 이론, 컴퓨터 시뮬레이션에 추측 약간을 섞어, 천문학자들은 블랙홀의 역사를 종합했다. 그들은 우주 자체가 블랙홀이 아닐까 하는 질문까지도 던졌다.

우주의 씨앗

초기 우주는 혼돈 상태였으며 구조가 존재하지 않았다. 비록 중력이 행성과 항성, 은하 들을 만들면서 우주에 덩어리가 생기기 시작했지만, 그것이 완벽히 균일했던 적은 없다. 빅뱅 직후, 약간의 비균일함이 존재했고 우주의 평균 밀도는 극도로 높았기 때문에, 이런 영역에서 중력은 굉장히 강했을 것이다. 그러므로 은하 형성의 씨앗은 초기 우주까지 거슬러 올라간다. 하지만 그것이 전부가 아니다. 호킹은 자신의 이름을 띤 복사를 예측한 것과 같은 해에, 자기 학생 버나드 카Bernard Carr와 함께 블랙홀들이 우주의 아주 초기에 만들어졌을지도 모른다는 논문을 썼다. 이른바 원시블랙홀primordial black holes이었다.[1] 그들은 빅뱅 직후 나타나 비록 밀도의 변화가 평균적으로는 작았지만, 어떤 영역에서의 차이는 충분히 커서 우주팽창의 힘을 넘어서는 중력적 끌어당김을 창출할 수준이었을 수 있다고 주장했다. 이러한 영역에서 중력붕괴가 일어났으며 블랙홀이 형성될 수 있었다. 이런 과정은 어떤 질량의 블랙홀이든 만들 수 있다. 호킹의 원시블랙홀이 우주의 씨앗이었을까?

가장 이른 블랙홀은 '플랑크시간Planck time'에 만들어졌을 것이다, 빅뱅 후 10^{-43}초가 지났을 때로, 우주가 10^{-35}미터 크기였을 때다.[2] 당시 만들어진 블랙홀은 10^{-8}킬로그램의 질량을 지녔을 것이다. 먼지 티끌의 질량 정도다. 이러한 초기 블랙홀은 우주의 급속한 팽창 때문에 성장할 수 없었으므로 빠르게 증발했다. 빅뱅 이후 10^{-23}초까지 만들어진, 10^{12}킬로그램 이하의 어떤 블랙홀도 지금은 사라졌을 것이다. 그러나 이후 만들어진 더 큰 블랙홀은 지금까지 살아 있을지도 모른다. 빅뱅 이후 1초에 만들어진 원시블랙홀은 태양의 최소 10만 배나 되는 질량을 지녔을 것이며, 우리은하 중심의 블랙홀과 큰 차이가 나지 않는다.

원시블랙홀이 예상하지 못한 형태로 생존해 있으리라는 흥미로운 이론도 있다. 지난 40년간, 천문학자들은 암흑물질 문제와 씨름해왔다. 모든 종류의 은하에 있는 별들은 별들 자체의 중력으로 설명되기에는 너무 빠르게 움직인다. 은하를 유지하게 하며 모든 별의 질량을 합한 것보다 대여섯 배나 많은 형태의 추가적인 질량이 있는 듯 보인다.[3] 암흑물질은 중력을 가하지만 빛을 방출하지도, 어떤 형태로든 복사와 상호작용하지도 않는다. 중력렌즈 관측 자료는 또한 암흑물질이 은하들 사이 공간을 채우고 있음을 보여준다. 암흑물질이 원시블랙홀로 만들어졌다면 어떨까? 흥미로운 가능성이다. 이론상으로 원시블랙홀은 암흑물질처럼 우주 전체에서 찾을 수 있어야 하고, 원시블랙홀을 암흑물질의 공급원으로 여기면 표준 물리학을 벗어나는 (그리고 가속기에 의해 아직 발견되지 않은) 새로운 근본 입자를 가정하지 않아도 된다.

불행히도, 세심한 관측이 이루어지면서 원시블랙홀이 존재할 수 있는 대부분의 방법이 제거되었다. 암흑물질의 형태로 존재할 가능성도 포함된다. 블랙홀은 소멸할 때 엄청난 양의 감마선을 내놓는다. 1980년대까지, NASA는 감마선 검출 위성을 지구 공전궤도에 가지고 있었지만, 예측되는 신호를 보지 못했다. 중력렌즈는 은하 질량에서 별 질량까지 넓게 분포한 블랙홀들을 배제했다. 최근의 이론적 연구에 의해 10^{14}~10^{21}킬로그램까지 마지막 남은 질량의 창이 닫혔다. 이는 다른 표현으로, 지구 대기의 탄소 총량에서부터 작은 태양계 달의 질량까지라고 할 수 있다.[4] 원시블랙홀은 암흑물질을 설명할 만큼 풍부하지 않지만, 어떤 형태로든 그것들이 존재하지 않음을 뜻하지는 않는다. 이것은 우주론에 의해 예측된 결과이며, 우리의 초기 우주에 대한 이해를 밝혀줄 가능성을 가지고 있다. 탐색은 계속된다.

태초의 빛과 첫 어둠

빅뱅이 일어나고 겨우 몇 초 만에, 더 이상 원시블랙홀이 쉽게 형성될 조건이 아니게 되었다. 당시 우주는 거의 완벽하게 균일한, 고에너지입자와 광자의 가마솥이었다. 한 곳과 다른 곳의 밀도 차이가 0.001퍼센트 이하였다. 빅뱅 이후 몇 분이 지나지 않아, 원자핵이 생성될 수 있을 정도로 온도가 떨어졌다. 핵융합은 우주의 질량 4분의 1을 수소에서 헬륨으로 바꾸었다. 계란을 삶는 데 필요한 시간만큼도 걸리지 않았다. 온도는 1,000만 도였다, 이 시점의 우주를 보려면 엑스선을 볼 수 있는 시력이 필요했을 것이다.[5]

우주는 계속 팽창하고 식었다. 물질과 복사의 밀도가 같았던 약 5만 년 정도가 되자 다음 중요한 단계가 일어났다. 그 이후 광자가 팽창에 의해 적색이동되고 복사에너지 밀도는 물질 밀도보다 급격하게 줄어들었다. 그 결과로, 중력이 우세해지며 작은 밀도 요동이 성장을 시작할 수 있었다. 우주의 온도는 1만 도였다. 그것을 볼 수 있는 누군가가 있었다면, 빛나는 파란색이었을 것이다. 대략 40만 년 후, 온도는 3,000도까지 낮아졌고 전자들은 원자핵에 결합해 안정적인 원자를 형성했다. 복사는 처음으로 자유롭게 여행할 수 있게 되었다, 그 '붉은 안개'가 걷혔고, 초기 구조가 보이기 시작했다.

그러나 여전히 초기다. 138억 년의 나이에 비하면 40만 년은 40세가 된 사람의 삶에서 첫 열 시간에 해당할 정도로 눈 깜짝할 순간이다. 우주가 팽창할수록 시야에서는 어두워졌다. 복사는 칙칙한 빨간색에서 보이지 않는 적외선으로 이동해 갔다. 암흑기의 서막이었다.[6] 암흑기는 빅뱅 이후 1억 년 정도까지, 첫 별과 은하가 만들어질 때까지 계속되었다. 그러므로 이 시대 전체는 우주 나이의 첫 1퍼센트 안쪽에 위치한다.

흥미롭게도, 비록 우주 삶의 첫 순간이 어두웠지만 생명체가 없지는 않았을지도 모른다. 빅뱅 이후 1,000만 년에서 2,000만 년 사이에 우주의 온도는 물의 끓는점과 어는점 사이였다. 현재의 우주는 굉장히 차가워서, 우리가 이해하는 생명체들은 별 주변의 가느다란 생명가능지대habitable zone 주변에만 존재할 수 있다. 어쩌면 위쪽으로부터의 압력과 아래쪽에서의 방사성 가열에 의해 물이 액체 상태로 존재하는 행성이나 달 표면 아래 더 차가운 지역에도 존재할지 모른다. 그러나 우주 전체가 생명이 살 수 있을 온도였던 시간이 있다. 몇 안 되던 초기의 별들이 생명이 발달할 수 있을 만큼 충분한 탄소를 만들었는지, 그리고 생명체가 살 수 있는 행성을 만들 수 있을 만큼 충분한 중원소를 가지고 있었을지가 불확실할 뿐이다.[7] 또한 2,000만 년이 단순한 화학적 성분에서부터 생명이 진화할 수 있는 충분한 시간이었을지도 의심스럽다.

우주론에서 가장 중요한 질문들 몇 개는 암흑기에 초점을 맞추고 있다. 언제 그것이 끝났는가? 별과 은하 중 무엇이 먼저 생겨났는가? 중원소의 부재가 천체 형성 과정에 어떻게 영향을 미쳤는가? 우주의 첫 번째 빛을 검출하는 가장 좋은 방법은 무엇인가? 그리고 우리의 서사에 가장 중요한 질문이다. 어떤 종류의 블랙홀들이 처음 생겨났던 것일까?

자연의 세 가지 힘을 통합하는 이론이 예측하듯, 암흑물질이 새로운 형태의 기본입자라고 잠깐 가정해보자. 우주론의 한 성분으로서 암흑물질은 꽤 간단하다. 중력을 행사하지만 빛이나 다른 어떤 형태의 복사와도 상호작용하지 않는다.[8] 우주에는 일반적인 물질보다 여섯 배나 많은 암흑물질이 있고, 따라서 그것들이 우주 구조의 형성을 지배한다. 중력에 의해 암흑물질이 모이면, 작은 크기나 적은 질량의 덩어리들이 등장하기 시작한다. 빅뱅 이후 1억 년이 지나서 암흑기가 끝날 즈음 첫 번째 구조가 형성되었고, 이때는 태양 질량의 10^6배인 암흑물질이 존재했다. 현재 우주에서 보면 작은 왜소은하의 질량이다. 시간이 지남에 따라 이런 덩어리들은 더 커다란 무더기로 병합되었다. 각각의 암흑물질 덩어리들은 암흑물질 질량의 6분의 1을 차지하는 일반적인 물질도 '웅덩이puddle'로 끌어들였다. 그리고 가스가 암흑물질의 한가운데 '구멍pit'으로 수축했다. 이것이 수축하며 별들이 생겨나고 첫 번째 빛이 생겨났다. 이런 식의 '상향식bottom up' 시나리오에서는 작은 천체들이 거대한 천체들보다 먼저 생겨난다. 즉, 별들이 은하보다 먼저 형성된다(그림 32).[9]

암흑기가 끝나고 첫 빛들이 반짝이며 우주는 아주 다른 모습이 되었다. 우주의 크기는 현재보다 30배 작았고 30배 뜨거웠고 3만 배 밀도가 높았다. 다른 주요한 차이는 수소나 헬륨보다 무거운 원소의 등장이었다. 별생성 과정은 온도가 복사 형태로 방출되는 작용과 관련이 있으므로 중력은 가스구름을 수축시킨다. 탄소와 산소는 원자 주변의 전자 배열에 따라 아주 효율적으로 에너지를 앗아 갈 수 있다. 초기 우주는 이 원소들이 부족했고, 이는 별생성 구름이 더 뜨겁고 거대했음을 의미한다. 우리 주변과 현재의 우주에서 별 질량의 상한선은 태양의 약 100배에 이른다. 초기 우주에서, 최초의 별이 가

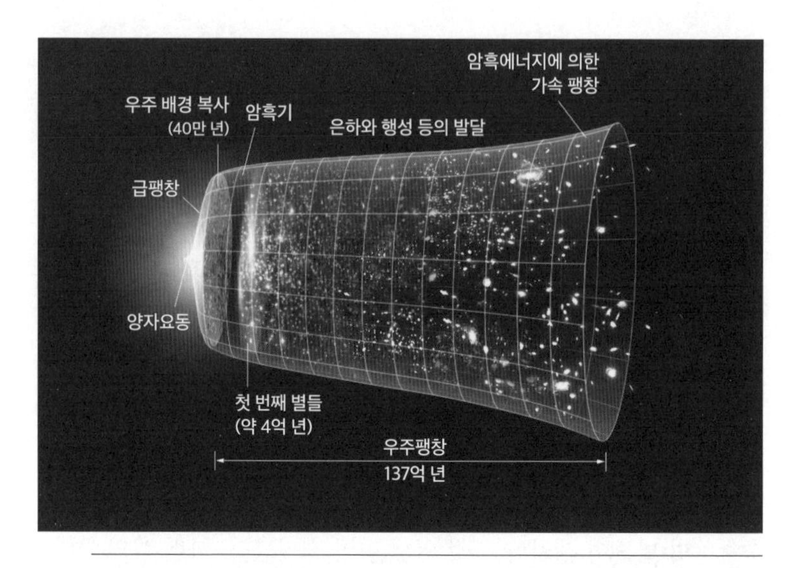

그림 32. 137억 년 전 빅뱅으로부터 우주의 진화를 나타낸 모식도. 초기의 급격한 팽창은 느려졌다. 우주는 빅뱅 후 40만 년부터 첫 별과 블랙홀 들이 형성되던 수억 년까지 어두웠다. 은하들의 병합이 일어나고 은하로 가스가 모여들며 거대 블랙홀이 성장했다. 마지막 50억 년 동안 팽창은 암흑에너지로 인해 가속되었다. ©NASA/WMAP Science Team

진 질량은 아마 태양의 200~300배 범위에 있었을 것이다. 오래전, 태양질량의 수백만 배 되는 덩어리의 암흑물질은 평균적으로 태양 인근에서 현재 태어나는 별들보다 수십 배 더 무거운 별을 만들었을 것이다.

첫 별의 삶은 짧았다. 그것들은 수백만 년 만에 핵연료를 소진해버렸다. 컴퓨터 시뮬레이션에서 가장 질량이 큰 별들은 초신성으로 폭발하고, 아무것도 남기지 않거나 태양질량의 20~100배 되는 블랙홀로 곧장 수축한다. 첫 별 그 자체처럼, 그것들이 남기는 블랙홀은 우리은하 인근에서 우리가 찾는 블랙홀보다 더 무겁다.

당신이 방금 읽은 모든 내용은 이론과 컴퓨터 시뮬레이션에 기반한 것이다. 첫 빛의 관측 탐사는 어떨까? 여기에는 두 가지 접근 방식이 있는데, 둘 다 짚 더미에서 바늘 찾기와 같다. 왜냐하면 첫 별은 드물고 우주는 140억 년 동안 꾸준히 별을 만들고 있기 때문이다. 한 가지 방법은 우리은하에서 수소와 헬륨만으로 만들어진 별들을 찾는 것이다. 이러한 조성은 별이 어떤 이전 세대의 별들로도 '오염'되지 않은 가스로 만들어졌음을 의미한다. 2021년, 유럽남방천문대European Southern Observatory의 한 그룹은 SDSS에서 발견한 어두운 별을 추적 관측했고 이 별이 태양의 20만분의 1밖에 안 되는 중원소를 가지고 있음을 발견했다.[10] 130억 년의 세월에 걸쳐 가장 그럴듯한 원시성 후보다.[11]

다른 방법은 먼 은하에서 중원소가 없는 별들을 찾는 것이다. 2015년, 유럽의 다른 연구자 그룹이 적색이동 z=6.6의 은하에서 아주 깨끗한 별을 보았다. 은하의 적색이동은 빅뱅 이후 10억 년이 되기 전의 빛이라는 의미다. 이 발견을 기록한 논문의 주 저자인 리스본대학교의 다비드 소브랄David Sobral은 은하에 코스모스레드시프트7Cosmos Redshift 7, CR7이라는 이름을 붙였다. 그가 좋아하는 축구선수 크리스티아누 호날두Christiano Ronaldo의 이름을 딴 것이기도 하다. 소브랄은 "무엇도 이것보다 더 흥미로울 수 없다. 이것은 중원소를 합성하고 우주의 화학조성을 변경하면서 마침내 우리가 여기에 있게 한 첫 별의 직접 증거다"라고 말했다.

항성들의 격변에 의한 블랙홀 탄생

1967년 7월, 미국의 벨라Vela 인공위성 두 대가 감마선 펄스를 검출했다. 이 위성들은 냉전 시대의 발명품이었으며 소비에트연방이 1963년의 핵실험금지조약Nuclear Test Ban Treaty을 위반하는지 감지하려 발사한 위성이었다.[12] 당시 일반 대중은 알지 못했지만, 미국 정부가 전쟁 준비를 고조시킨 상태였다.

다행히도 로스앨러모스국립연구소Los Alamos National Laboratory의 연구 팀은 감마선폭발이 핵무기의 특징과는 닮지 않았다고 밝혔으며, 이 광원들이 태양계 한참 너머에 있다는 결론을 내렸다. 1973년, 기밀 목록에서 해제된 이 발견이 연구 논문으로 게재되었다.[13] 그러나 수수께끼는 더해갔다. 하늘 어디에선가 한 번의 감마선폭발이 있었다. 몇 초 동안 이 광원들은 감마선 영역에서 나머지 우주 전체를 압도하는 빛을 냈다. 그러나 또한 빠르게 어두워졌고, 몇 밀리초에서 30초 사이 정도 지속되었을 뿐이다. 감마선 위성이 측정한 위치들은 너무 정확도가 낮아 폭발을 추적 관측하기가 힘들었고, 분포도 무작위해서 감마선폭발의 정체에 대한 단서를 아무것도 주지 않았다.

1990년대 말 돌파구가 열렸다. 빠르게 반응할 수 있는 엑스선

위성이 지구 공전궤도에서 자료를 얻기 시작했을 때였다. 이 위성은 감마선폭발이 발생하면 저에너지 엑스선을 잡기 위해 재빨리 회전할 수 있었고, 엑스선으로 정확한 천체 위치를 결정해서 광학천문학자들이 흐려져가는 잔광을 관측할 수 있게 했다. 분광관측은 폭발을 일으키는 천체들이 지구로부터 수십억 광년 떨어진 먼 은하에 있음을 보였다. 먼 거리는 폭발이 극도로 밝았어야 한다는 의미였다. 2008년 나타난 폭발은 우주를 절반 가까이 가로지른 곳에서 발생했음에도 맨눈으로 30초 동안 보일 만큼 밝았다. 짧게 나타났지만 지구가 생겨나기도 30억 년 전에 방출된 빛이었다.[14] 2009년에 다른 폭발이 검출되었고 이는 적색이동 z=8.2에 있는 은하에서 온 빛이었다. 즉, 우주가 현재 나이의 고작 4퍼센트이던 때 폭발이 일어난 것이다.[15] 가장 강한 폭발들은 10^{44}줄joule까지 초신성보다도 1,000배나 많은 에너지를 쏟아낸다. 태양의 평생에 걸친 에너지 출력과 맞먹는 양이 100억 년에 걸쳐서가 아니라 단 1초 만에 방출되는 것이다.

감마선폭발이 시들해질 때, 광학 영역에서 잔광을 관측하는 것이 적색이동과 광도를 측정할 수 있는 유일한 방법이다. 그리고 이러한 관측은 천체의 나이를 판별하는 데 도움을 주고 무게도 가늠할 수 있게 한다. 몇 년 전, 나는 애리조나의 홉킨스Hopkins산에 있는 6.5미터 망원경Multiple Mirror Telescope, MMT에 있다가 인터넷 알림을 받았다. NASA의 위성 스위프트Swift가 감마선폭발을 관측했고 전 세계의 망원경에 스펙트럼을 찍어달라는 연락을 취한 것이었다. 새벽 세 시였다. 나는 커피를 옆으로 치웠다. 항성의 격변을 쫓는 일만큼 잠을 확 깨우는 사건도 없다. 망원경이 가리키는 영역을 띄워주는 모니터에서 어떠한 것도 보이지 않았기에, 우리는 신호를 희망하며 보이지 않는 관측을 진행했다. 다음 날 자료를 처리하자 방출선의 흔적인 들쑥날쑥한 자취가 보였다. 하지만 적색이동을 측정할 수 있을 만큼 강하지는 않았다. 그다음 날, 천체는 검출할 수 없을 정도로 흐려졌다. 천문학 연구에서 가끔은 추격의 전율에만 만족해야 한다.[16]

천문학자들은 감마선폭발이 새롭게 형성되는 블랙홀의 명함이라고 생각한다.[17] 지금까지 연구된 수천 개의 사건은 두 종류로 구분된다. 광도가 높고 주기가 긴 사건과 광도가 낮고 주기가 짧은 사건이다. 가장 밝은 폭발은 블랙홀이 만들어지는, 거대한 별의 회전하는 핵의 수축에 의한 것이며, 별은 일반적으로 태양질량의 30배나 된다. 별의 핵에 가까이 있는 물질은 블랙홀로 빨려 들어가고 부착원반 주변을 소용돌이친다. 떨어지는 가스는 회전축을 따라 쌍둥이 제트를 만들고, 빛의 속도의 99.99퍼센트로 움직이며 별의 표면을 향해 가는 동안 감마선폭발로 복사를 방출한다. 대부분의 중력에너지는 광자가 아니라 중성미자 형태로 방출된다(그림 33). 상대적으로 빠른 폭발은 두 중성자별의 병합에 의해 생겨나거나 중성자별과 블랙홀의 병합에 따른 것으로 추측한다. 둘 중 어떤 경우라도 하나의 블랙홀이 만들어진다. 병합의 에너지 대부분은 중력파복사의 형

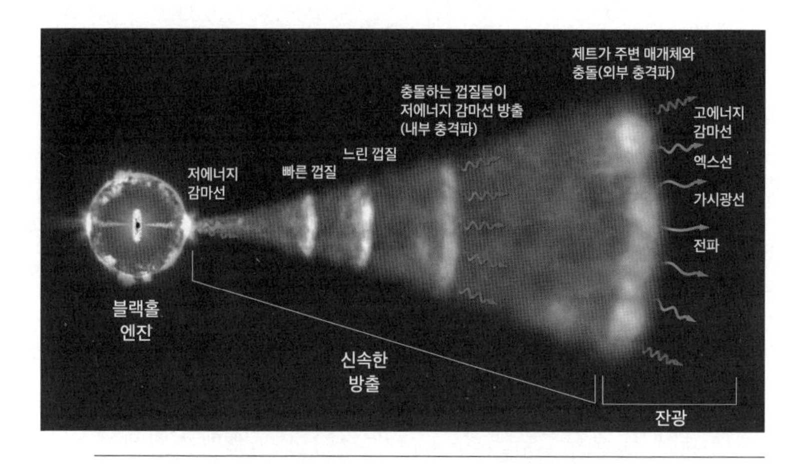

그림 33. 블랙홀의 격렬한 탄생은 감마선의 폭발로 특정 지을 수 있다. 에너지가 블랙홀 회전의 극축을 따라 상대론적 제트에서 발생하며, 폭발파는 매우 높은 에너지의 전자기파 복사를 만들어낸다. 몇 초 동안에 일어나는 그런 폭발은 감마선 영역에서, 우주에서 가장 밝은 천체로 나타나고 수십억 광년 밖에서도 관측이 된다. ©NASA/Goddard Space Flight Center

태로 방출되고, 이는 일반상대성이론의 예측처럼 빛의 속도로 바깥으로 퍼져나가는 시공간의 물결을 말한다. 새롭게 형성된 블랙홀에 떨어지는 물질은 부착원반을 만들고 에너지를 다량으로 방출한다.

극초신성hypernova은 심지어 더욱 극적인 형태의 블랙홀 형성 사건이다. 일반적인 질량이 큰 별이 초신성으로 죽는 것보다 수백 배에서 수천 배나 많은 에너지를 방출한다. 2016년에 보고된 폭발이 최고 기록을 갖고 있는데, 태양보다 무려 5,000억 배나 밝았다.[18] 은하수에 있는 모든 별빛을 합한 것보다 20배나 밝은, 그러나 고작 지름 16킬로미터까지의 공간 안에 쑤셔 넣어진 빛을 상상해보라. 이

폭발은 빅뱅 이후 기록된 가장 거대한 것으로, 에너지방출을 설명하는 어떤 물리적 이론에도 도전장을 던지는 놀라운 사실이다.

이처럼 거대한 폭발은 불편한 질문을 가져온다. 지구가 항성 격변에 의한 위험에 처해 있는가? 다시 말하자면, 비록 우리가 블랙홀에 떨어지는 상황은 걱정하지 않아도 되지만, 우리에게 다가와 지구를 강타할 블랙홀에 대해서는 염려해야 할 필요가 있는가? 좋은 소식은 이런 사건이 드물고, 한 은하에서 수백만 년마다 한 번 일어날까 말까 한 사건이라는 것이다. 또한 복사가 쌍둥이 빔에 집중되어 있어서 폭발 방향은 공간에서 무작위로 분포하며, 그것 중 99.5퍼센트는 우리를 놓칠 것이다. 이러한 상황을 고려하면 폭발은 한 은하에서 2억 년에 한 번으로 평균 발생 정도가 낮아진다. 나쁜 소식은 우리가 재수 없게 사격 방향에 놓여 있고 폭발이 수천 광년 이내에서 일어난다면, 지구와 생태계가 고에너지복사로 두들겨 맞을 것이라는 점이다. 감마선은 돌연변이 비율을 급증시키며 오존층을 75퍼센트나 날려버릴 수 있다. 생태계에 미치는 모든 효과를 추산하기는 어렵지만, 어떤 그룹은 4억 5,000만 년 전 오르도비스기Ordovician 대멸종이 감마선폭발에 의해 일어났다고 주장하기도 한다.[19] 오존층 파괴와 지구 표면에 서식하는 종들이 사라졌었다는 사실은 멸종 증거와 일치한다. 하지만 천문학자들이 그렇게 오래된 폭발이 어디에서 일어났는지 정확히 찾아낼 방법이라고는 없다. 블랙홀이 남은 전부이기 때문이다.

다소 약한 폭발이 있었다는 인상적인 증거가 역사에 남아 있다. 774년, 서방세계는 전쟁 중인 국가들로 이루어진 조각보였다. 샤를마뉴Charlemagne 대제는 토스카나와 코르시카를 점령해 자기 왕국을 굳히고 있었다. 일본에서는 불교가 급격하게 국교가 되고 있던 때, 고켄Koken 천황은 기도문 두루마리 수백만 개를 만들었다. 세계에서 가장 오래된 인쇄물들 중 일부다. 탄소연대측정법에 따르면 이 두루마리들을 만드는 데 쓰였던 나무들은 동위원소인 탄소-14와 탄소-12의 비율에 급격한 증가를 겪었다.

이러한 급증은 증거물 1호로, 지구가 약 1,250년 전 감마선폭발의 방사선을 쬐고 있었다는 사실을 나타낸다. 탄소-14는 방사성원소이며 질소로 붕괴한다. 이것이 조금이라도 존재한다는 사실은 우주에서의 고에너지입자인 우주선이 대기에서 질소를 강타하기 때문이다. 이러한 과정은 지속적으로 낮은 비율의 탄소-14를 유지하지만, 두루마리에서 관측되었던 것 같은 열 배의 급증에는 추가로 외부적인 이유가 있어야만 한다. 증거물 2호는 유럽과 미국에 있는 나무에서 탄소-14의 증가다. 비록 날짜는 정확히 유추하기가 더 어렵지만. 증거물 3호는 그즈음 방사성 베릴륨-10이 약한 증가를 보였다는 것이다.[20] 베릴륨-10은 고에너지입자가 노출된 표면을 때릴 때 만들어진다. 베릴륨-10의 농도 증가는 빙하의 움직임이나 용암의 흐름 또는 3,000만 년 정도로 오래된 암석에서 일어난 지리적 사건을 추정하는 데 쓰였다. 어떤 증거도 태양플레어로 설명할 수 없다. 초신성으로도 설명할 수 없다. 그렇게 가까운 초신성이라면 낮에도 보였을 텐데 중세 시대의 기록에서 전혀 찾아볼 수 없기 때문이다. 따라서 감마선폭발만이 유일한 가능성으로 남는다. 5,000광년 떨어진 곳에서 발생한 폭발은 200메가톤의 감마선 에너지를 지구 대기에 쏟았을 것이다. 잔광은 오직 며칠만 지속되었을 것이다. 비록 맨눈으로 볼 수는 있었겠지만, 그것을 누구도 알아차리지 못했거나 기록할 생각조차 못했을 가능성이 높다.

한편, 천문학자들은 WR 104라고 불리는 거대한 별에 관심을 가졌다. 8,000광년 떨어진 이 별은 격렬한 핵의 수축으로 인해 앞으로 수백 년에서 수천 년 사이에 죽을 가능성이 높다. 우리는 그것의 방향을 우주 공간에서 측정할 수 없기에, 폭발 시점이 가까워지면 별의 강력한 제트 중 하나가 우리 방향을 겨누고 있지 않기를 희망해야만 한다. 천문학적 시간 기록이란 워낙 오차가 커서 앞에서 언급한 시간 척도가 걱정을 완전히 없앨 수는 없다. 훨씬 일찍 죽을 수도 있다. 하지만 이것보다 잠을 설쳐가며 걱정하기 더 좋은 주제들이 있다.

잃어버린 고리를 찾아서

우리는 두 가지 형태의 블랙홀에 관해 이야기했다. 첫 번째 형태는 거대한 별의 죽음으로부터 오고, 자신의 삶을 태양질량의 8~100배에서 시작한 별이라면 태양질량 3~50배의 암흑 천체를 남긴다. 두 번째 형태는 은하중심에 위치하는 블랙홀이며, 우리은하와 같은 비활동적 나선은하의 경우 태양질량의 수백만 배, M87과 같은 거대 타원은하의 경우 태양질량의 수십억 배에 이르는 질량을 가진다. 두 질량 범위에는 태양질량의 수십 배에서 수백만 배까지 10의 다섯 제곱이라는 엄청난 간격이 존재한다. 그렇다면 그 간격 안에 중간질량 블랙홀intermediate-mass black holes이 존재할까?

그 간격을 작은 질량 범위에서 채워줄 천체들 소집합이 발견되었다. 에딩턴이 블랙홀의 밝기에 대해 연구했던 것을 기억해보라. 블랙홀이 더 빠르게 물질을 삼킬수록 더 밝게 빛난다. 그러나 만약 블랙홀이 동반성에서 공급되는 충분한 가스 안에서 축제를 벌이고 있다면, 밝기에는 한계가 있다. 부착원반을 빛나게 하는 복사압이 블랙홀의 중력적 당김을 방해하기 때문이다. 따라서 어떤 순간에는 블랙홀로 떨어지려고 하는 초과 가스가 우주 공간으로 다시 밀려나가떨어진다. 바로 에딩턴한계다. 30년 전, 드물게 초광도엑스선원ultra-luminous X-ray sources, ULXs이 발견되었다. 태양 전체 에너지보다 수백만 배 많은 엑스선 에너지를 방출하고 수백만 광년 떨어진 은하에서도 보일 만큼 밝다. 에딩턴한계에 따르면, 이런 블랙홀은 태양보다 수백 배에서 수천 배 무거워야 한다. 질량 범위의 중간을 알맞게 채우는 값이다.[21]

밝은 엑스선 쌍성들은 다른 이유로도 중요하다. 어떤 녀석들은 퀘이사의 소규모 버전이기 때문이다. 독특한 쌍성계 SS 433은 1만 8,000광년 떨어져 독수리자리에 있다. 부푼 푸른 별이 블랙홀을 13일마다 공전하고 가스가 블랙홀 주변의 부착원반으로 흘러간다. 어떤 뜨거운 가스는 블랙홀을 채우는 동시에 다른 가스는 블랙홀의 회전축을 따라 발사되는 쌍둥이 제트로 흘러 들어간다. 이 가스는 빛 속도의 4분의 1 빠르기로 움직이며, 12.5마이크로초면 1킬로미터를 가로지른다.[22] SS 433은 원형의 마이크로퀘이사microquasar다(그림 34). 마이크로퀘이사는 회전하는 블랙홀, 부착원반, 강한 고에너지 복사, 상대론적 제트 같은 퀘이사의 모든 성분을 가지고 있다. 그러나 수백만 배 차이로 축소되어 있다. 우리은하에는 고작 100개의 알려진 마이크로퀘이사가 있을 뿐이나 퀘이사의 극적인 천체물리를 모델링하고 이해하는 데 굉장히 유용하다.[23] 퀘이사의 연료 공급 시간 척도는 인간의 삶보다 훨씬 길지만, 마이크로퀘이사에서는 몇 시간밖에 되지 않으므로 쉽게 관측할 수 있다.

블랙홀 질량 범위의 공백을 큰 질량 쪽에서 채울 수도 있을까? 지난 수십 년간의 핵심적 통찰로 돌아가보자. 모든 은하는 암흑의 심장을 지니고 있다. 퀘이사와 활동은하는 드물다. 대부분 은하의

그림 34. SS 433은 조기형별과 블랙홀로 구성된 쌍성계다. 이 계는 1만 8,000광년의 거리에 있어 자세히 볼 수 없기 때문에, 위 그림은 시각화한 이미지를 보여준다. 동반성에서 오는 가스는 엄청난 각운동량을 가지고 있어 부착원반을 통해 블랙홀로 흘러간다. 광학과 엑스선 스펙트럼에서 나타나는 도플러이동은 상대론적 제트의 빠르기를 나타낸다. 이런 종류의 천체는 퀘이사의 중심에서 일어나는 천체물리의 축소 모형이다. ©ICRAR

중심에 있는 블랙홀은 거의 모든 시간에 비활동적이고, 따라서 은하 중심 부근에 있는 별들이 받는 영향을 통해서만 검출할 수 있다. 천문학자들이 인근 은하에 있는 블랙홀들에 대해 더 많은 자료를 모을수록 놀라운 상관관계가 나타났다. 비활동적인 중심 블랙홀의 질량은 정확히 은하에 있는 늙은 별들의 속도분산, 즉 전체 질량을 알려주는 움직임의 범위에 의해 예측된다는 사실이었다.[24] 이 상관관계는 이해하기 어렵다. 블랙홀들은 오직 은하의 아주 가운데 영역에만 영향을 준다. 그리고 은하의 별들은 블랙홀보다 500배 이상 무겁다. 어떻게 이 이질적인 양에 관계가 있을 수 있을까?

천문학자들이 확신하지는 못하지만, 최근 들어 상관관계가 왜소은하까지, 심지어 태양질량의 수천 배 되는 블랙홀을 지닌 구상성단까지 확장되었다(그림 35). 타원은하들은 크고 거의 대부분 늙은 별들로 만들어져 있기에 가장 질량이 큰 블랙홀을 지닌다. 우리은하와 같은 나선은하의 경우 늙은 별들이 적고, 대부분 작은 중앙팽대부central bulge에 모여 있기 때문에 상대적으로 보통 질량의 블랙홀들을 품는다.

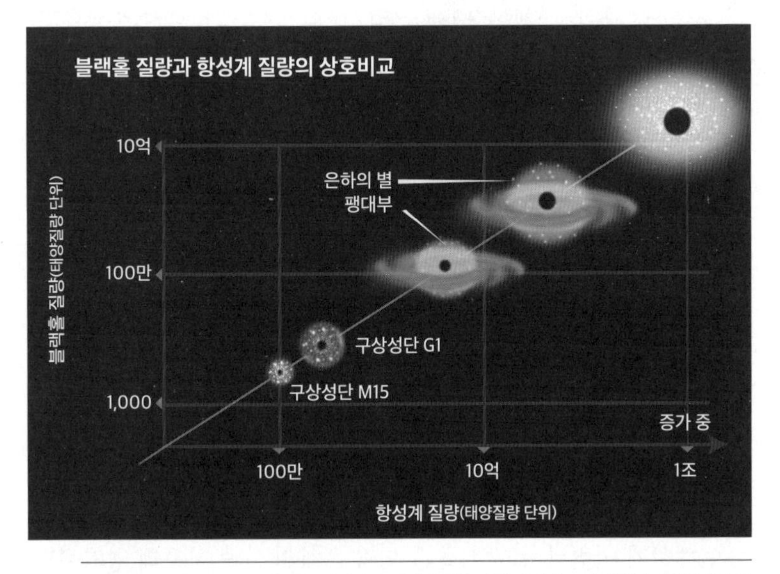

그림 35. 은하에 있는 늙은 별들의 질량과 중심의 블랙홀 질량 사이에는 꽤 단단한 상관관계가 있다. 왜소은하부터 거대타원은하까지 질량이 10만 배의 범위나 뻗어 있다. 우리은하의 구상성단은 이 상관관계를 태양질량 수천 배까지 확장한다. 이 관계는 중심 블랙홀이 은하가 포함하는 별 질량의 수십 분의 1퍼센트만 차지하고 있음을 보인다. ©A. Field/NASA/ESA

작은 블랙홀의 관측은 어렵고 망원경과 검출기의 한계를 끝까지 밀어붙인다. 관측하기에 가장 좋은 대상은 별들이 구형으로 모인 구름으로 거대 은하의 헤일로를 궤도운동하는 구상성단이다. 수십만 개에서 수백만 개의 별들 사이에서, 위에 기술한 상관관계는 태양질량의 수천 배에 해당하는 블랙홀을 예측한다. 이것을 실제로 검출했다고 주장한 결과들이 있었지만, 어떤 분석도 회의적인 정밀 조사에서 살아남지 못했다. 그럼에도 불구하고 천체 몇 개가 질량 범위의 틈을 채웠다. 예를 들어, 2012년 왜소은하 ESO 243-29에서는 태양질량의 2만 배 되는 블랙홀이 발견되었고 2015년에는 왜소은하 RGG 118에서 태양질량의 5만 배 되는 블랙홀이 발견되었다.

가장 중요한 중간질량블랙홀 발견은 2015년 말 등장했다. 일본의 전파천문학자들이 우리은하 중심에서 겨우 200광년 떨어져 회전하는 가스구름을 겨누었을 때였다. 그들은 19개 다른 분자들의 스펙트럼선으로 회전을 추적했고 태양질량의 10만 배에 이르는 암흑 천체의 존재를 추론했다. 이 발견은 마치 공격적인 회사의 인수합병처럼 블랙홀들이 서로 끌어들이고 합쳐지며 자란다는 아이디어를 뒷받침했다.[25] 지금부터 수백만 년이 지난 뒤, 우리은하 중심에 있는 태양질량 400만 배의 블랙홀이 이 중간의 생물을 소비하게 될 때면 중심의 심장이 2.5퍼센트 성장할 것이고, 우리는 그것이 만족하여 트림을 쏟아내리라 상상할 수 있다. 그 트림은 고에너지복사의 펄스로 나타나고 2만 7,000년 후 지구를 강타할 것이다.

컴퓨터로 극한의 중력을 시뮬레이션하다

아인슈타인은 중력에 대해 완전히 새로운 방향으로 생각했다. 중력은 뉴턴이 받아들였듯이 공간 안에서 물체를 밀거나 잡아당기는 것이 아니었다. 중력에 반응해 움직이는 천체는 굽은 시공간 안에서 측지선geodesic이라고 불리는 가장 짧은 경로를 따르는 것이었다. 우주선으로 천천히 떨어지는 우주비행사는 간단히 시공간의 곡률을 따를 뿐이다. 달이 지구를 공전하는 이유는 시공간에서 가장 짧은 거리가 달을 공간에서 같은 점으로 돌려다 놓기 때문이다. 이러한 현상의 2차원 버전은 장거리 비행기 여행을 할 때마다 나타난다. 로스앤젤레스에서 마드리드로 비행한다고 생각해보라. 이 도시들은 비록 같은 위도에 있지만, 비행기는 동쪽으로 날지 않는다. 비행기는 북쪽을 향해 그린란드 남쪽 끝 상공을 날아 다시 남쪽으로 간다. 두 점 사이의 가장 짧은 거리를 따르는 것이다. 지구본의 표면에 줄을 쭉 긋는 것처럼 말이다. 조종사는 왼쪽이든 오른쪽이든 방향을 틀 필요도 없다. 굽은 2차원 표면에서는 그 경로가 직선이다.

일반상대성이론의 가장 간단한 형태는 $G=8\pi T$로 쓰는데 G는 어떤 점에서 시공간의 곡률이고 T는 그 점에서의 질량이다(엄밀히 따지자면 질량-에너지이지만, 에너지는 $E=mc^2$ 공식에 따르면 아주 작은 등가 질량만을 가지기 때문에, 천문학적인 상황에서는 그냥 질량만을 고려하더라도 문제가 되지 않는다). 이 짧은 식은 공간의 어떤 점에서든 적용되

고, 우리가 중력에 관해 알아야 하는 모든 것을 요약한다.[26]

하지만 이 우아한 식은 아주 압축적인 형태다. 어떤 실제 문제를 해결하는 데도 쓸모가 없다. 일반상대성이론을 블랙홀 같은 천체에 적용하려면 표현 전체를 사용해야 하고, 공식은 열 개의 서로 다른 방정식으로 확장된다. 방정식 각각은 여러 항을 지녔다. 이 방정식들을 풀기 위해서는 어려운 대수와 미적분이 많이 필요하다. 그리고 다른 질량의 두 블랙홀이 충돌했을 때 어떤 일이 벌어지는지를 이해하려면 모든 아인슈타인 공식의 모든 항을 사용해야 한다. 풀어서 쓰면 100쪽이나 되는 밀도 높은 수학이다. 단순화는 불가능하다.

1990년대, 급격한 수학과 컴퓨터의 발전에 힘입어 수치상대론numerical relativity 연구가 시작되었다. 아인슈타인의 방정식들을 근사적으로 계산하는 기법이 개발되었다. 공간과 시간을 분리할 방법들에 초점을 맞추었고, 공간을 아주 미세하게 샘플링해서 유클리드기하학을 적용할 수 있었다. 계산은 '적응 격자adaptive mesh'를 사용했는데, 중력이 약하고 공간이 평평한 곳에서는 격자가 듬성듬성했지만 중력이 강하고 공간이 굽은 곳에서는 격자가 촘촘했다. 상황이 진화함에 따라 격자를 연속적으로 조절하기도 했다. 컴퓨터 계산 속도는 초당 수행하는 부동소수점연산으로 측정할 수 있는데, 이때 연산 속도 단위를 "플롭flop"이라고 부른다. 1962년 최신식이었던 IBM 7090 컴퓨터는 10만 플롭의 계산 속도를 보였다. 1993년, 가장 빠른 컴퓨터는 그보다 100만 배 빨라졌다. 이제는 또 100만 배 빨라져서 믿기 어려운 10^{18}플롭이라는 계산 속도를 보인다.[27] 미국 국립과학재단National Science Foundation은 쌍성 블랙홀 충돌을 시뮬레이션하기 위한 '그랜드챌린지Grand Challenge' 연구비를 지원하며 박차를 가했다.[28] 그 수치 계산 연구는 몇 가지 놀라움을 자아냈다. 블랙홀 병합이 엄청난 양의 중력파 복사를 생성할 수 있다는 것이었다. 무려 두 블랙홀 총 질량의 8퍼센트에 이르렀다. 그리고 두 블랙홀이 병합할 때 결과로 생기는 블랙홀은 중력파 방출에 대한 반동으로 가속될 수 있으며 이러한 '킥kick' 속력은 시속 64만 킬로미터까지 이를 수 있으므로 어떤 은하에서든 우주 공간으로 튕겨 나가기에 충분하다.[29]

캔버스를 시각적 비유로 사용해 우리가 볼 수 없는 무언가를 이해해보자. 바로 시공간이다. 캔버스는 중력으로 칠해져 있다. 지금까지 우리는 그저 비어 있는 시공간의 캔버스를 잡아 늘였을 뿐이다(그림 36). 일반상대성이론은 중력의 기하학적 이론이고, 따라서 어딘가에 질량이 있다면 시공간 캔버스는 휘거나 뚫리거나 찢기거나 접힐 수 있다. 캔버스는 3차원적이므로 시각화가 불가능하다. 하지만 캔버스가 전체 이야기는 아니다. 실제 우주의 블랙홀은 복사와 뜨거운 가스, 고에너지입자와 자기장으로 둘러싸여 있다.

우리가 겪는 어려움은 세 단계로 이루어진다. 단계 1은 입자와 복사 간의 복잡한 상호작용이다. 단계 2에서는 자기장이 더해진다. 단계 3은 중력을 포함한다. 현재 연구자들은 "일반상대론적 자기유체역학"이라고 불리는 방법을 탐험하고 있다. 칵테일파티에서 상대

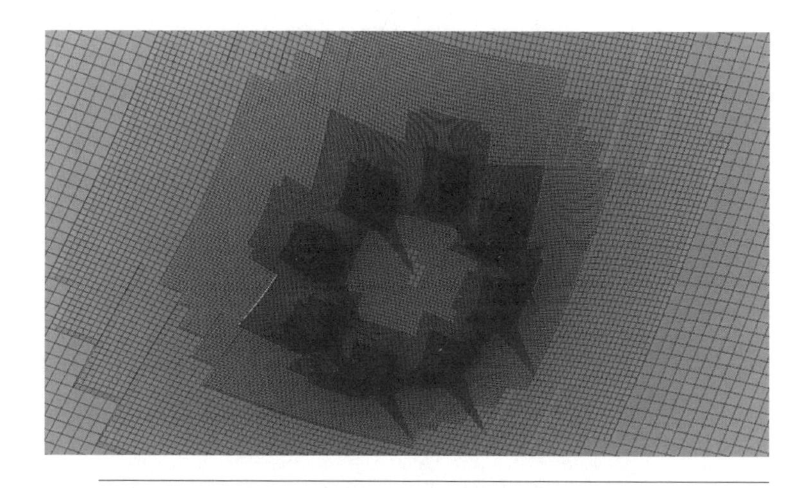

그림 36. 수치상대론은 컴퓨터 기법을 활용해 방정식에 대한 정확한 해가 불가능한 복잡하고 현실적인 천체물리학적 상황에서 아인슈타인의 중력 방정식들을 푸는 분야다. 한 가지 요구 조건은 다른 크기 규모에서 기법이 작동해야 한다는 것이다. 쌍성 블랙홀의 경우 궤도 규모에서 사건지평선 규모 범위까지를 이른다. 위 그림에서 볼 수 있듯이, 적응 격자라는 강력한 방법이 한 가지 있다. 계산에서 시공간의 샘플링이 자동으로 지역적 중력의 세기에 따라 바뀌는 기법이다. ©Centre for Theoretical Cosmology, University of Cambridge

의 말문을 막히게 하는 데 제격인 표현이다. 게임을 비유로 사용하자면, 세 단계는 유사한 게임인 체커(체스 판에서 하는 보드게임 중 하나-옮긴이), 체스, 바둑 사이 관계와 같다. 이러한 기술적 능력의 스펙트럼에서 나는 체커에 능하고 체스도 그럭저럭 할 수 있지만 바둑에서는 완전히 당황할 수 있다. 수치 처리는 블랙홀뿐 아니라 부착원반, 쌍둥이 제트까지 복잡한 천체물리를 표현하기 위한 것이다.[30] 이것이 블랙홀 시뮬레이션의 최첨단이다. 전 세계에서 100명도 되지 않는 사람들이 이 연구를 하기 위한 기술적 능력을 갖추고 있다.

컴퓨터는 작은 블랙홀을 시뮬레이션할 수 있다. 하지만 은하 중심에 있는 거대한 블랙홀은 어떨까? 이를 위해 왕립학회의 회원이자 독일 가르힝에 있는 막스플랑크천체물리연구소의 소장 사이먼 화이트Simon White를 만나보자. 그는 컴퓨터에서의 중력에 관한 한 마법을 부릴 줄 아는 사람이므로, 우리는 그에게 마법사라는 별명을 붙일 것이다. 이 마법사는 슬픈 눈, 정돈된 콧수염, 회색 곱슬머리를 지녔다. 그는 지쳐 보이지만, 만약 당신도 아무것도 없는 데서 우주를 만들었다면 지치지 않을 수 없었을 것이다.

이 마법사는 케임브리지대학교에서 블랙홀 개척자이자 선지자인 린든-벨의 지도 아래 박사 학위를 받았다. 동료 평가를 받은 논문이 400편 넘게 있으며 그의 연구는 10만 번 넘게 인용되었는데, 이 놀라운 수치로 인해 그는 이 분야에서 희박한 성층권에 올라갔다. 그는 암흑물질의 성질과 우주에서의 구조 형성에 관한 세계적 전문가다.[31]

당신은 다음과 같은 방식으로 컴퓨터에서 우주를 만들 수 있다. 3차원 구조 격자를 준비한다. 일반적인 물질과 암흑물질을 정확한 비율로 집어넣는다. 중력을 켠다. 공간이 빅뱅모델에 따라 팽창하게 하고, 초기의 균일한 질량 분포로부터 거대구조들의 필라멘트가 엉겨 붙는 것을 본다. 많은 수의 '입자'는 천문학적 대상들을 나타낸다. 예를 들어, 별 하나마다 하나의 입자를 배정해서 100만 개의 입자를 사용해 성단을 표현할 수 있다. 하지만 어떤 시뮬레이션도 하나의 별에 하나의 입자를 써서 은하를 나타낼 만큼, 또는 하나의 은하마다 하나의 입자를 써서 우주를 나타낼 만큼 충분한 입자를 지니고 있지 않다. 그래서 실제로 입자는 변화하는 질량을 나타낸다.[32] 비유를 위해, 수백 개의 입자를 이용해 인구분포 모형을 만든다고 해보자. 세계 모델에서 각각의 입자는 7,500명의 사람을 나타내거나 한 마을 또는 작은 시골 지역에 살고 있는 사람 수를 나타낼 수도 있다. 입자 하나가 더 적은 수의 사람을 표현하도록 세밀한 모형은 불가능하다. 하지만 로드아일랜드주처럼 미국의 작은 주나 텍사스주 오스틴처럼 적당한 크기의 도시를 대상으로 모델을 만든다면 한 사람당 하나의 입자를 쓰면서 훨씬 자세한 사항을 나타낼 수 있을 것이다.

입자 수가 증가함에 따라 컴퓨터 성능이 급격히 좋아져야 하게 되었다. 그래서 화이트와 다른 프로그래밍 전문가들은 시뮬레이션 속도를 극적으로 높이기 위한 술책을 쓴다.[33] 어쨌든 결과를 보려고 138억 년을 기다리길 원할 사람은 없으니까. 화이트의 시뮬레이션은 밀레니엄런Millennium Run이라고 알려져 있다. 우주의 거대한 부분에 대해 2000년 이후 첫 번째로 강력한 실물 모형이었기 때문이다.

이 시뮬레이션들은 중력만을 포함한다. 하지만 은하들은 가스와 별을 지니고 있으며 가스는 별과 다르게 행동한다. 두 나선은하가 충돌한다면, 별과 암흑물질 입자는 거의 충돌할 일이 없을 테고 이런 은하의 성분들은 서로를 지나친다. 그러나 가스 성분은 서로 충돌하고, 가열되고, 밝게 빛나고, 별을 생성한다. 가스는 입자들의 집합이라기보다는 유체에 가깝게 행동한다. 가스를 다루기 위해, 시뮬레이션 연구자들은 하나의 위치 대신 확률분포로 다듬어진 입자를 가지고 가스를 모방한다.[34] 그들은 또한 물리를 덧입힌다. 방정식을 이용해 작은 규모에서 발생하지만 중요한 세부 사항을 포함하기 위해서다. 이를테면 초신성폭발이나 블랙홀 형성 같은 현상이다. 화이트가 자신의 기념비적인 우주론적 시뮬레이션에 관해 어떻게 이야기했는지 들어보자.

> 초기 밀레니엄런에서 새로웠던 것은 우선 이전 계산에 비해 대략 열 배쯤 커진 전체 크기였다. 그리고 우리가 눈에 보이는 은하들의 실제 형성을 대략적으로, 하지만 물리학에 기반한 방식으로 추적할 수 있게 해준 기술들을 도입했다는 사실이었다. 우리는 눈에 보이지 않는 우주의 암흑물질 성분의 분포뿐만 아니라 우리가 실제 볼 수 있는 물질들이 어디에 있어야 하는지, 그것들의 성질이 어때야 하는지를 예측할 수 있었다. [...] 깜짝 놀랄 만한 점들이 이미 있었다. 하나는 눈에 보이는 은하들의 성질을 이해하기 위해 은하 중심에 있는 블랙홀들의 효과를 이해해야만 한다는 깨달음이다. 실제 은하들의 집단은 핵에 있는 블랙홀의 발달에 따라 정해진다. 중심의 이 작은 천체가 은하의 나머지 부분과 격리되어 있다는 것은 사실이 아니다. 비록 블랙홀이 은하 별 질량의 10분의 1퍼센트

밖에 되지 않는 아주 낮은 비율의 질량을 가지고 있더라도.[35]

밀레니엄런은 2005년에 완성되었다.[36] 입자 100억 개를 이용해서 한 변이 20억 광년인 정육면체의 우주를 모의실험했다(이 결과만으로 25테라바이트의 저장 공간이 필요했다). 우주 전체는 아니지만 '타당한 표본'이 될 만큼 충분히 크다. 그리고 중력이 140억 년 안에 형성할 수 있는 가장 큰 구조들을 포함한다. 수백 편의 과학 논문이 이 시뮬레이션에 기반해 출간되었다. 현재 최신 상태는 일러스트리스 시뮬레이션Illustris Simulation이다.[37] 작아지는 트랜지스터 크기의 결과로 얻어지는 컴퓨터 능력의 이득인 무어의 법칙Moore's law을 따라, 최고의 시뮬레이션 크기도 24개월마다 두 배가 된다. 2017년 말까지, 시뮬레이션 연구자들은 1조 개 입자의 벽을 깼다. 일러스트리스 시뮬레이션을 이용해서, 최초로 개별 은하의 구조를 분해할 수 있을 정도로 세밀하고 사실적으로 우주의 상당 부분을 모형화할 수 있게 되었다. 컴퓨터 계산은 이제 130억 년에 걸쳐 수백만 개 초대질량블랙홀의 연료 공급과 성장을 추정할 수 있다.

다수의 다른 천문학 이론가들처럼, 화이트는 대학교에서 수학을 전공했다. 그는 대학원 진학을 앞두고 여러 선택지를 저울질하던 때를 회상한다. "나는 케임브리지에서 두 가지 전공 중 하나를 선택할 수 있었다. 하나는 이론유체역학이나 기체역학 같은 것들을 하는 연구였다. 그 전공의 학생들은 케임브리지 한가운데 자리 잡은 건물의 창문 없는 지하 연구실에 있었다. 다른 선택은 천체물리학이었다. 천체물리학 연구소는 시내 밖에 있었고, 건물에 창문이 많았다. 또 나무가 길을 따라 서 있고 소가 길을 건너 다녔다. 그래서 천체물리학이 조금 더 나아 보인다고 생각했다."[38]

블랙홀과 은하가 어떻게 성장하는가

블랙홀과 은하의 삶은 뒤얽혀 있다. 초대질량블랙홀은 은하 부피의 아주 작은 부분을, 은하 질량의 아주 작은 부분을 차지할 뿐이다. 그런데도 우리는 모든 은하가 블랙홀을 가지고 있으며 블랙홀의 질량은 은하 전체에 있는 별의 질량과 밀접하게 관련이 있다는 사실을 보았다. 그것이 블랙홀과 은하가 우주 역사에 걸쳐 함께 성장하는 방식에 관해 어떤 이야기를 할까?

퀘이사가 누렸던 영광의 날들은 오래전에 지나갔다. 우리는 인근 은하에서 빛나는 초대질량블랙홀을 검출할 수 있지만 그것들은 대체로 우리은하에 있는 블랙홀처럼 조용하다. 100개 중 하나가 약간 활동적이고, 100만 개 중 하나가 퀘이사다. 광학과 엑스선 파장에서의 탐사를 활용하면 시간을 거슬러 퀘이사의 밝기를 추적할 수 있다. 퀘이사의 절정은 적색이동이 z=2에서 3 사이일 때 나타난다. 약 110억 년 전, 또는 빅뱅 후 20억에서 30억 년이 지난 때다. 그것들은 지금보다 수천 배 더 활동적이었다. 아주 오래전 밤하늘은 우리의 밤하늘과 꽤 달랐다. 우주는 네 배나 작았고 은하들은 병합하며 빠르게 별들을 만들었다. 지금 우리가 밤하늘에서 맨눈으로 볼 수 있는 세 개의 은하가 아니라 수백 개의 은하가 보였을 것이다.[39] 가장 가까운 퀘이사는 100배나 가까웠을 것이며 역시 맨눈으로 보였을 것이다. 관측 결과는 우주 역사 동안 퀘이사 활동이 급격하게 증가했다가 천천히 감소했다는 이야기를 들려준다.

모든 거대한 은하들은 초대질량블랙홀을 가지고 있지만, 그것들이 모두 퀘이사 활동을 보여주지는 않는다. 어떻게 우리가 퀘이사 활동이 특별한 은하 집단의 특성이 아니라 이따금 발생하는 것이라는 사실을 알 수 있을까? 이 질문에 답하기는 어렵다. 그것들이 어떻게 진화하는지를 보려 천문학자들이 특정 은하들을 내내 지켜보고 있을 수 없기 때문이다. 천문학자들은 여러 시기의 많은 은하를 관측하는 탐사를 수행하고, 그 자료를 사용해 특정 시기에서의 활동에 관해 짤막한 정보를 얻는다.

이것이 지난 10여 년간 내 연구 분야였다. 어떻게 블랙홀과 은하가 성장하고 상호작용하는지를 이해하는 것이 연구 목표였다. 나는 천문학 연구를 즐기는데, 천문학은 물리학의 길을 가지 않았기 때문이다. 물리학 분야에서는 강력한 수천 명의 협력 연구자들과 함께 건설에만 10여 년씩 걸리는 기기를 가지고 연구를 수행하는 경우가 많다. 천문학 분야에서는 좋은 아이디어를 들고 대학원생과 함께 망원경에 가서 며칠 밤 직접 관측을 하며 영향을 만드는 일이 가능하다(이러한 환경은 갈수록 변화하고 있으며, 이제는 천문학 분야에서도 수십 수백 명의 연구자가 협력 연구단을 만들어 함께 일하는 경우가 많아졌다-옮긴이).

그것이 조너선 트럼프Jonathan Trump와 내가 안데스산맥 언덕에 온 이유였다. 우리는 산맥 너머로 하늘이 어두워지는 것을 바라보며 관측 목록을 준비했다. 우리가 노린 것은 블랙홀 성장을 보기 위한 명당이었다. 빅뱅 이후 30억에서 100억 년 사이, 은하들이 병합을 거의 다 마치고 블랙홀들이 먹이를 충분히 먹었을 때였다. 특히 우리는 핵활동의 하한선을 확인하려고 노력했다. 블랙홀이 퀘이사로 빛나려면 부착원반이 얼마나 약해야 할까? 우리는 우리은하 중심의 블랙홀만큼이나 조용한, 100억 광년 떨어진 블랙홀을 발견하게 되었다. 내가 호주에서 30년 전 쓰던 사진 건판을 없애버린 새 기술을 이제 우리 마음대로 쓸 수 있었다. 우리는 하룻밤에 퀘이사 300개를 발견했을 뿐 아니라, 그것들의 블랙홀 질량까지 잴 수 있었다.

나는 머리가 희끗희끗한 베테랑이었던 반면에 트럼프는 에너지가 넘치는 수습생이었다. 하지만 사실 우리는 종종 역할을 바꾸었다. 오랜 시간이 지났음에도 연구에 대한 내 열정은 무뎌지지 않았고, 자료를 모으기 위해 서두르다가 자주 실수를 했다. 트럼프는 나의 지나침을 통솔하고 차분한 손을 유지하며 망원경을 조종했다. 어느 날 밤, 우리는 한밤중에 구름이 뒤덮인 영역을 보고 있었다. 나는 차분하려고 노력했다. 광자들은 우리의 커다란 거울에 붙잡히려고 수십억 년을 여행해 왔는데, 겨우 몇 시간이 대수겠는가? 나는 밖으로 나가 하늘이 맑은지 확인했다. 서쪽으로는 구름 꽉대기들이 태평양까지 뻗어 있었다. 동쪽으로 별의 시야가 안데스산맥의 들쭉날쭉한 윤곽선 사이에 새겨져 있었다. 우리 머리 위를 콘도르가 조용히 빙빙 돌았다.

망원경에서의 마지막 밤은 탈진과 슬픔의 기미가 있었다. 태양이 지면서 맑은 밤의 징조인 **그린플래시**green flash를 맞이했다. 천문학자들이 큰 망원경에서 1년에 밤을 보낼 시간을 며칠만 얻어도 운이 좋은 것이다. 만약 구름이 껴 날이 좋지 않다면 다음 해에 다시 와야 한다. 우리도 이날의 관측이 끝나면 망원경과 헤어져야 했다.

우리는 자료에서 보이는 산점도에 어리둥절했다. 어떤 퀘이사들은 육중한 블랙홀을 지녔으나 약하게 빛을 냈다. 다른 것들은 보잘것없는 블랙홀을 가졌으나 밝게 빛났다. 연료 공급의 방법이 불가사의했다. 우리는 1주일 만에 500개의 블랙홀을 수확했지만, 각각 블랙홀을 지닌 수천억 개 은하가 가득한 우주에서 그것은 아주 사소하게 느껴졌다. 블랙홀은 잠자코 우리를 놀리는 듯했고, 자신들의 비밀을 꽁꽁 감추고 있었다.

우리는 이전에 퀘이사 수준의 밝기를 유지하려면 매년 태양질량 몇 개의 부착률이 필요하다는 것을 보았다. 그러한 일반적 연료 공급률에는 두 가지 의미가 있다. 첫 번째로, 대부분의 은하 가운데 영역에는 가스가 그리 많지 않고 블랙홀이 별을 통째로 삼키는 경우도 드물다. 따라서 연료는 1억 년 내에 소진된다. 은하 간 공간에서 가스는 은하들 위로 가랑비처럼 내리고 은하가 병합될 때 더해지지만, 지금처럼 우주가 크고 은하들이 넓게 퍼져 있는 상황에서는 두 과정 모두 효율적이지 않다. 관측된 퀘이사 집단이 증가하고 감소하는 데 걸리는 시간보다 블랙홀의 '연료'가 훨씬 더 빠르게 소진되기 때문에, 각각의 퀘이사는 짧은 시간만 '켜져' 있어야 하고 대부분의 시간에 '꺼져' 있다.

두 번째로, 블랙홀이 그리 대단하지 않은 성장률을 보인다는 것은 급격히 커지지는 않는다는 의미다. 하지만 실제로는 급격히 커진다. SDSS는 빅뱅 이후 첫 10억 년 동안 존재하는 퀘이사를 찾았다. 탐사가 찾은 가장 늙은 퀘이사는 적색이동 z=7.5에 위치한 밝은 퀘이사다. 이는 태양질량의 수십억 배인 초대질량블랙홀이 빅뱅 이후 첫 10억 년 동안 형성되고 성장했다는 의미다.[40] 작은 은하들이 병합을 통해 천천히 커지는, 체계적인 진전을 생각한다면 이상하다. 한 세기 전 에딩턴이 정의했던, 블랙홀이 성장할 수 있는 최대 비율을 고려하더라도 이상하다. 거대한 별이 죽고 나면 남겨지는 보통의 블랙홀 질량인 태양질량 열 배짜리 '씨앗seed'에서 거대 블랙홀이 출발해 10억 년 안에 태양질량의 수십억 배로 불어난다는 것은 불가능하다. 원시의 밝은 퀘이사를 만들기 위해서는, 씨앗 질량이 태양질량의 1만 배는 되어야 한다.

최근의 시뮬레이션들이 설명을 내놓았다. 빅뱅 이후 첫 수억 년 안에 일어난 첫 은하 형성의 파도 속에서, 배경의 복사는 처음엔 별들이 형성되는 것을 막았다. 별이 만들어진 경우 그 형성은 급격하고 폭발적으로 이루어져 여러 작은 블랙홀을 남겼다. 그리고 고밀도의 환경에서 이 작은 블랙홀들이 병합해 태양질량 10^4~10^6배의 블랙홀 씨앗들을 만들었다.[41] 블랙홀 형성을 이런 식으로 활성화하는 것은 이후 5억 년 안에 초대질량블랙홀(태양질량의 10억 배 혹은 그 이상) 수준으로의 성장을 가능케 했다.

피드백 효과의 개념을 보면 이런 관측을 하나로 묶는 데 도움이 된다. 블랙홀은 자기의 모은하와 공생 관계다. 그것은 퀘이사처럼 은하중심 영역의 가스 공급 없이는 자라거나 빛날 수 없다. 하지만 블랙홀이 활동적일 때 너무 많은 에너지를 내놓는 나머지 중심부의 가스를 날려버리고 별생성을 저해한다. 수천만 년의 활동적 단계 동안 퀘이사는 10^{53}줄의 에너지를 방출한다. 거대한 은하 안에서 별들이 궤도운동을 하도록 잡아두는 중력에너지와 대략 맞먹는다. 그러므로 분명히 퀘이사는 은하를 파괴할 만한 에너지를 지니고 있다. 피드백은 퀘이사가 가스를 몰아내고 자신의 활동을 꺼버린다는 의미다. 피드백은 은하 내부 영역의 진화와 중심의 블랙홀을 결합시키고, 천문학자들이 보는 블랙홀 질량과 훨씬 더 큰 규모에 분포한 별들의 질량 사이의 상관관계를 설명한다.[42]

종합해서 정리하면, 빅뱅 이후 첫 수십억 년 안에 은하와 블랙홀은 활동적인 건설 단계에 들어선다. 암흑물질의 지배를 받으면서 은하들은 위계적으로 성장하고, 따라서 작은 것들이 먼저 형성되고 시간에 따라 더 큰 구조를 만들기 위해 병합한다. 별생성과 병합률은 최대치를 찍었다가, 가스 공급이 서서히 사그라지고 우주가 커짐에 따라 천천히 감퇴한다. 블랙홀 건설 프로젝트는 다른 방식으로 진행된다. 암흑물질이 상대적으로 많이 모여 중력퍼텐셜이 깊은 영역에서는 가장 큰 은하들과 가장 질량이 큰 블랙홀들이 빠르게 만들어진다. 그것들은 이제 오래전 가스를 소진해버린 채, 우리 주변의 타원은하로 존재한다. 그 중심에는 죽은 퀘이사가 숨어 있다. 한편, 중력퍼텐셜이 얕은 곳에서는 우리은하와 같은 중간 크기 은하들이 만들어지고, 이것들은 더 작은 블랙홀을 성장시켜 더 오랜 기간 활동적으로 머무르며 계속 자라게 한다.[43] 은하에서의 평온한 날들과 블랙홀 형성은 장기간 지속된다(그림 37). 미래에 마지막 별들이 죽고 몇몇 새로운 별들이 그것들을 대체하며 우주의 황혼이 찾아오면, 우리는 두 성숙한 은하가 충돌하면서 거대 블랙홀들이 병합되는 드문 현상에서 유일한 흥분을 느낄 수 있을 것이다.

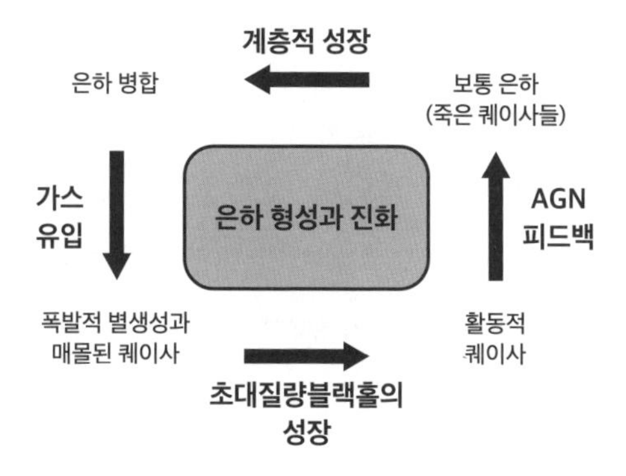

그림 37. 블랙홀과 그것을 둘러싼 은하 사이에는 복잡한 상호작용이 존재한다. 은하들은 병합을 통해 작은 것에서 큰 것으로, 위계적으로 성장한다. 그리고 중심의 블랙홀 역시 병합과 가스의 낙하에 의해 성장한다. 퀘이사 활동은 가스의 유출을 몰아붙일 수 있고 피드백이라고 불리는 현상을 통해 활동을 꺼버린다. 마지막으로 가스가 소진되고 피드백이 굉장히 강하면, 블랙홀은 굶주리고 은하는 죽은 퀘이사를 품게 된다.

블랙홀로서의 우주

우주가 블랙홀일 수 있을까? 피상적인 공통점들이 있기는 하다. 관측 가능한 우주의 질량과 반지름은 블랙홀의 질량과 슈바르츠실트 반지름으로 정의되는 관계와 맞아떨어진다. 우주도 우리가 볼 수 있는 은하들과 볼 수 없는 은하들 사이의 경계로 사건지평선이 있다. 우리가 볼 수 없는 은하들이 존재하는 이유는 그 빛이 우주의 역사 안에서 우리에게 도착할 시간이 없었기 때문이다.

차이점 또한 존재한다. 사소한 수준의 차이를 보면, 블랙홀은 사건지평선 안의 봉인된 공간과 시간인 내부가 있고 바깥도 있다. 우주는 모두 공간과 시간으로 정의되므로 '바깥'이 없다. 또 블랙홀 사건지평선은 일방통행의 벽이다. 어떤 정보도 탈출할 수 없긴 하지만, 우리는 사건지평선 안으로 들어가 내부에 무엇이 있는지 알아보겠다는 선택을 할 수도 있다. 가속하는 우주에서 160억 광년 거리에 있는 사건지평선은, 우리가 얼마나 오래 기다리든 간에 절대 볼 수 없을 사건을 의미한다. 우리는 은하들이 사건지평선을 넘어가기 전에 은하들에서 벌어지는 사건들을 볼 수 있을지 모른다. 그 이후의 사건들은 영원히 우리 시야 바깥에 있다.[44] UCLA 천문학 교수인 네드 라이트Ned Wright는 그의 우주론 질의응답 모음에 이를 간략하게 요약했다. "빅뱅은 정말 블랙홀 같지 않다. 빅뱅은 한순간에 모든 공간으로 뻗어 있는 특이점이며, 블랙홀은 한 점에서 모든 시간에 걸쳐 뻗어 있는 특이점이다."[45] 다른 말로 하자면 우리 우주에는 과거에 모든 것이 생겨난 특이점이 있었으며, 블랙홀에는 미래에 모든 것이 그 안으로 사라져버릴 특이점이 있다는 것이다.

블랙홀은 또한 우주의 존재를 설명하기 위해 등장했다. 어디까지나 추측성의 우주론이므로, 안전벨트를 꽉 잡아매라. 빅뱅이론은 인플레이션이라는 에피소드에 의존한다. 빅뱅 이후 10^{-35}초 동안의 급격한 팽창 기간이다. 그 안에 우주는 양성자보다 작은 크기에서 대략 1미터 크기까지 풍선처럼 부풀었다. 인플레이션을 뒷받침하는 관측이 몇 가지 존재하지만, 어떻게 그것이 일어났는지에 대해서는 쓸 만한 이론이 여전히 없다.

2010년, 인플레이션의 필요를 없애는 아주 흥미로운 논문이 게재되었다. 중력이론을 확장해 새로운 형태의 기본 입자로 생각하는 이론이었다. 이 이론은 '비틀림torsion'이라는 밀어내는 힘을 가정했다. 비틀림은 보통의 밀도와 온도에서는 알아차릴 수 없지만, 빅뱅 시기의 밀도와 온도 조건이라면 우주가 블랙홀 안에서 생겨나게 했을지도 모른다. 그렇다면 우리 우주는 블랙홀에 의해 탄생한 시공간이다.[46] 이 아이디어는 시간의 화살을 설명하는 부수적인 이익이 있었다. 시간은 우리에게 앞으로 흐르는데, 왜냐하면 블랙홀을 품은 더 커다란 모우주parent universe 사건지평선으로 가는 질량의 흐름이 시간에 비대칭적으로 발생하기 때문이다. 즉, 모우주 안에 있는 사건지평선 다른 편에서는 시간이 반대 방향으로 흐른다는 것이다. 이 터무니없는 상황이 벌어지는 이유는 빅뱅 이후 일어난 사건들이 모우주에서는 거꾸로 진행되기 때문이다.

2014년 더 급격한 이론이 발표되었고, 끈이론이라는 수단까지 닿았다. 빅뱅 특이점을 피하려는 노력으로, 캐나다 워털루에 있는 페리미터이론물리연구소Perimeter Institute의 연구자들은 고차원 우주에서 블랙홀 형성의 결과로 우리 우주가 만들어졌다는 이론을 제안했다. 우리의 3차원적 우주에서, 블랙홀은 2차원적인 사건지평선을 가지고 있다. 4차원적인 우주에서, 블랙홀은 3차원적인 사건지평선을 가질 것이다. 니아예시 아프쇼디Niayesh Afshordid와 동료들은 4차원적 우주의 별이 블랙홀로 수축했을 때 우리 우주가 만들어졌다고 제안했다. 빅뱅은 신기루이고, 고차원적 사건의 표식일 뿐이라고 주장한다. 그들은 플라톤의 동굴 비유를 들어서 상황을 설명한다. "죄수들은 자신의 유일한 현실로 오직 2차원적 그림자만 볼 수 있다. 족쇄 때문에 그들이 아는 세계에 한 차원이 추가된 실제 세계를 보지 못했다. [⋯] 플라톤의 죄수들은 우리가 4차원 규모의 우주를 이해하지 못하는 것처럼, 태양 뒤의 힘에 대해 이해하지 못했다."[47]

실험실에서 블랙홀을 만들다

이 질문을 던지면서 블랙홀을 지구로 가져와보자. 우리에게 블랙홀을 만들 힘이 있는가? 질문에 답하기 전에, 블랙홀이 얼마나 특별한 것인지를 기억해보자. 슈바르츠실트반지름은 질량에 비례한다. 태양을 블랙홀로 바꾸기 위해서는 반지름이 3킬로미터로 구겨져야 한다. 1세제곱미터당 20조 킬로그램의 밀도를 지니게 된다. 지구를 블랙홀로 만드는 것은 반지름을 탁구공보다 살짝 작은 9밀리미터로 만든다는 의미다. 1세제곱미터당 10^{24}킬로그램의 엄청난 밀도다. 전체적인 맥락에서 본다면, 일반적인 돌은 1세제곱미터당 2,000킬로그램이다. 슈퍼맨은 굉장한 힘으로 석탄 덩어리를 다이아몬드로 만들 수 있었지만 그것도 밀도를 1세제곱미터당 900에서 3,500킬로그램으로 높였을 뿐이다. 블랙홀의 밀도에 도달하기 위해서는 물질을 다시 1,000배, 이어 10억 배, 다시 10억 배 수축시켜야 한다. 슈퍼맨이 이런 일을 시도할 수 있을까?

블랙홀 창조는 현재 우리 기술 한참 너머에 있다. 대형강입자 충돌기Large Hadron Collider, LHC는 이전에 불가능했던 에너지를 만들었지만, 이론상으로라도 블랙홀을 만들기에는 수천만 배나 작다(그림 38).[48] 그렇지만 언론 매체들은 LHC를 '심판의 날 기계'라고 부르며 그것

그림 38. 스위스의 LHC인 아틀라스 검출기. 여덟 개의 도넛 모양 자석이 검출기를 둘러싸고 있으며, 검출기에는 양성자들이 가공할 만한 에너지와 광속에 가까운 속도로 충돌한다. 비록 LHC 안에서 물질은 순간적으로 압축되지만, 우리가 블랙홀을 만들기에 필요한 밀도에 비하면 한참 부족하다. 그리고 비록 어떻게 그것을 충분하게 만들 수 있다 해도, 결과적으로 만들어지는 블랙홀은 너무 작아 호킹복사에 의해 1초도 되지 않는 찰나에 증발해버릴 것이다. ©M. Brice/Atlas Experiment @2018 CERN

이 만든 미세블랙홀이 지구 중심으로 가라앉아 행성을 삼켜버릴지도 모른다는 추측을 떠들어대길 멈추지 않았다. 미세블랙홀 탐색은 실패했고,[49] 다양한 심판의 날 시나리오도 틀렸음이 확실히 드러났다.[50]

만약 추가 차원이 존재한다면, 우리 우주의 중력이 다른 차원으로 흘러갈 수도 있다. 이것은 왜 중력이 그리 약한 힘인지를 설명해줄지도 모른다. 또한 미세블랙홀을 만드는 데 필요한 에너지는 공간이 가지고 있는 차원의 수에 따라 결정되기 때문에, 미세블랙홀을 만들기 쉬울지도 모른다. 이런 식으로 본다면, 입자가속기가 작은 블랙홀을 만들 수 없다는 사실은 추가 차원이 존재한다는 반증이다. 또한 LHC의 능력을 훨씬 뛰어넘는, 미세블랙홀을 만들기에 충분한 에너지는 우주에서 날아오는 우주선에서 몇 달마다 보인다. 그러나 우주선이 블랙홀을 만든다는 증거도 없다. 마지막으로, LHC가 블랙홀을 만들 수 있다 하더라도 10^{-23}킬로그램으로 아주 작을 것이기 때문에 그것이 1킬로그램 질량으로 성장하려면 3조 년에 걸쳐 물질을 소비해야 할 것이다. 하지만 블랙홀 이론이 맞는다면, 그것이 성장할 기회조차 없을 것이다. 1초도 되지 않는 시간에 호킹복사에 의해 사라져버릴 것이기 때문이다.[51]

만약 미세블랙홀을 정말로 만들 수 있다면, 별들로 여행할 수 있는 그럴싸한 수단을 제공할 것이다. 우리는 로켓에 화학에너지를 사용해야 하므로, 항성 간 여행은 애초에 막혀 있다. 이 불충분한 연료는 사람들을 지구궤도에 올려놓고 탑재체가 태양계를 돌도록 하는 데는 적당할지 모르지만 수조 킬로미터를 여행해, 심지어 가장 가까운 별까지 가는 데도 가망이 없다. 그러나 미세블랙홀에서 호킹 복사에 의해 방출되는 에너지는 우주여행용 우주선을 광속의 상당한 비율까지 가속시킬 수 있다. 우주여행에 사용되는 블랙홀은 만들기에 충분히 작아야 하고, 우주선과 비슷한 질량을 지녀야 하고, 쓸모가 있을 만큼 오래 살아야 한다. 50만 톤 정도의 블랙홀이 그것을 딱 맞게 만족시킬 것이다. 그것은 10^{-18}미터 크기로 수명을 다할 때까지 3년에서 4년간 10^{17}와트의 에너지를 공급할 것이다. 10퍼센트가 운동에너지로 전환된다고 가정하면, 우주선은 200일 만에 광속의 10퍼센트까지 가속될 것이다.[52] 우주선을 앞으로 추진시키기 위해 포물선형의 반사경 초점에 블랙홀이 놓일 것이다. 개념이 그렇다는 말이다. 나머지는 그저 공학 기술일 뿐이다.

6장 중력의 시험 무대, 블랙홀

♦

뉴턴의 중력법칙은 아인슈타인의 일반상대성이론에 의해 기술된 더 깊은 단계의 상황에 대한 근사였을 뿐이다. 중력의 영향이 강하면, 휘어진 시공간에서 이상한 행동이 나타난다. 빛이 휘고 시간이 천천히 흐르고, 직관이 우리에게 실망을 안긴다. 발표된 지 한 세기가 지나, 아인슈타인의 이론은 개가를 올리며 모든 시험을 통과했지만, 그 시험들 대부분은 약한 중력의 상황에서였다.

블랙홀은 일반상대성이론의 궁극적 시험대다. 블랙홀 안에서, 시공간의 왜곡은 극에 달한다. 사건지평선에서 시간은 얼어붙을 것으로 예측된다. 특이점으로부터 사건지평선보다 50퍼센트 더 멀리 떨어진 광구photon sphere에서 광자들은 지구 주변을 도는 인공위성처럼 궤도운동을 하리라 예측된다. 이렇게 강한 중력은 지구상의 어떤 실험실에서도 만들 수 없다. 하지만 가장 가까운 별질량블랙홀은 수백 광년 떨어져 있고 가장 가까운 초대질량블랙홀은 수백만 광년 떨어져 있다. 그러므로 천문학자들은 멀리 떨어진 블랙홀을 이용해서 새로운 방식으로 중력을 시험할 수 있는 실험을 고안해야 한다.

뉴턴의 중력에서 아인슈타인 그 이후까지

블랙홀들은 아인슈타인의 일반상대성이론을 통해서만 이해될 수 있다. 그러나 그것이 새로운 중력이론이 필요했던 이유는 아니다. 이 이야기는 1665년 영국에서 시작된다. 23세의 나이에 뉴턴은 이미 농부로서 실패했고, 어머니가 뉴턴을 공부시키려 케임브리지대학교로 보냈다. 그러나 대학교가 전염병으로 문을 닫으면서 뉴턴은 집에 머무를 수밖에 없었다. 그리고 거기서 중력에 관해 생각했다. 그는 줄 끝에 돌을 매달아 빙글빙글 돌리다가, 돌이 밖으로 날아가기를 원하지만 끈이 반대의 힘을 제공한다는 것을 발견했다. 그렇다면 지구를 도는 달과 태양 주위를 도는 행성들이 궤도를 유지할 수 있게 하는 힘은 무엇이었을까? 1687년, 뉴턴은 답을 추론했다. 거리의 제곱에 반비례해서 감소하는 어떤 힘이었다. 뉴턴은 중력이론을 자신의 역작《자연철학의 수학적 원리Principia Mathematica》에 기술했다.

천문학자들은 이내 뉴턴의 법칙을 이용해, 갈수록 정확도가 높은 예측을 만들기 시작했다. 에드먼드 핼리Edmund Halley의 이름을 딴 혜성은 1759년 4월에 돌아올 것으로 예측되었고, 실제로 그렇게 되자 뉴턴의 명성은 빛났다. 한 세기 후, 프랑스 천문학자인 위르뱅 장 조제프 르 베리어Urbain Jean Joseph Le Verrier는 천왕성 궤도의 이상함을 쫓고 있었다. 고대 이후 발견된 첫 행성이었다. 그는 천왕성이 궤도 바깥의 무언가에 의해 교란된다고 생각했고, 침입자의 질량과 위치를 예측했다. 베를린천문대Berlin Observatory에서 거의 바로 해왕성이 발견되었다. 뉴턴이론의 설명 능력에는 끝이 없어 보였다.[1]

하지만 파란 하늘에 작은 먹구름이 있었다. 수성의 궤도였다. 수성은 대단히 길쭉한 궤도로 움직였고, 태양에 가장 가까이 근접하는 점인 근일점perihelion은 지구에서 볼 때 한 세기마다 5,600각초(대략 달 지름의 1.5배)씩 이동했다. 르 베리어가 했던 최고의 계산에 따르면 알려진 행성들의 영향과 뉴턴의 법칙을 이용해도 오직 5,557각초의 세차운동만을 설명할 수 있었다. 차이를 설명하기 위해, 아직 발견되지 않았으나 "벌컨Vulcan"이라고 불리는 안쪽의 행성을 가정하게 되었다. 뉴턴의 이론에 대한 자신감이었다.[2] 르 베리어는 벌컨이 발견될 것이라고 믿으며 죽었지만, 그것은 절대 나타나지 않았다. 사실 뉴턴의 이론에 결함이 있었다.

1907년, 아인슈타인이 물리학을 재정의하는 '기적의 해'를 맞이하고 고작 2년이 지난 후였다. 하지만 그가 뉴턴의 중력이론을 개선하려 했던 것은 아니다. 그는 베른의 특허 사무소에서 여유롭게 일하고 있었다. 그러다가 '가장 행복한 생각'에 깜짝 놀랐다. 자유낙하를 하는 사람은 자기 무게를 느끼지 못할 것이라는 생각이었다. 아인슈타인은 이 개념에 대해 생각할 수밖에 없었고, 중력을 아예 새로운 방향으로 생각하기 시작했다.

8년 뒤, 아인슈타인은 소란 속에 있었다. 그는 대부분의 초기 연구를 홀로 해냈다. 학계는 뒤늦게 그를 받아들였고, 그는 프라하에서 물리학 교수가 되었지만 쉽지 않은 상황이었다. 유럽에서는 반유대주의가 기승을 부렸고 아인슈타인은 그것을 직접 경험했다. 믿기 어렵겠지만, 아인슈타인은 일반상대성이론의 수학에 고전했다. 그는 기껏해야 자신의 비범한 물리적 직관에 의존할 때 편안했을 뿐이다. 몇 년간 그는 그 이론에 관해 여러 버전의 개요를 썼지만, 언제나 오류와 누락이 있었다. 1915년 여름, 그는 괴팅겐대학교에서 상대론에 관한 강의 시리즈를 맡았고, 1915년 11월 약진을 이루었다. 그는 프러시안과학학회Prussian Academy of Sciences에서 "중력의 장 방정식"이라는 제목이 붙은 네 번째 강의를 할 때 그 결과를 발표했다. 그의 방정식들이 맞닥뜨린 결정적인 시험은 과연 수성 궤도에서의 이각 변위를 설명할 수 있는지였다. 아인슈타인의 이론은 세기마다 43초의 효과를 예측했고, 관측과 뉴턴이론이 예측한 값 사이의 차이와 똑같았다. 아인슈타인은 동료에게 "기쁨과 흥분으로 며칠을 보냈다"고 말했다. "수성의 근일점 이동 결과는 나를 거대한 만족으로 채웠다. 내가 은밀히 비웃곤 했던 천문학의 현학적 정밀도가 우리에게 정말

도움이 되었다!"[3]

뉴턴의 이론에서 중력의 근원은 질량이다. 아인슈타인의 이론에서 질량은 "에너지-운동량 텐서energy-momentum tensor"라고 불리는 더 일반적인 양의 일부다. 텐서를 공간의 모든 점에서 물리적 양에 대한 정보를 담은, 벡터의 멋진 버전이라고 생각해보라. 일반상대성이론에서 질량은 굽은 시공간에서 정의되고 세 방향 각각으로 에너지와 운동량을 지닌다. 그래서 아인슈타인의 이론은 열 개의 방정식을 사용해 질량과 시공간 사이의 관계를 기술한다. 우리가 갈 수 있는 최대치는 그 정도다. 미친 모자 장수에게 합류해, 연결된 2차 편미분방정식들이라는 토끼굴에 뛰어들 생각이 아니라면.

일반상대성이론은 20세기 초반의 근본적 물리 이론 중 하나였을 뿐이다. 다른 하나는 양자역학으로, 원자와 아원자입자의 행동을 설명하는 이론이었다. 크고 작은 세계에서 이 이론들은 호환하지 않는다. 상대론은 '부드럽다.' 왜냐하면 사건들과 공간은 연속적이고 결정론적이기 때문이다. 일어나는 모든 일들은 인식 가능하고 인과성을 지닌다. 양자역학은 '거칠다.' 왜냐하면 변화가 양자의 도약에 의해 이산적으로 나타나고 결과가 확실하다기보다는 확률적이기 때문이다. 둘 사이의 불협화음을 보여주는 가장 이상한 예는 양자얽힘quantum entanglement인데, 입자의 성질이 순간적으로 먼 거리를 건너 엮일 수 있는 성질이다.[4] 아인슈타인은 이것을 "먼 거리에서 일어나는 유령 같은 작용"이라고 조롱했지만, 자연에는 양자역학의 기묘함을 제거해줄 수 있을 만큼 더 깊은 이론이 있다는 사실을 납득했다.

그는 이 도전에 실패했다. 여러 시도에도 불구하고, 아인슈타인은 양자이론에서 치명적인 결함을 찾기는커녕 핵심을 찔러보지도 못했다. 그는 자신의 기하학적 중력이론이 전자기학을 포함하도록 일반화하려고 노력했으나, 이 연구에서 좌절감을 느끼고 굉장히 고립되어버렸다. 프린스턴에서 사망한 1955년, 아인슈타인은 칠판에 풀리지 않은 공식들의 집합을 남겼다.

두 위대한 이론을 조화시켜야 한다는 그 책임, 어쩌면 부담은 이후 세대의 물리학자들에 의해 계속되었다. 최종 목표는 모든 물리 현상을 설명하는 '모든 것의 이론'이다. 자연에는 네 가지 기본 힘이 있다. 두 가지는 아원자 규모에서 작용한다. 강한 핵력, 약한 핵력이다. 나머지 두 가지는 아주 먼 거리에서 작용한다. 전자기력과 중력이다. 20세기 후반, 물리학자들은 이 힘들을 통합하려는 움직임을 보였다. 1970년대에 이루어진 가속기 실험들은 전자기력과 방사능의 이유가 되는 약력(약한 핵력)이 하나의 전자기약력electro-weak force의 징후임을 보였다. 추가적인 실험들은 강한 핵력까지 통합하는 데 거의 성공했다. 이 체계는 입자물리학의 표준모형이라고 불린다.[5] 하지만 중력은 완강히 이 모형의 일부가 되기를 거부한다. 누구도 중력을 일으키는 가상의 입자인 중력자graviton를 보지 못했다. 중력까지의 통합은 엄청난 온도인 절대온도 10^{32}도가 되어야 일어날지 모른다(그림 39). 그리고 우리가 아는 한, 그런 온도가 가능했던 때는 빅뱅 이후

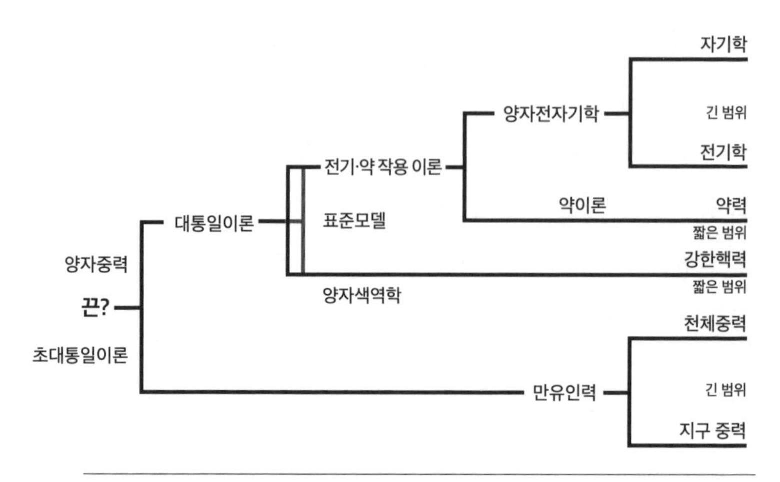

그림 39. 자연계의 네 가지 기본 힘은 무한한 거리에서 작용하는 중력과 전자기력, 그리고 아원자 규모에서 작용하는 강한 핵력과 약한 핵력이 있다. 모두 아주 다른 크기를 가지지만 아주 강한 에너지에서 네 힘이 하나의 '초힘superforce'으로 통합한다는 증거가 있다. 1970년대 가속기 실험에서 약력과 전자기학의 통합이 보였고, 강한 핵력과의 '대통합'이 가능하리라는 힌트가 존재한다.

10^{-43}초의 순간이다. 우주가 기본 입자의 크기였던 동시에 일반상대성이론이 초기의 특이점 안에서 부서지고 타오르던 순간 말이다.

양자중력에 대해서는 몇 가지 접근 방식이 있다.[6] 루프 양자중력Quantum loop gravity은 피타고라스의 사고 과정을 따르는데, 그는 돌을 반으로 또 반으로, 그리고 반으로, 한계에 다다를 때까지 계속 쪼개는 것을 상상했다. 1센티미터를 절반, 절반, 절반으로 '원자'나 우주에서 더 쪼갤 수 없는 단위에 도달할 때까지 나누는 것이다. 루프 양자중력은 양자역학의 형식을 중력으로 직접 확장하려는 시도다. 더 급진적인 시도는 끈이론과 우리에게 익숙한 3차원을 넘어선 추가 차원의 등장을 포함한다. 뉴턴에서 아인슈타인으로, 그 이후로는 뻣뻣하고 선형적인 것에서 유연하고 굽은 것으로, 그리고 순간적이고 거친 것까지 변해가는 과정이다. 물리학에서 가장 중요하며 아직 끝나지 않은 프로젝트다. 발전은 더디고 연구는 극도로 어렵다.

우리는 1장에서 블랙홀은 극한 중력의 상황일 뿐 아니라 양자효과가 중요한 상황이기도 하다는 것을 보았다. 굽은 시공간의 '부드러운' 세계와 아원자입자의 '거친' 세계를 화해시키는 어떤 새로운 이론이든, 블랙홀에서 가장 중요한 도전을 직면할 것이다.

아인슈타인은 언젠가 무한한 두 가지만이 존재할 것이라고 말했다. 우주와 인류의 무지다. 그리고 그 역시 우주에 대해서 잘 몰랐다.[7] 지구상에서 가장 똑똑한 사람들 일부가 양자중력의 이론을 찾으려고 노력 중이다. 그들이 성공할 수도, 성공하지 못할 수도 있다. 한편, 일반상대성이론을 시험하고 그것을 깨버리려고 노력하면서 진보는 이루어질 수 있다. 다른 위대한 물리학자인 리처드 파인만Richard Feynman은 이렇게 말했다. "우리는 가능한 한 빨리 우리가 틀렸음을 증명하려 노력한다. 왜냐하면 그렇게 해야만 발전을 이룰 수 있기 때문이다."[8]

블랙홀이 시공간에 어떤 작용을 하는가

블랙홀은 우주로부터 '떼어진' 시공간의 영역으로 정의될 수 있다. 그러나 블랙홀에서부터 어떤 거리에서는, 시공간의 왜곡이 입자와 빛을 휘게 만들 수도 있다. 아인슈타인이 일반상대성이론을 개발했을 때 알려진 블랙홀은 없었다. 그래서 훨씬 더 미묘한 효과들이 그의 이론을 시험하는 데 사용되었다. 먼 별에서 오는 빛이 지구에 오면서 태양 근처를 지날 때 나타나는 작은 휘어짐이었다. 이 현상은 일식 중에 태양이 달에 가려지고 배경의 별이 보일 때 가장 쉽게 관측된다.[9] 1919년, 일반상대성이론이 발표된 지 겨우 3년 후에 에딩턴과 동료들은 브라질과 남아프리카에서 동시에 별빛이 휘는 각도를 측정했다. 그것은 아인슈타인의 예측과 들어맞았다.[10]

이 결과는 대부분의 신문에서 1면을 장식했다. 드라마가 확실히 절정을 향해 갔다. 그 길고 피 튀기던 전쟁의 마지막에 영국 과학자가 독일 과학자의 연구를 입증했다는 상징주의로 인해, 아인슈타인은 하룻밤 만에 유명 인사가 되었다. 그는 결과에 대해 매우 자신감이 넘쳤다. 에딩턴의 탐험을 통해 일반상대성이론이 확인되지 않았더라면 어떤 반응을 보였을지 묻자, 그는 말했다. "그러면 나는 신께 안타까운 감정을 느꼈을 것이다. 이 이론은 그래도 정확하다."[11]

질량은 빛을 휘게 한다. 이 사실의 중요성과 아인슈타인의 이론과 명성을 생각하면, 그가 더 넓은 함의를 인식하는 데 늦었다는 사실이 놀랍다. 그는 만약 광선이 충분히 질량이 큰 천체 가까이 지나면, 빛이 충분히 굽어 배경 광원의 확대된 이미지 또는 여러 개의 이미지로 수렴된다는 것을 알았다. 이 과정이 렌즈에 의해 빛이 휘는 현상을 닮았기 때문에, 연구자들은 이것을 중력렌즈라고 부른다. 아인슈타인은 공학자 동료들의 재촉에 못 이겨 결국 1936년, 렌즈에 관한 논문을 발표했다. 그 논문에는 다음과 같이 놀랍도록 조심스러운 서문이 붙었다. "언젠가 루디 맨들Rudi Mandl이 나를 방문해 그의 요청으로 내가 만든 작은 계산의 결과를 발표하라고 부탁했다. 그의 바람에 따라 이런 노트를 남긴다."[12] 편집자에게는 자기비하적인 메모를 썼다. "또한 맨들 씨가 나에게서 짜낸 이 작은 출간에 협조해준 데 대해 감사합니다. 이건 별 가치가 없지만, 그 불쌍한 이를 기쁘게 할 것입니다."[13]

아인슈타인은 중력렌즈의 가치에 관해 아주 틀렸다. 그것은 현대 천체물리학의 필수 도구가 되었다. 은하 안에서뿐 아니라 우주를 가로질러 암흑물질의 지도를 만드는 데 쓰였고, 우주의 기하와 팽창률을 측정했으며, 암흑에너지를 제한하는 데, 갈색왜성과 백색왜성의 탐사를 하는 데, 그리고 지구보다 작은 외계행성을 검출하는 데도 쓰였다(그림 40).

아인슈타인은 렌즈효과가 너무 작아 측정되기 어려우리라 생각했다. 그러나 그의 논문 발표 이후 몇 달이 지나지 않아 캘텍 천문학자 츠비키는 은하 안에 모인 수십억 개의 별이 관측 가능한 렌즈

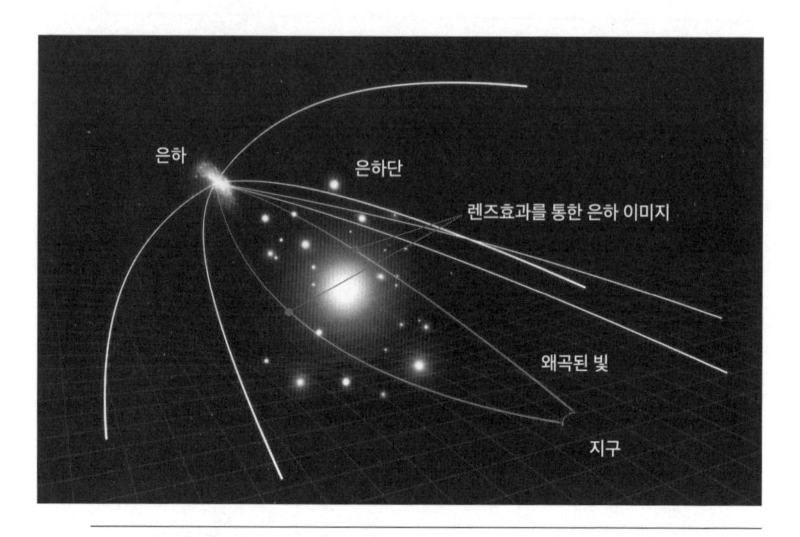

그림 40. 일반상대성이론에 따르면 질량은 빛을 휘게 만든다. 은하단처럼 질량이 큰 천체가 우리와 더 멀리 있는 은하 사이에 놓여 있다면, 시공간이 굽어지고 먼 은하에서 온 빛은 은하단 주변으로 휘어진다. 왜곡되고 확대된 이미지들이 생성된다. 렌즈가 그저 보이는 물질의 질량뿐 아니라 모든 질량에 의해 생기기 때문에, 우주 암흑물질의 양을 측정하는 방법이 된다. ©L. Calcada/NASA/ESA

효과를 만들 수 있으리라는 사실을 깨달았다. 선견지명이 있는 논문에서, 그는 기본적으로 현대에 사용되는 모든 중력렌즈 기술의 개요를 서술했다.[14] 하지만 40년 이상이 지난 1979년이 되어서야 렌즈가 관측되었다. 그 도구는 수십억 광년 떨어진 초대질량블랙홀이었다.

영국의 전파천문학자 데니스 월시Dennis Walsh가 이끄는 연구자 그룹은 애리조나주에 있는 킷픽Kitt Peak의 2.1미터 망원경을 이용해 같은 스펙트럼을 보이는 두 퀘이사를 찾았다. 하늘에서 그렇게 가까이 있는 두 퀘이사가 동일한 스펙트럼을 보일 확률은 매우 낮았다. 확률이 너무 낮아 월시는 킷픽으로 가는 길에 동료 데릭 윌스Derek Wills와 내기를 하려고 칠판에 이런 내용을 써두었다. "QSO[퀘이사]가 없다면 데릭에게 25센트를 준다. QSO가 하나면 데릭이 나에게 25센트를 준다. QSO가 둘이면 데릭이 나에게 1달러를 준다." 월시는 회상했다. "다음 날 아침 데릭에게 전화해 우리가 발견한 것을 이야기했다. 우리는 웃었고 내가 데릭에게 '나에게 1달러를 빚졌어. 만약 퀘이사 둘에 같은 정도의 적색이동이 발견되면 100달러를 걸자고 말했다면, 과연 내기를 받았을까?'라고 물었다. 그는 '물론'이라고 말했다. 그래서 나는 99달러를 잃고 친구를 지켰다. [...] 내게는 과학에 별 관심이 없었던 10대 아들 네 명이 있었다. 그래서 아이들이 내게 '중력렌즈가 어디에 쓸모가 있어요?'라고 물었을 때 '음, 나는 그걸로 돈을 벌었어'라고 말할 수 있었다."[15]

두 퀘이사는 일란성쌍둥이처럼 보였다. 하지만 두 퀘이사가 우연히 같은 스펙트럼을 가졌다기보다는 마치 신기루처럼 보였다. 한 퀘이사에서 온 빛이 사이의 은하를 둘러 두 개의 다른 경로를 따라와서, 이미지 두 개를 보여준 것이었다. 질량이 큰 은하는 빛을 아주 조금, 수천분의 1도 정도 휘게 했다. 이 첫 번째 중력렌즈에서 빛은 87억 년을 날아 우리에게 왔다. 하지만 은하의 한쪽을 지나면서 다른 쪽보다 겨우 1광년 더 걸려 왔을 뿐이다. 퀘이사에서 오는 빛은 밝기가 변하기 때문에, 하나의 이미지와 다른 이미지 사이에는 밝기 변화에 1년이 조금 넘는 시간지연이 있었다. 이것은 우주팽창속도

를 재는 영리한 측정에 쓰였다.[16]

중력렌즈는 배경 퀘이사와 전경 은하의 거의 완벽한 정렬에 의존하기 때문에 드물다. 수천 개의 퀘이사가 연구되었지만 100개가 안 되는 렌즈가 발견되었다. 그중 10여 개의 경우 정렬이 완벽해서 여러 개의 이미지 대신 중간의 은하가 퀘이사를 점광원에서 아인슈타인고리(반지 모양의 상-옮긴이)로 바꿔놓는다. 일반상대성이론이 매우 아름답게 작용하는 것을 보여주는 예다.[17] 기하 구조에 따라, 초대질량블랙홀 인근의 부착에너지에서 오는 빛은 호로, 여러 이미지로 또는 완벽한 고리로 나타나기도 한다.

허블우주망원경이 1990년대에 작동을 시작했을 때, 다른 형태의 렌즈 상황이 발견되었다. 하나의 퀘이사에서 오는 빛이 렌즈를 거쳐 여러 이미지로 나타나는 대신, 멀리 있는 여러 은하에서의 빛이 사이에 놓인 은하단에 의해 휘어진 것이다. 종종 여러 이미지가 형성되었지만, 배경의 은하 빛이 호의 모양으로 늘어지는 경우가 더 잦았다. 이런 식의 렌즈 신호는 은하단이 은하단 중심을 둘러싸고 여러 작은 호가 동심원을 그리기 때문이었다(그림 41). 왜곡된 이미지 각각은 중력 광학의 실험이다. 수백 개 은하단이 이런 호를 보였고, 천문학자들은 질량이 빛을 휘게 하는 수만 개의 표본을 모았다.[18]

모든 질량은 보이든 보이지 않든 빛을 휘게 한다. 따라서 렌즈는 천문학자들이 은하나 은하단, 은하들 사이 공간에 있는 암흑물질 지도를 만드는 데 쓰는 최고의 도구다. 렌즈는 암흑물질이 존재하고

그림 41. 은하단에 의한 중력렌즈효과는 츠비키가 1937년 예측했지만, 천문학자들이 허블우주망원경의 선명한 이미징 능력을 얻은 1980년대까지 관측되지 않았다. 이 은하에서 Abell 2218은 수많은 먼 은하들의 왜곡과 확대를 일으킨다. 렌즈가 일어난 호는 은하단의 질량중심을 가운데에 두고 동심원을 이룬다. 렌즈효과가 나타나는 상황들에서, 하나의 먼 은하는 다섯 개 혹은 일곱 개의 다른 이미지를 가질 수도 있다. ©W. Couch, R. Ellis/NASA/ESA

그것이 우주에서 지배적이고 만연하는 성분이라는 것을 보여주는 최고의 증거다.

블랙홀이 복사에 미치는 영향

블랙홀 사건지평선은 시간이 가만히 서고 복사가 멈추는 곳이다. 빛은 어디에서나 일정한 초속 30만 킬로미터의 속도라는 것은 아인슈타인 특수상대성이론의 전제다. 블랙홀을 떠나는 빛은 아주 강한 중력에 대항해 싸우고, 속력이 억눌러지거나 에너지가 약해진다. 이 효과는 "중력 적색이동"이라고 불린다. 블랙홀 사건지평선은 적색이동이 무한대이고 빛이 붙잡히는 곳에 해당한다.

이론을 시험할 수 있는 블랙홀 없이, 어떻게 우리가 중력이 복사에 무슨 일을 하는지 이해할 수 있을까? 지구에서 벌어지는 상황을 상상하며 사고실험을 해보자. 우리가 아래에서 위로 광자를 보내는 탑을 상상해보라. 그리고 공식 $E=mc^2$에 따라 광자의 에너지를 질량으로 바꾸고, 질량을 탑 밑바닥까지 떨어뜨리고, 그것을 다시 광자로 올려보낸다고 상상해보라. 간단한 것처럼 들린다. 하지만 기다려보라. 만약 우리가 질량을 떨어뜨리면, 그것은 속도가 증가하고 중력에너지를 얻는다. 얻은 양은 mgh인데 m은 질량, g는 지구 중력에 의한 가속도, h는 탑의 높이다. 질량을 다시 광자로 바꿀 때 그것은 더 많은 에너지를 가진다. 우리는 이것을 반복하면서 에너지를 만들어 부자가 될 수 있다! 누구도 빛을 아래위로 순환시키며 돈을 번 적이 없기 때문에, 우리 가정에는 오류가 있을 것이다. 이 시나리오에서 에너지를 보존하는 유일한 방법은, 즉 에너지를 똑같이 유지하는 방법은 빛이 중력에 의해 영향을 받는다고 상정하는 것이다. 광자가 지구 표면으로부터 탑의 높이를 기어 올라갈 때 에너지를 잃는다고 가정한다. 에너지를 잃는다는 것은 빛이 길거나 붉은 파장으로 이동한다는 것을 의미한다. 이것이 중력 적색이동이다.

빛의 주파수에 기반한 시계를 상상해보자. 시계를 탑 아래에 둔다. 만약 우리가 위에서 관측한다면, 광자가 우리에게 다가오면서 에너지를 잃고 주파수가 줄어들 것이다. 우리는 시계가 천천히 흐르는 것을 본다. 반대로 우리가 탑 아래에 있으면서 위를 올려다본다면, 위의 시계는 약간 더 빠르게 갈 것이다. 강한 중력에서 시간이 천천히 흐른다는 것은 일반상대성이론의 또 다른 예측이다. 물리학자 파인만 덕분에 즐거운 예시가 하나 있는데, 지구 중심은 표면보다 2.5살 젊다는 것이다.[19] 이것은 "중력 시간지연"이라고 불린다. 적색이동과 시간지연 효과는 가깝게 연결되어 있다. 빛이나 다른 형태의 전자기파 복사는 주파수에 반비례하는 파장을 지닌다. 빛의 에너지가 중력에 대항해 싸우고 감소하면서, 파장이 길어지거나 붉어지고 주파수는 낮아지는데, 빛의 '시계'가 천천히 움직인다고 말하는 것과 같다.[20]

중력 적색이동의 첫 관측은 1925년 월터 애덤스Walter Adams에 의해 이루어졌다. 그는 가까운 백색왜성 시리우스 B의 스펙트럼선 이동을 측정했다. 쌍성계의 일부이기 때문에 이미 질량이 알려져 있었고, 스펙트럼선 이동은 파장의 1만분의 몇 수준이었다. 태양처럼 더 작은 별이라면 수백만분의 몇 정도로 나타날 현상이었다. 불행히도, 훨씬 밝은 동반성인 시리우스 A에 의한 빛의 오염으로 인해 측정에 결함이 있었으므로, 과학자들은 효과가 확인되었다고 여기지 않았다.

일반상대성이론의 첫 실험실 시험은 1959년 로버트 파운드Robert

Pound와 대학원생이었던 글렌 레브카Glen Rebka가 진행했다. 그들은 하버드대학교 캠퍼스에 있는 22.5미터 탑을 따라 올라가는 방사성 철에서 나오는 감마선의 스펙트럼 이동을 측정했다. 10^{15}분의 3보다도 작을 만큼 에너지가 적게 소실되었다는 사실은 일반상대성이론의 예측을 10퍼센트 수준에서 입증했다(그림 42).[21] 중력 탐사를 위한 원자시계의 사용과 함께 향상이 이루어졌다. 1971년, 상업 제트기에 실려 높은 고도를 날았던 세슘 원자시계는 미국해군천문대U.S. Naval Observatory에 있는 동일한 시계에 비해 273나노초 천천히 작동했다.[22] 그리고 1980년, 더 나아간 실험에서는 로켓에 실려 비행한 메이저 시

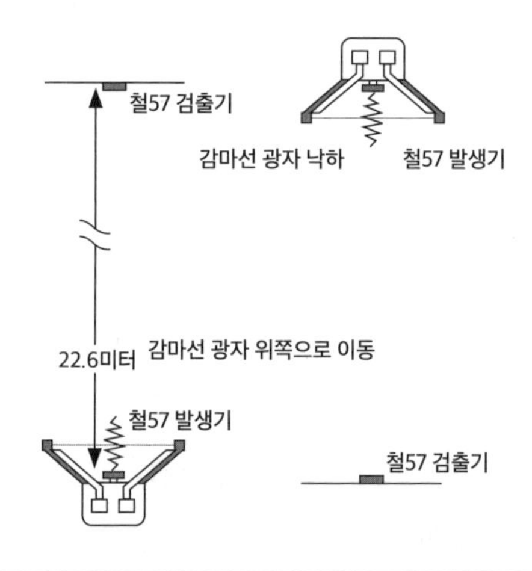

그림 42. 1959년 일반상대성이론의 첫 실험적 시험은 그 당시 이루어진 가장 정교한 물리 실험이었다. 하버드의 물리학자 파운드와 레브카는 22.6미터 거리를 아래위로 이동하는 철57 방사성 붕괴에서 나오는 감마선의 에너지를 측정했다. 정확히 일반상대성이론이 예측한 양만큼, 아래쪽으로 이동하는 광자는 청색이동되었고 위쪽으로 이동하는 광자는 적색이동되었다. 이 실험을 위해 10^{15}분의 몇 수준에 달하는 실험 정밀도가 필요했다.

계를 사용했고 상대론과 0.007퍼센트 이내의 일치를 보여주었다.[23] 현재 최신의 실험은 원자의 양자간섭을 측정한다. 일반상대성이론은 수백만분의 1퍼센트보다 작은 경이로운 정밀도로 측정되었다.[24] 실제로 시계를 고작 1미터만 위로 들어도 지상에서보다 빠르게 움직이는 것을 볼 수 있다!

천문학자들 역시 행동에 뛰어들었다. 은하단은 우주에서 가장 질량이 큰 천체다. 은하단의 중심에는 많은 은하가 있기에, 여기에서 나오는 광자들은 은하가 적은 가장자리에서 방출되는 광자들보다 더 많은 에너지를 잃어야만 한다. 라덱 보이탁Radek Wojtak이 이끄는 닐스보어연구소Niels Bohr Institute의 연구 그룹은 이 효과를 확인하기를 기대했다. 효과가 너무 미미했기에 그들은 은하단 8,000개에서 자료를 모으고서야 신호를 검출할 수 있었다.[25] 다시 한번 아인슈타인의 이론이 확인되었다.

좋은 사고실험은 반응을 끌어낸다. 물론 그것은 자명하다! 영국 생물학자 토머스 헉슬리Thomas Huxley가 다윈의 자연선택 이론을 듣고 보였던 반응을 돌이켜보라. 그는 이렇게 말했다. "그것을 생각해보지 않았다는 사실이 얼마나 말도 안 되게 멍청한가!"[26] 아인슈타인의 엘리베이터에서, 일반상대성이론의 아름다움이 드러난다. 지표면을 향해 자유낙하를 하는 엘리베이터는 중력이 제거되었으므로 깊은 우주를 떠다니는 엘리베이터와 같다. 그리고 우주에서 초속 9.8미터로 가속되고 있는 엘리베이터는 중력에 의한 가속이 다른 힘에 의한 가속과 구별될 수 없기 때문에 지상의 엘리베이터와 같다. 두 번째 경우, 당신이 엘리베이터를 가로질러 손전등을 비추었다고 상상해보자. 한순간에 손전등은 가속되는 엘리베이터의 다른 쪽에 빛이 닿게 할 것이다. 그러므로 빛은 엘리베이터를 가로질러 아래를 향하는 굽은 경로를 따라 이동한다. 아인슈타인의 이론은 지상의 정지한 엘리베이터에서도 같은 현상이 일어나야 한다고 말한다. 빛이 중력에 의해 '떨어지는' 것이다. 혹은 상대성이론의 언어로, 지구 질량이 공간을 휘게 만들어 빛이 지구 주변의 굽은 시공간을 따르면서 살짝 휘는 것이다.

우리는 지금까지 일반상대성이론의 '고전적 시험'만을 기술했다. 그것들은 중력이 너무 약해서 시공간의 휘어짐이나 왜곡이 약한 상황만을 이용하고, 아주 정밀한 측정이 요구된다. 거의 90년 전, 오랫동안 하버드-스미스소니언 천체물리학연구소Harvard-Smithsonian Center for Astrophysics의 소장이었던 어윈 셔피로Irwin Shapiro는 기발한 이론으로 약한 중력 시험을 제안했다. 그는 만약 광자가 따르는 경로가 태양 근처에 있다면 다른 행성에 의해 튕겨 나오는 전파신호의 왕복 여행에서 약간의 시간지연이 있을 것임을 깨달았다. 수성과 금성이 태양에 의해 가려지기 전과 후에 레이더를 이용해 빛을 측정했고, 셔피로는 일반상대성이론을 5퍼센트 수준에서 확인했다.[27] 이 시험은 NASA의 카시니Cassini 우주선에 의해 태양계 바깥에서도 반복되었다. 실험과 이론의 차이는 0.002퍼센트 수준이었다.[28]

이 실험들은 일반상대성이론을, 그리고 뉴턴이론에 대한 그것의 우월성을 재확인한다. 그러나 아이오와주의 옥수수밭처럼 평평한 공간에서 상대론을 시험하는 것에 대해 약간 불만족스러운 점들이 있다. 그것은 마치 람보르기니 차를 주차장에서 시험 운전하는 것과 같다. 물론, 당신의 오래된 포드 차보다야 잘 달리겠지만, 기준이 너무 낮다. 그러므로 두 차 모두를 산에서 빠르게 달리게 해보는 것이 낫다. 포드 차는 과열되고 도로를 벗어나겠지만 람보르기니 차는 언덕에서 힘을 내고 커브를 매끄럽게 돌 것이다. 천문학자들은 결국 복사의 효과가 대단할 블랙홀을 가지고 그 이론을 시험할 수 있기를 기대한다. 우리가 다음에 볼 것처럼, 부착원반의 분광관측을 이용해 커다란 중력 적색이동이 블랙홀에서 관측되었다.

철의 장막 안쪽

블랙홀 부근은 일반상대성이론의 최후 시험 공간이다. 우리가 관측으로 얼마나 가까이 다가갈 수 있는가? 사건지평선을 통해서는 우리에게 어떤 정보도 전달될 수 없지만 그것은 한계를 정의한다. 일반상대성이론은 또한 사건지평선 너머 중요한 규모들 몇 가지에 관해서도 기술한다. 첫 번째는 "광구"라고 불리는데, 빛이 붙잡혀 블랙홀 주변을 원운동하는 곳을 뜻한다. 질량은 빛을 휘게 하므로, 우리는 질량이 빛을 원 형태로 굽힌다고 상상할 수 있다. 만약 그곳에 가면, 당신 머리 뒤에서 출발한 빛이 블랙홀 주변을 돌아 당신의 눈에 이를 것이고, 광구는 슈바르츠실트반지름의 1.5배에 해당하는 반지름을 지닌다.[29] 회전하는 블랙홀은 두 개의 광구를 가지고 있다. 그리고 그것은 회전하면서 공간을 끌고 간다. 안쪽의 광구는 회전 방향으로 움직이고 바깥의 광구는 회전 반대 방향으로 움직인다. 소용돌이에서 탈출하려고 하는 수영 선수를 생각해보라. 그들은 물살의 반대 방향으로 수영하면서 자기 자리에서 물러서지 않는다. 만약 그들이 물살과 함께 수영한다면 비운에 가까이 끌려간다. 광자들이 붙잡혀 있기 때문에, 광자구는 관측된 적이 없다.

우리는 부착원반 안쪽 경계 관측의 영역에 들어선다. 입자가 중력에 의해 붙잡혀 블랙홀로 끌려가면 그것들은 서로를 문지르고, 따라서 부착원반은 밖으로 갈수록 온도가 떨어지는 플라스마다. 안쪽 경계는 **안정된 운동궤도**innermost stable orbit에 의해 정의되는데, 그것은 회전하지 않는 블랙홀에 대해 슈바르츠실트반지름의 세 배고, 빠르게 회전하는 블랙홀의 경우 사건지평선보다 살짝 바깥에 있다.[30] 이 안정된 운동궤도 안에서, 입자는 블랙홀로 떨어져 영원히 사라진다. 질량이 작은 블랙홀에서 부착원반의 안쪽 경계 온도는 1,000만 도나 되며, 초대질량블랙홀의 경우 10만 도다. 이렇게 뜨거운 가스는 엄청난 양의 엑스선을 방출한다.

우리가 부착원반의 안쪽 경계를 볼 수 있을까? 아니다. 어떤 망원경으로 분해해서 보려 해도 각크기가 너무 작다. 100광년 떨어진 인근의 블랙홀은 10^{-9}각초의 각크기에 해당하는 안쪽 경계를 지닌다. 마치 화성 표면에 있는 핀의 머리를 보려 하는 것과 같다. 주변 은하의 중심에서 발견되는 것 같은 비활동적 초대질량블랙홀에 대해서라면 상황이 좀 개선된다. 그것들은 수백만 배 멀리 떨어져 있지만 사건지평선들이 수십억 배 더 크기 때문에, 그것들의 부착원반 안쪽 크기가 10^{-7}에서 10^{-6}각초 정도가 된다. 그것은 앞에서 소개한 전파간섭계들의 분해능보다 수백 배 작으므로, 여전히 관측천문학에서 가능한 한계 밖이다.

천문학자들이 철의 장막 안쪽을 들여다볼 수 있는 유일한 방법은 분광이다. 부착원반의 가스는 압도적으로 많은 수소와 헬륨 이온으로 만들어져 있지만, 100만 개 입자마다 두 개의 철 이온이 존재한다. 부착원반 바로 바깥의 영역은 극히 뜨거운 코로나다. 코로나에서 나온 엑스선은 살짝 온도가 낮은 부착원반에 복사를 쪼이고, 그 에너지는 철의 스펙트럼 천이spectral transition를 일으키기에 딱 맞다. 철이 희귀한 성분이기는 하지만, 그것의 스펙트럼 모양은 날카롭고 강하다. 엑스선 스펙트럼은 가스가 어떻게 움직이는지를 보여준다, 부착원반의 다가가는 쪽에서는 청색이동이, 멀어지는 쪽에서는 적색이동이 나타나기 때문이다. 부착원반 안쪽 부분에서 나오는 엑스선은 또한 강한 중력 적색이동을 겪으므로, 철의 스펙트럼선은 넓어지고 저에너지 쪽으로 비스듬히 기울어 있다(그림 43). 엑스선은 사

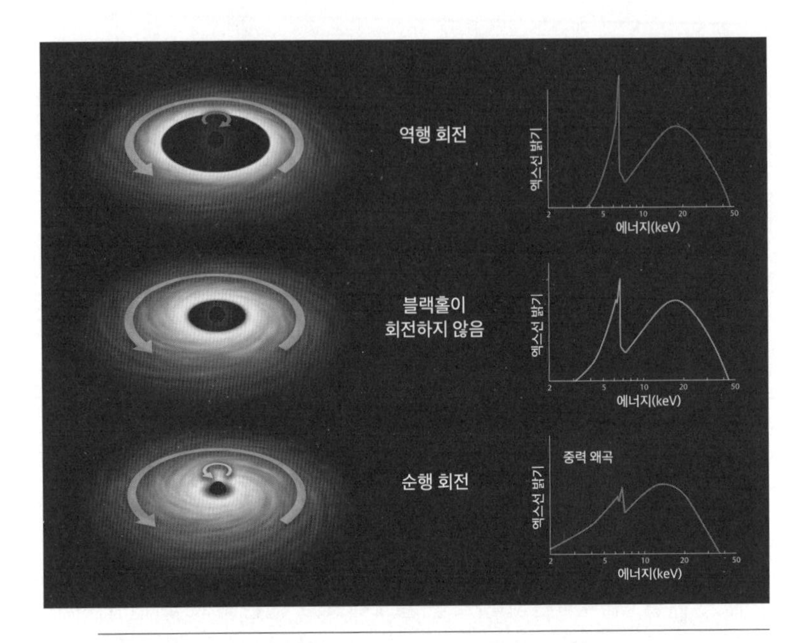

그림 43. 철 스펙트럼선은 블랙홀을 감싸고 있는 부착원반의 안쪽 고온 영역을 탐사하는 데 쓰일 수 있다. 선은 블랙홀에 의한 중력 적색이동으로 인해 저에너지 쪽으로 기울어 있다. 안쪽 경계는 블랙홀이 부착원반과 반대 방향으로 회전할 때(역행)는 멀리 떨어져 있고 같은 방향으로 운동할 때(순행)는 가까워진다. 이 차이가 엑스선 스펙트럼에서 보인다. ©NASA/JPL/California Institute of Technology

건지평선으로부터 손이 닿을 거리에서 중력을 측정하는 흥미로운 가능성을 제공한다.[31]

이런 관측들은 1993년 엑스선 위성인 ASCA의 발사로 가능해졌다. 거대 블랙홀의 부착원반 안쪽 경계에서 나온 엑스선의 첫 검출은 1년 뒤에 이어졌다.[32] 엑스선 스펙트럼선의 중력 적색이동은 이제 10여 개의 별질량블랙홀에서 관측되었으며 비슷한 수의 초대질량블랙홀에서도 관측된다. 그리고 수수께끼의 엑스선 현상은 블랙홀 인근을 볼 수 있는 두 번째 창이 열리기 몇 년 전에 발견되었다.

심연 인근에서 깜빡이는 엑스선

1980년대, 엑스선 위성이 밀집성compact star과 별 잔해를 모니터하기 시작했을 때, 엑스선이 빠르게 변화하는 천체들도 관측되었다. 그 깜빡임은 규칙적이지 않았다, 그래서 이 현상은 준주기적진동quasi-periodic oscillation, QPO이라고 불렸다. QPO는 처음에 백색왜성에서 보였고, 나중에는 중성자별과 블랙홀에서도 관측되었다.

이 변화 뒤에 숨겨진 천체물리를 천문학자들이 푸는 데는 시간이 걸렸다. 다른 천체들에서 시간 규모는 초에서 작게는 밀리초까지의 범위를 보였고, 주기적 운동은 종종 더 무질서한 변화의 잡음 속에서 찾을 수 없었다. 블랙홀들은 특정한 패턴의 밝아짐과 어두워짐을 보였고, 처음에는 진동을 끝내는 데 10초가 걸리다가, 나중에는 몇 주나 몇 달씩 걸렸고 변화가 멈추기 전에는 다시 10분의 1초 수준까지 빨라졌다. 그리고 순환이 반복되었다. 전형적인 블랙홀 백조자리 X-1의 관측과 모델은 변화의 원천을 드러냈다. 가스가 부착원반의 안쪽 부분을 떠나고 사건지평선으로 떨어지면서 남겨진 맥박이었다. 블랙홀로 떨어지는 물질이 느낄 죽음의 고통을 실시간으로 목

격하는 것은 짜릿하다.[33]

천문학자들은 변화하는 주파수가 블랙홀의 질량과 관련이 있으리라고 의심했다. 가스가 부착원반 안쪽으로 회전하며 떨어지고, 점점 더 빠르게 움직이며, 블랙홀 주변에 쌓여 엑스선 무더기를 방출하는 것이었다. 이 밀집한 영역은 작은 블랙홀들에서는 안쪽이라 엑스선 '시계'가 빠르게 째깍거렸다. 거대한 블랙홀에서는 바깥쪽에 있기 때문에, 엑스선 '시계'가 더 천천히 째깍거렸다. 이 행동은 너무 믿을 만해서, 알려진 가장 작은 블랙홀을 포함해서 블랙홀 질량을 측정하는 데 이 엑스선 변화가 쓰였다.[34] 그것은 너비가 24킬로미터, 질량이 태양의 3.8배로 중성자별의 질량 한계보다 간신히 높았다.

최근에, 암스테르담대학교의 애덤 잉그럼Adam Ingram은 변화하는 엑스선 자료와 철 스펙트럼선의 형태를 함께 분석했다. 그는 박사 학위를 위해 2009년 QPO 연구를 시작했는데 이에 대해 이렇게 말했다. "[그것은] 즉시 매력적인 것으로 인식되었다. 왜냐하면 블랙홀 아주 가까이에서 오기 때문이다." 그의 연구 팀은 두 엑스선 위성의 자료를 사용해 궤도운동하는 물질이 블랙홀에 의해 만들어진 중력 소용돌이에 잡힌 것을 보았다. "그것은 꿀 안에서 숟가락을 휘젓는 것과 비슷하다. 꿀이 공간이고, 꿀 안에 박힌 모든 것이 휘젓는 숟가락에 '끌려가는' 모습을 상상하라." 그들은 진동 시간이 4초인 블랙홀을 선택했고 그것을 거의 3개월간 정밀하게 관측했다. 철 스펙트럼선은 정확히 일반상대성이론에서 예측되는 행동을 보였다. 잉그럼은 "우리는 직접 블랙홀 가까이의 강한 중력장에 있는 물질의 운동을 측정하고 있다"라고 말했다.[35] 그것은 여전히 이 강한 중력장 영역에서 몇 안 되는 아인슈타인이론의 시험 중 하나다.[36]

QPO는 활동은하에서도 관측되었다. 변화의 주기는 몇 초보다는 몇 시간에서 몇 달에 이른다.[37] 여기서 부착원반이 별질량블랙홀에서부터 먼 은하에 있는 초대질량블랙홀에 이르기까지 아주 넓은 물리적 규모를 넘어 비슷하게 활동함을 암시한다는 것이 흥미롭다.

블랙홀이 별을 잡아먹을 때

초대질량블랙홀이 별을 잡아먹으면 어떤 일이 일어날까? 1998년, 리스가 조심스럽게 답했다. 그는 모든 은하 한가운데서 빛나고 있을 암흑의 블랙홀을 검출하는 것이 어떻게 가능할지 수년간 생각해왔다. 그리고 극한 중력의 영역으로 가는 어느 불행한 별이 어떤 일을 맞닥뜨릴지 생각했다. 블랙홀에 가까이 갈수록 별은 먼저 잡아늘여지고 다음으로는 조석력에 의해 갈기갈기 찢길 것이다. 잔해 일부는 빠른 속도로 튕겨 나갈 것이고 나머지는 블랙홀에 잡아먹힐 것이며, 몇 년 동안 지속될지도 모르는 밝은 플레어를 만들 것이다.[38]

별들이 블랙홀의 아주 가까이까지 여행하지 않는다면 이런 운명을 피할 수 있다. 모든 블랙홀엔 조석붕괴 반지름이 있다. 이 한계 바깥에서 별은 자기 모양을 유지한다. 별이 이 공간에 들어서면 파괴가 시작된다. 별 질량의 절반 정도가 날아가버리고, 나머지 절반은 타원궤도를 따라 움직이며 서서히 부착원반으로 가스를 배달한다. 블랙홀은 사건지평선 바로 바깥에 위치한 이 질량을 집어삼키고 중력에너지를 복사로 전환하며 밝은 불꽃을 만든다.[39] 종종 이 사건은 상대론적 제트를 만들기도 한다(그림 44). 태양이 우리은하 중심의 블랙홀에 다가가는 것을 상상해보라. 태양이 사건지평선으로부터 1억 6,000만 킬로미터 안쪽에 다가서기 전까지는 아무 일도 일어나지 않을 것이다. 그러다가 태양이 찢기고 지구를 포함해 모든

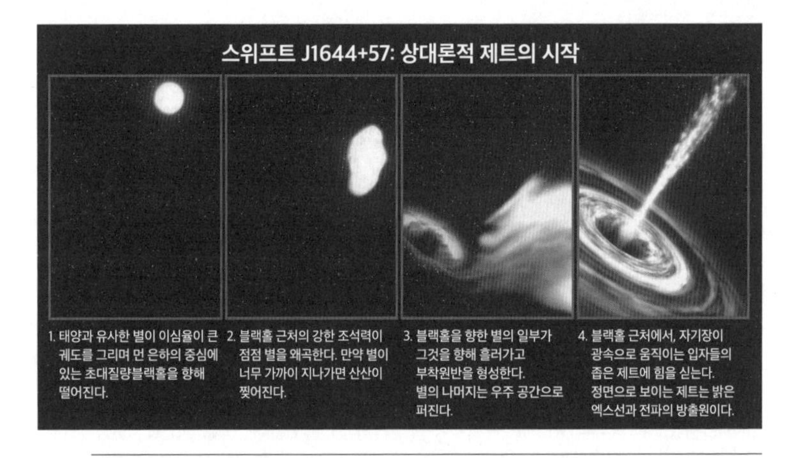

그림 44. 먼 은하에 있는 거대블랙홀에 의한 한 별의 조석파괴는 NASA 위성이 검출한 불꽃으로 이어졌다. 별은 심하게 찌그러진 궤도를 돌아 블랙홀 근처를 지날 때 강한 조석력에 의해 산산조각난다. 가스 일부는 부착원반의 먹이가 되고 일부는 블랙홀의 중력적 영향으로 사라진다. 부착원반은 고에너지입자를 가속하는, 그리고 엄청난 양의 복사를 지구 방향으로 방출하는 제트를 형성한다. ©NASA/Goddard Space Flight Center/Swift

행성이 볼링 핀처럼 흩어질 것이다. 안전하게 내쫓길 확률과 블랙홀에 의해 잡아먹힐 확률은 반반인 상태다. 이런 접근은 일어나기 어렵다. 그래서 조석붕괴 사건은 드물고, 은하 하나에서 10만 년에 한 번꼴로 일어난다.

태양과 같은 별이 태양질량 수백만 배의 중심 블랙홀로 가까이 다가가면, 조석붕괴의 반지름은 슈바르츠실트반지름 한참 바깥에 위치한다. 그러나 슈바르츠실트반지름이 질량에 따라 선형적으로 증가하고 동시에 조석붕괴 반지름은 천천히 증가하므로, 태양질량의 1억 배가 넘는 블랙홀들은 별이 찢어지기도 전에 별을 먹어버린다. 거대한 블랙홀은 별의 시체를 삼킨다고, 작은 블랙홀은 그것들을 먹기 위해 고기를 뜯는다고 생각하자. 또한 별의 운명은 크기와 진화 단계에 따라 결정되기도 한다. 큰 별은 강한 조석력을 받는다. 따라서 은하중심으로 향하는 적색거성은 태양보다 훨씬 멀리까지 흩어질 것이고, 백색왜성은 흩어지지 않은 채 사건지평선 안으로 사라질 것이다. 수치 시뮬레이션에 따르면 조석 현상을 겪은 후 부착률은 블랙홀의 질량에 민감하다. 시뮬레이션을 믿는다면, 조석붕괴와 플레어 밝기의 최대치 사이의 시간 차이는 블랙홀 '무게를 재는 데' 쓰일 수 있다. 태양과 같은 별에 대해, 블랙홀이 태양질량의 10^6배라면 시간지연이 약 한 달이고, 태양질량의 10^9배인 블랙홀에 대해서는 3년까지 증가한다.

관측은 어떤 이야기를 들려줄까? 20여 개에 이르는 조석붕괴 사건들이 엑스선망원경을 사용해 관측되었다. 그중에는 부착이 너무 효율적이라 밝기가 한 세기 전 에딩턴에 의해 정의된 한계를 한참 넘는 몇 개가 포함되어 있다.[40] 몇몇 사건은 부착의 급증이 전파퀘이사에서 보였던 상대론적 제트에 에너지를 공급할 수 있음을 보였다.[41] 이 모든 예는 먼 은하에 있다. 그래서 천문학자들은 G2라는 가스구름이 우리은하 중심에 있는 블랙홀로 향하고 있음을 깨달았을 때 굉장히 흥분했다. 2013년 후반에, 그 가스구름은 거대 블랙홀을 아주 가까이 지났고…, 아무 일도 일어나지 않았다. 하지만 근접 접근 이후 1년 정도 지났을 때일까, 엑스선플레어 비율이 하루에 하나꼴로 열 배 가까이 증가했다. 이러한 관측으로 G2가 가스구름이 아니라 거대한 포피를 지닌 별이 아니었을까, 따라서 물질이 찢겨 블랙홀로 내려오기까지 오랜 시간이 걸린 게 아니었을까 하는 추측에 이르렀다.[42] 그리고 쇼는 끝나지 않았다. 엑스선천문학자들은 15년 치 자료를 모으고 나서, G2가 다시 통과하기를 기다리고 있다. 그저 흐릿하게 어두워지지 않을까 하는 추측이 존재하는데, 우리가 은하중심에서 보고 있는 모든 현상은 2만 7,000년 전 벌어진 것이기 때문이다.

한편, 광학천문학자들은 16년마다 은하중심 블랙홀 주위를 공전하는 S2에 시선을 고정했다. 그들은 그래비티GRAVITY라는 새로운 도구를 가지고 있다. 유럽남방천문대의 8.2미터 VLT 네 대에서 받는 빛을 합성해 130미터짜리 망원경 한 대의 각분해능을 주는 기술이다. 2018년 S2는 블랙홀을 아주 가까이 지날 것이고, 전례 없이 일반상대성이론을 시험할 기회를 줄 것이다. 광속의 3퍼센트 속도로 사건지평선에서 겨우 17광시간 떨어진 지점을 지날 것으로 예측되는데, 어쩌면 산산이 조각나거나 완전히 잡아먹힐지도 모른다.

블랙홀에 의한 별의 파괴는 분명히 상상력을 자극한다. 2015년, 어떤 뉴스는 요리를 비유로 들었다. "블랙홀은 별을 꿀꺽꿀꺽 그리고 야금야금 탐한다."[43] 언론의 헤드라인은 가열되었다. 영국의 〈데일리메일Daily Mail〉은 "별 대학살의 메아리: 초대질량블랙홀에 의해 찢기면서 죽어가는 별의 거친 호흡이 검출되다"라는 제목을 썼다.[44] 별들이 감정이 없다는 사실과는 별개로 그것들은 소리도 만들지 않는다. 그리고 소리는 진공을 통해 전달되지 않으므로 헤드라인이 꽤 정확하다고 할 수 있다.

블랙홀의 스핀을 측정하다

블랙홀은 놀랍도록 단순하다. '무모의 정리'에 따르면 블랙홀은 그저 질량과 스핀, 두 가지 값으로 기술된다. 우리는 책의 첫 번째 장에서 블랙홀 질량을 재는 방법들에 관해 이야기했고, 이 방법들은 일반적으로 블랙홀이 붕괴한 별이라면 눈에 보이는 동반별의 궤도운동을, 또한 블랙홀이 관측 가능한 별들의 운동에 미치는 영향을 포함했다. 그런데 스핀은 어떻게 측정할 수 있을까?

뉴턴이론에 따르면 중력은 회전과 상관이 없다. 하지만 아인슈타인이론에서, 질량은 시공간의 기하학과 연결되어 있다. 1918년, 질량이 큰 물체의 회전이 시공간을 왜곡할 수 있음이 예측되었다. 회전하는 팽이가 움직이듯 주변 작은 물체의 궤도가 세차운동을 하도록 만드는 것이다. 이러한 공간 등고선의 뒤틀림은 계끌림frame dragging이라고 불린다. 포가 소용돌이에 대해 했던 명료한 설명을 기억하라. 다른 일반상대성이론의 미묘한 효과들처럼, 가장 먼저 집 근처를 살펴보아야 한다.

지구가 회전하면서 시공간을 비틀지만, 그 효과는 너무 미미해 수십 년 동안 검출이 불가능한 것으로 여겨졌다. 2004년, NASA는 지구에 의해 생기는 시공간의 굽어짐을, 심지어 회전에 의해 생기는 더 미미한 계끌림을 측정하려고 중력측정위성Gravity Probe B을 발사했다. 이 일을 위한 도구는 네 개의 탁구공 크기 자이로스코프gyroscope였다. 자이로스코프는 우주선을 유도하는 데 자주 쓰이는데, 그 회전축이 정해진 방향을 가리키게 되어 있다. 중력측정위성에 실린 자이로스코프에는 나이오븀이라는 물질로 코팅한 수정구가 들어 있었다. 원자 40개 안쪽 수준으로 구 모양을 이루는, 어떤 것보다도 가장 정교하게 가공된 물체였다. 만약 지구 크기로 확대한다면, 가장 높은 봉우리와 골짜기의 차이가 사람 하나보다 크지 않을 것이었다. 그것들이 얇은 액체 헬륨층으로 덮여 용기 안에 차폐되었다. 그 온도에서,

구는 초전도체가 되고 구가 만드는 전기와 자기장은 그것들을 정렬시키는 데 사용되었다.[45]

중력측정위성은 처음 재정 지원을 받은 지 50년이 지나서야 16개월 미션을 시작했다.[46] 자이로스코프는 페가수스자리에 있는 밝은 별에 고정되어 있었다. 위성은 자이로스코프가 지구 중력에 '기대는' 작은 각으로 시공간의 휘어짐을 측정했다. 그리고 더 작은 각도로 나타나는, 자이로스코프가 회전하는 지구에 '끌리는' 계끌림

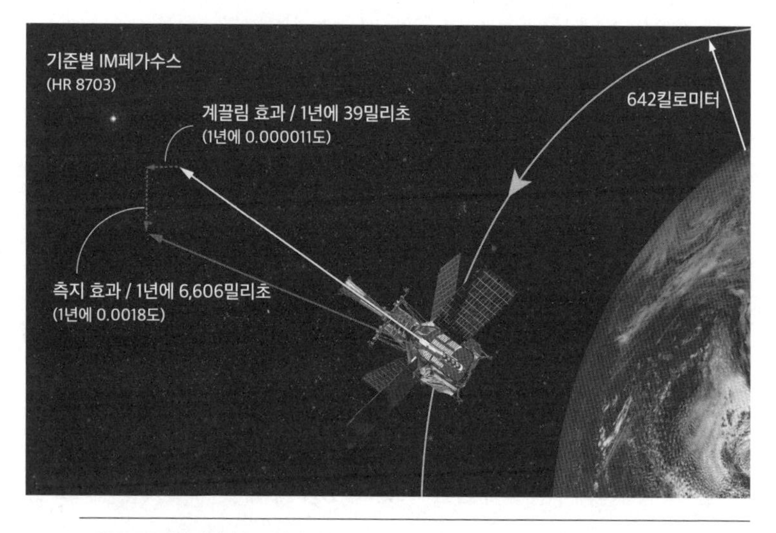

그림 45. 중력측정위성은 일반상대성이론의 두 특정한 예측을 약한 중력장 상황인 지구궤도에서 시험했다. 위성을 아주 정확하게 천구의 기준 좌표에 고정되게 하는 데 자이로스코프가 사용되었다. 이 위성은 자이로스코프가 지구 중력에 '기대 있는' 양을 측정했고 자이로스코프가 지구의 회전에 '끌려' 가는 효과인 계끌림도 측정했다. 두 측정 모두 일반상대성이론의 예측과 들어맞았다. ©C. W. F. Everitt/Phys. Rev. Lett./American Physical Society

도 측정했다. 예상 밖의 잡음이 실험의 감도를 낮추었고 분석을 더디게 했다. 이렇게 골치 아픈 상황은 최종 결과가 2011년까지 논문으로 발표되지 않으리라는 의미였다.[47] 아인슈타인의 시공간곡률에 대한 예측은 0.5퍼센트 이내로 확인되었고, 계끌림에 대한 예측은 15퍼센트 이내로 검증되었다(그림 45). 사태가 수습되자, 중력측정위성은 (비록 진을 빼기는 했지만) 기술적 역작으로서 성공을 거두었음이 드러났다.

스핀은 질량이 큰 블랙홀과 작은 블랙홀에 다른 영향을 끼친다. 쌍성계에 있는 블랙홀은 동반성보다 더 무겁고, 그래서 스핀은 상호작용으로 많이 변하지 않을 것이다. 블랙홀의 스핀율은 초신성폭발 안에서 형성되면서 생긴 직접적인 유물이다. 대조적으로 거대 블랙홀은 우주의 역사 동안 자신을 품은 은하 안쪽에서 가스와 별을 소비하면서, 또한 다른 은하에 있는 블랙홀들과 병합하면서 성장한다. 그러므로 거대 블랙홀의 스핀에는 부착과 병합을 통한 성장의 역사가 쓰여 있다. 이 어려운 측정을 하려고 하는 동기가 거기에 숨어 있다.

수십 개 초대질량블랙홀에 대해 스핀이 측정되었다. 측정은 종종 철 스펙트럼선이 부착원반의 안쪽 경계에서 반사되었을 때 그 형태를 관측해 이루어진다. 태양질량의 수백만 배에서 10억 배에 이르는 초대질량블랙홀이라면 블랙홀은 대부분 광속의 50퍼센트에서 95퍼센트 속도로 회전한다.[48] 그렇게 빠른 회전율은 블랙홀이 다른 은하와 한 번의 주된 병합 이후 성장했음을 뜻하는데, 큰 병합에서 유입되는 물질 대부분은 한 방향으로 흘러 들어간다. 반대로 작은 병합이 많이 일어날 때는 물질들이 여러 방향에서 유입되고, 평균적으로 작은 회전율이 만들어진다.

스핀을 측정하는 최고의 방법은 부착 영역 안쪽을 관측한 자료를 사용하는 것이다. 철 스펙트럼선의 분광관측, QPO 그리고 드물게 나타나는 조석붕괴 현상이다.[49] 밀집성에서 회전율의 한계는 어떻게 될까? 중성자별의 경우, 일부분만 회전율을 측정할 수 있다. 탐조등이 하늘을 훑듯 열점이 전파를 방출하는 경우다. 가장 빠른 펄서는 1초에 716번 회전한다.[50] 이론에 따르면 1초당 1,500번이 한계인데, 이보다 빠르게 회전했다가는 중성자별이 깨져버리고 말 것이다. 블랙홀의 최대 회전율은 물질의 구조에 의해 정해지지 않는다. 왜냐하면 모든 정보는 사건지평선에 의해 숨겨져 있기 때문이다. 그것은 사건지평선의 원주가 광속으로 움직이고 있는 경우의 회전율에 의해 정해진다. 독수리자리에 있는 3만 5,000광년 떨어진 GRS 1915+105는 1초당 1,000번의 빠른 회전을 한다. 이는 최대 회전율의 85퍼센트를 넘는다. 전형적인 블랙홀인 백조자리 X-1은 초당 790번으로 그리 빠르게 돌지 않지만 그래도 이론적 한계의 95퍼센트에 달한다.[51]

천체들이 제자리에서 빠르게 회전하는 모습을 떠올려보자. GRS 1915+105는 태양질량의 14배이므로, 슈바르츠실트반지름이

42킬로미터다. 이 블랙홀이 런던 상공의 상층대기에 떠서 간다고 생각해보라. 하늘의 10분의 1을 가린 검은 얼룩으로 나타날 것이고 런던뿐 아니라 잉글랜드 남부 대부분까지 그림자를 드리울 것이다. 비록 크기는 지구보다 300배나 작지만, 이 블랙홀은 태양보다 훨씬 무겁다. 군용 제트엔진의 터빈은 너무 빠르게 회전해 피아노의 가운데 '도'보다 두 옥타브 높은 음을 방출한다. 소프라노 가수의 음역에 해당한다. 만약 이 블랙홀이 잡음을 만들 수 있다면 비슷한 음높이일 것이다, 비록 블랙홀이 거대한 도시만큼이나 크더라도!

다른 극적인 경우로, 35억 광년 떨어진 활동은하 OJ 287에 있는 블랙홀 쌍성 중 큰 녀석을 생각해보자. 이 블랙홀의 질량은 태양 질량의 180억 배, 슈바르츠실트반지름은 500억 킬로미터이며 적도 부근에서 초속 10만 킬로미터 속도로 회전한다. 광속의 3분의 2다.[52] 이 상황은 상상하기 더 어렵지만 그 초대질량블랙홀이 태양계 위 어느 공간에선가 빛나고 있다고 생각해보자. 태양계의 열 배 크기이지만 작은 은하 정도의 질량을 지닌다. 이 정도 크기의 블랙홀은 회전율이 좀 낮지만, 여전히 5주에 한 번 정도는 회전한다. 이 활동이 얼마나 이상한지 보이기 위해 비교하자면, 태양에서부터 이 블랙홀 사건지평선 크기와 같은 거리에 위치한 태양계에 있는 천체는, 뉴턴의 법칙을 따라 오직 5,000년마다 한 번씩 공전을 할 것이다. 우리 주변 우주에 있는 어느 천체도 그토록 극적인 운동을 보여주지 않는다.

사건지평선망원경

"우리는 한방을 기대하고 있어요." 셰프 돌먼Shep Doeleman은 멕시코 남쪽, 해발 4,500미터 산꼭대기에서 고산병과 싸우려 코카나무 잎을 씹는 중이었다. 이 낙관적인 말에도 불구하고 밤은 순탄하게 흘러가지 않았다. 그는 기기 문제와 씨름했고 전파망원경에는 꾸준히 신선한 눈이 쌓였다. "만약 무언가가 블랙홀 경계에서 춤추고 있다면, 더 근본적인 게 무엇이 있겠는가. 바라건대, 우리는 아주 멋진 무언가를 찾아낼 것이다."[53]

돌먼은 오리건주 포틀랜드에 있는 리드칼리지에서 물리학을 전공했다. 그곳에서 과학을 공부하는 학생들은 각자 원자로를 돌렸고, 학생회관의 공기는 종종 대마 향으로 가득했다. 그는 방랑벽이 있어, 대학원에 입학하기 전 2년 동안 대부분의 시간을 남극 대륙에서 과학 실험을 하며 보냈다. MIT 대학원생일 때, 그는 플라스마물리학과 지질학을 시도했다. 그러다가 VLBI 기술을 이용해 만든 아름다운 퀘이사 제트의 지도를 보았을 때 전파천문학으로 마음을 굳혔다. 돌먼은 이 기술이 블랙홀의 사진을 찍는 데 가장 좋은 기회를 줄 것이라 깨달았고, 정확히 어디를 겨누어야 할지 알고 있었다. 궁수자리 A*라고 불리는, 궁수자리 방향 초밀집 전파원이었다.

우리은하의 중심은 이 연구를 위해 중요한 목표다. 어떤 블랙홀 후보보다도 가장 믿을 만한 증거를 가지고 있다는 사실은 둘째

치더라도, 연구하기에 가장 쉽다. 은하중심의 블랙홀 사건지평선은 하늘에서 50마이크로초 각도에 뻗어 있다(실제로는 사건지평선 크기가 아니라 블랙홀 주변 광자들의 궤도운동에 의해 생기는 블랙홀 그림자 크기다-옮긴이). 작은 각도이지만 외부은하들에 있는 초대질량블랙홀 사건지평선보다 분해하기에 열 배는 쉽고, 가장 가까운 별질량블랙홀의 사건지평선보다는 수천 배 쉽다. 그래서 일반상대성이론을 새롭게 시험해보길 원하는 천문학자들이 여기에 뛰어들었다.

돌먼은 "사건지평선망원경Event Horizon Telescope, EHT"이라고 불리는 프로젝트의 젊은 리더다.[54] EHT는 단일 연구시설이 아니다. 전 세계에 흩어져 있는 11개 전파망원경들의 배열이다. 칠레에서부터 남극, 하와이, 애리조나, 스페인까지 모든 접시들이 협력해서 지구 크기만 한 단일 망원경의 이미지 선명도를 흉내 낸다. 전 세계만 한 망원경을 동시에 작동하려면 한 세기에 1초가 어긋나는 수준의 정밀도를 지닌 원자시계가 필요하다. 20개가 넘는 기관에 소속된 천문학자들이 프로젝트를 위해 일한다. 자료는 1밀리미터나 더 짧은 전파 파장에서 수집된다. 밀리미터 전파는 대기 중의 물에 영향을 받으므로, 대부분의 망원경은 차갑고 건조한 지역에 위치한다. 결과적으로, 돌먼은 눈으로 뒤덮인 망원경을 보았을 뿐만 아니라 안데스산맥 고도 5,000미터에서 장비를 시험하느라 산소마스크를 써야 했다. 그리고 남극에 있는 망원경을 사용하는 위험까지도 감수했다.

30여 명의 과학자와 공학자로 이루어진 그룹이 애리조나주 킷

픽에 있는 전파 접시를 운영하는데, EHT 배열에서 핵심 역할을 맡는다. 나의 애리조나대학교 동료인 페르얄 외젤Feryal Özel과 디미트리오스 살티스Dimitrios Psaltis는 강력한 슈퍼컴퓨터에서 수치상대론과 광선추적을 사용해 블랙홀의 모습을 계산한다. 다른 동료인 댄 머론Dan Marrone은 배열의 다른 망원경인 남극점망원경South Pole Telescope을 돌보느라 남극에서 매년 시간을 보낸다. 이 40대 과학자들은 적어도 비유적으로는 블랙홀 바닥 가까이 다가가기를 각오한 세대다.

더 높고 건조한 관측지라면 누구도 남극점을 이길 수 없다. 얼음의 돔은 해수면으로부터 3,000미터나 솟아 있으며 습도는 10퍼센트 미만이다. 모든 물은 얼음으로 땅에 화강암처럼 얼어붙어 있다. 나는 언젠가 남극점에 갈 수 있기를 희망하지만, 강풍이 아우성치고 온도는 영하 60도를 넘나드는 그 끝없는 겨울밤을 견디기는 어려울 것 같다. 만약 남극에서 월동한다면 당신과 동료들의 정신 상태에 대해 자신감이 굉장히 넘쳐야 한다. 머론은 전파천문학자로, 밀리미터파를 검출하기 위해 검은 하늘을 볼 필요가 없다. 그래서 그는 남극이 여름일 때 간다. 따뜻한 투손의 겨울을 간신히 영하 정도의 온도로 맞바꾸는 것이다. 그래도 세계의 끝인 그곳에서는 가장 따뜻한 시기일 때다. 백야라는 영원한 빛의 공간으로 가서 영원한 어둠의 사진을 찍으려 하는 것은 왠지 시적이다.

이 프로젝트는 벌써 인상적인 결과들을 내놓고 있다(2023년 4월 기준으로는 전 세계 11개 천문대가 협력해 관측에 참여한다. 그리고 2019년,

2022년에 각각 M87 은하와 우리은하 중심에 있는 초대질량블랙홀 사진을 발표했다-옮긴이). 심지어 배열이 아직 완전한 성능으로 작동하는 것도 아니다. 물질이 은하중심으로 떨어지고, 그 지역은 EHT가 측정한 크기에 따르면 아주 밝아야 한다. 하지만 희미하다. 따라서 에너지는 블랙홀의 강력한 증거인 사건지평선 너머로 사라지고 있을 것이다.[55] 초기의 자료 분석에 따르면 부착원반은 거의 옆에서 본 방향으로 나타나며, 우리의 관점에서 원반의 회전을 측정할 수 있다는 뜻이다. 즉, 블랙홀 스핀에 관한 정보를 얻을 수 있다. 밀집 전파원의 변동은 블랙홀 아주 가까운 곳에서 부착 흐름의 변화와 관련이 있다. 시뮬레이션에 따르면 EHT 배열은 곧 첫 블랙홀의 이미지를 얻으려는 설계 목적을 달성할 수준의 민감도를 내놓을 것이다.

만약 이미지를 얻을 수 있다면 작고 어두운 무의 원으로 나타날 것이다. 일반상대성이론에 따르면 그림자 지름은 약 8,000만 킬로미터여야 한다. 지구상에서라면 로스앤젤레스에서 뉴욕에 있는 양귀비 씨를 보는 정도의 크기다. 이 실루엣은 빛의 중력적 휘어짐에 의해 두 배 크기가 되고, 블랙홀을 둘러싼 물질로 인해 가장자리가 빛날 것이다. 이미지가 정확히 원형이 아니라면 블랙홀 '무모의 정리'에 반대되는 증거일지도 모른다.[56] 그러나 이미지가 상대론이 예측하는 모양과 크기를 가지고 있다면, 그것은 공간과 시간이 정말 공처럼 만들어질 수 있으며 태양질량의 400만 배가 거의 자취를 남기지 않고 사라질 수 있다는 최고의 시각적인 증거일 것이다.

7장 중력의 눈으로 보다

♦

혁명이 태동하고 있다. 우리는 블랙홀을 직접 '보기' 직전에 서 있다. 400년 동안, 천문학자들은 우주를 오로지 빛과 다른 형태의 전자기파를 이용해서 연구해왔다. 그들은 우주에 있는 '것'들이 복사를 방출하고 복사와 상호작용하는 방법을 통해 성질을 측정했다. 그러다가 2015년, 중력파가 처음으로 검출되었다.

중력파는 빛의 속도로 이동하는 시공간의 물결이다. 그것은 블랙홀, 중성자별, 초신성의 강한 중력을 바라보는 고유의 창을 제공한다. 그리고 천문학자들이 새로운 방식으로 일반상대성이론을 시험하게 할 것이다. 중력파는 먼 거리에서부터 우리에게 오며, 빅뱅 직후의 우주를 탐구하는 데도 쓰일 수 있다. 중력의 눈으로 우주를 보는 일은 블랙홀에 대한 우리의 이해를 바꿔놓을 것이다.

우주를 보는 새로운 방법

우리가 우주를 보는 방식에는 두 번의 주요한 혁명이 있었다. 첫 혁명은 1610년, 갈릴레이가 새롭게 발명한 망원경이라고 불리는 장비를 밤하늘에 겨누었을 때 시작되었다. 그가 가진 최고의 망원경은 렌즈가 지름 1.2센티미터 크기였고, 눈보다 100배나 많은 빛을 모았다. 갈릴레이 시절부터 천문학자들은 그의 간단한 단안경을 개선하려고 노력해왔다. 100년 전, 그들은 빛을 모으는 데 렌즈 대신 거울을 이용하기 시작했다. 렌즈가 커지면 무게로 인해 늘어지고 모든 색깔을 한 초점으로 모으지 않기 때문이었다. 현대 천문학자들은 단일 거울을 사용하거나 작은 육각형 조각들의 모자이크를 사용해서 지름 10미터까지 이르는 광학망원경을 만들었다.[1] 갈릴레이의 시기 이후 4세기 동안 집광력의 향상은 100만 배 단위에 달한다.

한편, 빛이 검출되는 방식이 향상되면서 깊이 면에서 추가적인 이득이 있었다. 눈은 비효율적인 화학적 검출기다. 우리에게 연속적 동작의 착시를 주기 위해서 눈은 망막에 떨어지는 정보를 1초에 열 번씩 뇌에 전달해야 한다. 즉 눈은 오직 10분의 1초 동안 빛을 '적분해' 모을 수 있다는 의미다. 19세기 중반 사진술이 발명되었고, 그로부터 얼마 지나지 않아 천문학자들은 이 기술을 이용해 밤하늘의 사진을 찍었다. 사진에서 빛은 눈보다 더 효율적이지 않은 과정을 통해 화학적으로 붙잡힌다. 하지만 노출 시간이 길어지면 깊이가 향상된다. 진정한 도약은 디지털 이미징이 완성되던 1980년대에 일어났다. 이제 CCD가 80~90퍼센트의 효율로 기기에 도착하는 광자를 전자로, 그리고 쉽게 디지털화될 수 있는 전기적인 신호로 전환한다. CCD는 거의 완벽에 가까운 검출기다. 눈과 비교하면 검출 효율이 10만 배나 된다.

망원경의 크기 그리고 효율적인 빛의 검출이라는 두 가지 요소를 동시에 고려하면, 최고의 망원경은 눈보다 훨씬 뛰어난 1,000억 배의 깊이로 우주를 볼 수 있다. 이것은 북반구 거주자가 외부 은하인 M31 하나를 보는 것과, 거대 망원경이 100억 개를 관측하는 것의 차이이다. 달리 말하면 수백 광년 떨어진 별을 보는 것과 130억 년 동안 여행해 온 빛을 보는 것의 차이다. CCD의 성능이 너무 많이 향상된 나머지, 2017년에는 거대 망원경을 이용해 기록된 광자의 수가 인류 역사상 기록된 광자의 수를 넘어섰다.

우주를 보는 데 있어서 두 번째 혁명은 20세기 첫 절반에 걸쳐 일어났다. 우리의 초기 조상들이 아프리카 사바나에서 밤하늘을 올려다보았을 적부터, 천문학은 전자기파 스펙트럼의 작은 일부만을 사용했다. 가장 파란색부터 가장 붉은색까지는 파장이나 주파수가 불과 두 배밖에 차이 나지 않는다. 거대한 망원경은 그저 같은 스펙트럼의 좁은 조각만을 깊게 팔 뿐이다.

천문학 연구에서 전자기파 스펙트럼을 비집어 열기 위한 기술들이 개발되었다. 우주를 가시광선으로 보는 것은 선명한 색상으로 보는 것에 비해 흑백으로 보는 정도로 한정적이다. 아마 더 좋은 비유는 음악에서 찾을 수 있을 것이다. 가시광선은 피아노에서 인접한 건반 두 개고, 전파에서 감마선까지의 전자기파 스펙트럼은 88개 건반 전체 세트다. 눈에 보이지 않는 파장 중 가장 먼저 천문학에 사용된 것은 전파였다. 19세기 후반, 굴리엘모 마르코니Guglielmo Marconi는 전파를 먼 거리에 걸쳐 보내고 검출할 수 있음을 보였다. 그리고 우리가 보았듯, 30년이 지나지 않아 잰스키가 간단한 안테나를 이용해 우리은하 중심에서 오는 전파를 검출하기에 이르렀다. 1920년대에 윌슨산천문대의 두 천문학자는 온도 차이를 전기신호로 바꿔주는 소자를 이용해 밝은 별 몇 개에서 오는 적외선복사를 검출했다, 하지만 적외선천문학은 1970년대에 더 민감한 검출기들이 완성되기 전까지 비상하지 못했다. 눈에 보이지 않는 짧은 파장의 관측은 천문학자들이 지구 대기에 의해 흡수되는 복사를 피할 수 있을 때까지 불가능했다. 태양이 엑스선에서 관측된 것은 1949년의 관측 로켓을 통해서였고, 전형적인 블랙홀 백조자리 X-1은 15년이 지나서 처음 관측되었다. 엑스선천문학은 1970년대 일련의 위성들을 통해 급격히 발전했다. 우주의 감마선은 1990년대에 위성으로 관측되기 몇 년 전에야 예측되었다.[2]

이러한 역량은 천문학자들이 복사를 길게는 10미터에서 짧게는 양성자의 수천분의 일에 해당하는 파장(10^8헤르츠에서 10^{27}헤르츠 주파수에 해당하는)으로 관측할 수 있는 도구를 제공한다. 두 배 차이에 지나지 않던 파장 범위가 엄청나게 높은 비율로 확장되자 우주에 대한 우리의 시각이 변화했다. 오직 몇 개 천체만이 전자기파 스펙트럼 전체에 걸쳐 검출될 수 있고, 그것들은 모두 초대질량블랙홀에 의해 에너지를 공급받는 활동은하들이다.[3]

우주에 대해 우리가 배우는 모든 것에는 망원경이 복사를 받아들이는 과정이 포함된다. 우리가 간접적인 정보에 의지하고 있다는 사실을 잊어버리기 매우 쉽다. 우주는 먼지 알갱이, 가스구름, 달, 행성, 별 그리고 은하 같은 물질로 가득 차 있다. 우리는 이 물질을 직접 보지 않는다. 하지만 그것들이 전자기파 복사와 상호작용하는 것을 통해 그 특성을 유추한다. 물질들이 방출하거나 흡수하는 특정 스펙트럼선으로 화학원소들을 진단한다. 먼지 알갱이는 빛을 흡수하고 적외선복사를 방출하면서 스스로를 드러낸다. 달과 행성은 가까이 있는 별의 별빛을 반사해 보여준다. 별들은 핵융합의 부산물로 그것들이 흘리는 복사에 의해 보인다. 은하들은 그것들의 가스나 별들이 보이는 스펙트럼선의 도플러이동을 통해 관측된다.

이 모든 관측은 간접적이며, 우주의 5퍼센트뿐인 일반적인 물질과 연결되어 있을 뿐이다. 95퍼센트를 차지하는 암흑물질과 암흑에너지는 복사와 작용하지 않기 때문에 여전히 우리에게 보이지 않는다. 천문학적 대상들은 배우와 같다. 하지만 이러한 우주적 드라마의 '무대' 또한 보이지 않는다. 천문학자들은 은하를 보이지 않는 시공간의 지표로 활용하며 우주팽창을 추적한다.

블랙홀 검출 역시 간접적이다. 우리가 볼 수 있는 가장 가까운 한계는 부착원반 안쪽 부분을 둘러싼 코로나에서 반사되어 나오는 고에너지복사다. 그런 다음 블랙홀의 질량과 스핀은 엑스선 스펙트럼선을 통해 알아낼 수 있다.

우주의 '것'들을 전자기파 복사라는 중개자 없이 볼 수 있다면 훌륭하지 않을까? 시공간의 뒤틀림을 직접적으로 감지할 수 있다면 대단하지 않을까? 가능한 일이다. 다만 우리가 '중력의 눈'을 가지고 있다면 말이다(그림 46). 이런 일을 설명할 최고의 비유는 텔레

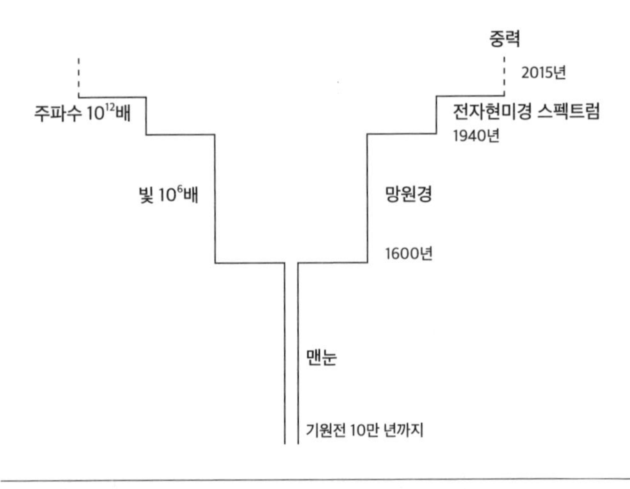

그림 46. 우리가 우주를 보는 방식에서는 오직 세 번의 혁명만이 있었다. 인류 역사의 대부분, 우리는 맨눈으로 하는 천문학에 갇혀 있었다. 1610년, 갈릴레이는 더 많은 빛을 모으는 수단으로 망원경을 사용했고, 그로부터 4세기 동안 망원경은 지름 10미터가 넘는 수준까지 도달했다. 새로운 검출기와 우주 망원경을 포함해 20세기 초반에 일련의 기술적 발전이 천문학을 위해 전파에서 감마선까지 전자기파 스펙트럼을 열었다. 2015년, 중력파 검출은 우리가 우주를 처음으로 '중력의 눈'으로 볼 수 있게 해주었다.

파시다. 뇌는 약 1.4킬로그램의 살아 있는 조직 덩어리다. 더 자세히 말하면, 뇌는 수십억 개의 뉴런과 그것들 사이의 수조 개 연결로 구성된 전기화학적 네트워크다. 그러나 이 지식은 우리가 어디에 기억이나 감정, 순간적 생각, 자존감을 저장하는지 알려주지 않는다. 우주를 중력으로 본다는 것은 마치 누군가의 경험에 따라 그의 생각과 감정을 읽을 수 있는 것처럼 심오하다.[4]

시공간에서의 물결

시공간에서의 물결이란 게 무엇일까? 일반상대성이론에서 물질이 시공간의 곡률을 지배한다는 것을 기억하라. 중력파는 언제든지 질량이 운동이나 배열을 바꿀 때 일어난다.[5] 왜곡된 공간의 파도는 연못에 던진 돌에서부터 물결이 퍼져나가듯 천체로부터 퍼져나간다. 이론에 따르면, 이 파도는 빛의 속도로 움직이고 시작점에서부터 멀어질수록 거리에 따라 약해진다. 대부분의 움직이는 물질들에 대해 공간의 뒤틀림은 매우 미약하다. 가장 강한 중력파는 가장 극적인 우주 사건에서 온다. 블랙홀들이 서로 돌다가 충돌했을 때, 중성자별들이 서로 돌다가 충돌했을 때, 초신성이 폭발하고 격렬한 우주 자체가 탄생한다.

입자들이 원형으로 고리 모양을 이루어 평면 위에 있는 완벽히 평평한 시공간을 상상해보라. 나는 그것을 내 컴퓨터 모니터의 화면이라고 생각하려 한다. 입자들은 보이지 않는 시공간이 보이도록 하는 목적만을 위해 있을 뿐이다. 만약 중력파가 바로 화면 안으로 혹은 밖으로 지나간다면, 입자들의 고리는 시공간의 왜곡을 따를 것이다. 차례로 약간 수직으로, 그리고 수평 방향으로 찌그러지고 이런 과정을 계속 반복할 것이다(그림 47).[6] 다른 파동처럼, 중력파는 그것의 진폭, 주파수, 파장, 속도로 기술된다. 진폭은 파가 진행하면

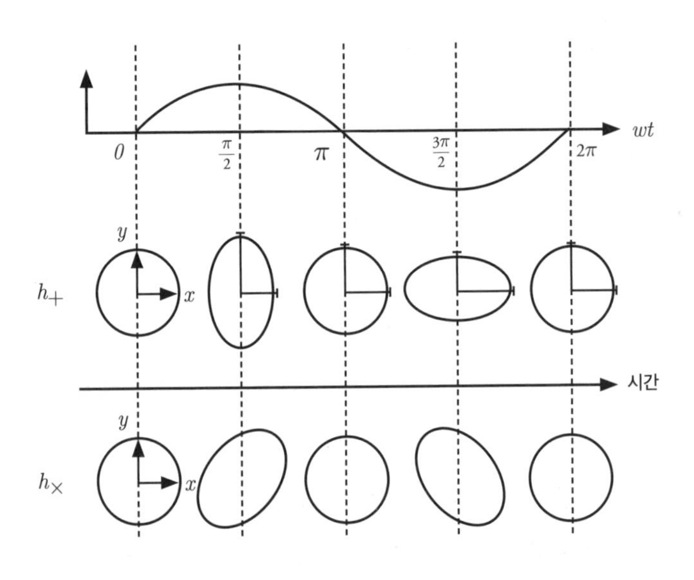

그림 47. 중력파는 맨 위쪽 패널에 하나의 완벽한 파장 변화 주기가 나타난 것처럼 시공간의 사인파 모양 진동이다. 아래의 두 패널에 보이는 두 독립적인 중력파의 편광은 전자기파처럼 90도가 아니라 45도 각도로 어긋나 있다. 이 예시에 보이는 파동은 페이지에 수직으로 움직인다. 가운데 패널에는 간섭계의 팔을 나타냈다. 어떻게 그런 파동이 검출될 수 있는지를 보여주기 위한 것이다. 이 도표에서의 왜곡은 아주 과장된 것이며 실제로 원 모양에서의 편차는 감지하기 어려울 것이다.

서 입자들의 고리가 왜곡되는 비율이다. 주파수는 입자들의 고리가 1초에 몇 번이나 늘어났다 줄어드는지를 말한다. 파장은 최대로 늘어나거나 줄어드는 점 사이에서 파의 거리를 말한다. 이 파는 빛의 속도로 우주에서 이동하고, 물리적인 개체들을 구부러지게 할 뿐 아니라 그것들이 거기 없는 것처럼 통과해 지나간다.[7]

비유에서 우리는 원이 납작해졌다가 타원으로 늘어나는 모습을 상상한다. 하지만 그것은 일반적인 중력파에 대해 실제 왜곡의 정도를 아주 과장한 것이다. 상상 속 입자의 고리는 원에서 10^{-21}만큼 편차가 생기는데, 이는 10억에 10억을 곱한 다음 1,000배를 또 곱한 값에 대한 1의 비율이다! 그렇게 작은 양으로 일렁이는 시공간을 관측하는 실험이란 불가능하게 들린다.

사실 이론으로 중력파를 처음 예측했던 사람조차도 그것이 실제라고 믿지 않았다. 우리는 아인슈타인이 블랙홀의 존재를 믿지 않았음을 보았고, 그가 중력렌즈의 중요성을 간과했던 것도 보았다. 1916년, 동료인 앙리 푸앵카레Henri Poincaré의 제안에 따라, 아인슈타인은 전자기파의 비유를 만들었다. 전하가 앞뒤로 움직일 때 그 진동의 어긋남은 빛과 같은 전자기파를 만든다. 아인슈타인은 물질이 공간을 휘게 만드는 것을 알았고, 따라서 움직이는 물질이 공간에 진동의 어긋남을 만들어야 한다는 것은 자명해 보였다.

아인슈타인은 이 아이디어가 작동하게 하는 데 끔찍한 어려움을 겪었다. 이 비유에는 허점이 있기 때문인데, 전하는 양이거나 음일 수 있다. 그러나 중력에서 음의 질량이라는 것은 존재하지 않는다. 아인슈타인은 필요한 계산을 하기 위한 좌표계 그리고 근사와 힘겹게 씨름했다. 그는 세 가지 종류의 파동을 유도했지만, 에딩턴이 그중 두 가지는 어떤 속도로든 이동할 수 있는 수학적 허상임을 보이자 굴욕감을 느꼈다. 에딩턴은 진지한 표정으로 그것들이 심지어 "생각의 속도로 전파"될지도 모른다며 농담했다.[8]

1936년 아인슈타인은 마음을 먹었다. 그가 우리의 컴퓨터 화면 비유와 같은 평면파를 위한 공식을 쓰려고 시도할 때마다 특이점에 맞닥뜨렸다. 방정식이 발산해버리고 값들이 무한대가 되는 점이었다. 그는 프린스턴대학교에서 자기 학생이던 로즌과 "중력파가 있는가?Are There Any Gravitational Waves?"라는 제목의 논문을 썼다. 논문에서의 답은 강한 "아니오!"였다. 아인슈타인은 논문을 명망 있는 학회지인 〈피지컬리뷰Physical Review〉에 투고했지만, 익명의 심사자가 논문 게재 승인을 거부하고 몇 가지 문제점을 지적하자 경악했다. 아인슈타인은 독일에 있던 시절, 언제나 자신의 논문이 자동으로 게재되었기에 동료 평가를 받아본 적이 없었다. 그는 편집자에게 짜증 섞인 편지를 썼다. "우리(로즌 씨와 나)는 원고를 실어달라고 보냈지, 논문이 인쇄되기 전에 전문가에게 보여줘도 된다고 허락한 적은 없습니다. 익명의 전문가의 지적에 대해 답변할 이유를 찾지 못하겠고 어쨌든 그 지적은 잘못되었습니다."[9]

그러나 아인슈타인은 틀렸고 다른 젊은 동료가 그의 실수를 찾아냈다. 아이러니하게도, 그가 프린스턴에서 "중력파는 존재하지 않는다"라는 제목의 발표를 하기 전날이었다. 아인슈타인과 로즌이 수정한 논문을 다른 학회지에 발표했을 때, 물리학자들의 의견은 상반되었다.[10] 많은 사람은 중력파가 물리적인 의미를 지니지 않는 수학적 구조라고 생각했다. 하지만 모든 초기의 의혹 이후, 아인슈타인은 그것들이 실제라고 납득했다. 이론이 성공하면서 아인슈타인도 천천히 중력파의 예측을 믿게 되었다.

괴짜 백만장자와 고독한 엔지니어

시공간의 물결을 측정하기는 너무 어려워 보였기에 물리학자들은 그것을 무시했다. 중력파 측정은 물리학적 난제들로 가득 찬 서랍 속에 20년간 묻혀 있었다. 그러다가 아인슈타인과 로즌의 논문이 발표된 이후, 미국의 괴짜 백만장자인 로저 W. 뱁슨Roger W. Babson이 관심을 가졌다. 물리학이 당신을 부자로 만들어줄 수 있다고 생각해본 적이 없다면, 이 이야기에 귀를 기울이라.

중력에 대한 뱁슨의 관심은 가족의 비극에서 시작되었다. 뱁슨이 아직 아기였을 때 누나가 물에 빠져 죽었는데, 그는 후에 누나가 중력을 이길 수 없었기 때문이라고 말했다. 그는 경력을 쌓으면서 뉴턴법칙의 한 버전을 주식시장에 도입했다. 그는 "올라가는 것은 떨어져야만 한다"고, "모든 작용에는 반작용이 있다"고 말했다.[11] 뱁슨은 1929년의 월가 폭락을 예측했고, 일반적으로 값싼 주식이 올라갈 때 사들였다가 다시 떨어지기 전에 팔았다.[12] 뱁슨은 자신이 백만장자가 되도록 도와준 데 대해 중력에 빚을 졌다고 했다.

뱁슨은 중력연구재단Gravity Research Foundation을 1949년에 시작했고, 중력을 무효화하거나 대항할 수 있는 방법을 찾는 에세이 대회를 후원했다. 이 대회는 세간의 이목을 끌었는데, 말할 필요도 없이 그다지 엄밀하지 않은 에세이들이 우승을 차지했다. 재단의 홍보물은 물 위를 걷는 예수의 맥락에서 중력의 제어를 이야기했다.[13] 명성 있는 물리학자들은 그것을 피했고 과학 대중화에 힘썼던 마틴 가드너Martin Gardner는 재단을 "아마 20세기 들어 가장 쓸데없는 프로젝트"라고 불렀다.[14]

뱁슨은 물리학계의 신뢰를 다시 얻기 위해 재단을 분할해, 오직 중력에 관한 순수학문 연구를 후원하는 것이 목적인 재단을 만들었다. 그는 '블랙홀'이라는 용어를 만든 프린스턴대학교 물리학자 휠러에게 동료 브라이스 디윗Bryce DeWitt을 설득해 새로운 연구소로 오게 해달라고 부탁했다. 디윗은 1957년 초, 노스캐롤라이나대학교에서 중력과 일반상대성이론에 대해 기념비적인 학회를 열었다.

학회는 중력이론을 연구하는 젊은 연구자들에게 활기를 불어넣었다.[15] 중력파에 관한 토의는 그것이 에너지를 전달하는지 아닌지에 중점을 맞추었다. 파인만의 '끈적거리는 구슬' 주장이 청중 대부분을 납득시켰다. 파인만은 사람들에게 서로 떨어져 있고 가운데가 뚫린 구슬(고리) 두 개가 금속 막대에 매끈하게 들어맞는 모습을 상상하라고 했다. 중력파가 막대를 지나갈 때, 중력파의 힘은 고리가 앞뒤로 조금씩 이동하게 한다. 고리와 막대 사이에 마찰이 일어나면서 막대가 열을 낼 것이다. 그러므로 에너지가 파에서 막대로 전해진 것이다. 청중 중에 조지프 웨버Joseph Weber라는 젊은 공학자가 있었다. 그는 발표에 세심하게 주의를 기울였다.

웨버는 가난한 리투아니아 이민자 가정에서 태어났다. 웨버라는 이름도 미국에 쉽게 동화되기 위해 영국식으로 지은 것이다. 그는 부모님의 돈을 아끼려고 대학을 그만둔 다음 해군에 입대했고, 소령까지 진급했다. 제2차 세계대전 중 그는 해군을 위해 적의 미사일에 대항하는 유도 방향 전환 전자 장치를 지휘했다. 전쟁이 끝나고, 그는 메릴랜드대학교 공학대학원에 들어갔다. 웨버의 과학 인생은 목표 달성 일보 직전에 실패하는 일의 연속이었다. 조지 가모George Gamow가 빅뱅에서 온 마이크로파를 검출하는 박사 학위 프로젝트를 제안했지만, 그는 하지 않았다. 이후 우연한 발견을 이루어낸 아르노 펜지어스Arno Penzias와 로버트 윌슨Robert Wilson이 노벨상을 받았다. 1951년, 웨버는 메이저와 레이저에 관한 아이디어를 담은 첫 번째 논문을 발표했다. 그러나 그의 논문을 읽고 기술적 혁신을 개척한 사람은 찰스 타운스Charles Townes였다. 그중에서도 웨버가 가장 쓰라리게 놓친 것은 중력파였다.[16]

웨버는 디윗의 학회에 감명받아 어떻게 중력파를 검출할 수 있을지 고민했다. 그는 끈에 매달려 진공 체임버 안에 놓인 금속 실린더 아이디어를 냈다. 체임버는 실린더를 주변 환경으로부터 격리하기 위한 것이었다. 그의 실린더는 1.5미터 길이였고 지름이 3분의 2미터였으며, 3톤 무게였다. 그것은 압전 센서들로 둘러싸여 기계적 진동을 전기신호로 변환했다.[17] 만약 웨버가 희망한 대로 중력파가 실린더를 지나간다면, 그것은 망치로 때린 종처럼 울릴 것이었다(그림 48).

웨버는 그의 '막대들' 중 하나를 메릴랜드대학교 실험실에 설

그림 48. 웨버와 메릴랜드대학교 물리 실험실에 설치한 그의 선구적 중력파 검출기. 동일한 검출기가 900킬로미터 떨어진 곳에 설치되었고, 실제 중력파 신호라면 두 검출기 모두를 지날 것이었다. 자기 이전의 레버처럼, 웨버는 당시 새로운 천체물리학 분야에서 연구하는 유일한 사람이었다. 그는 1969년 중력파의 검출을 알렸으나, 누구도 결과를 재현할 수 없었으므로 그의 평판이 나빠졌다. ©Maryland University Archives

치했고 동일한 기기를 900킬로미터 떨어진 시카고 외곽의 아곤국립연구소Argonne National Laboratory에 설치했다. 빠른 속도의 전화선을 데이터 링크로 사용했다. 동일한 검출기를 두 대 가지고 있던 이유는 지역적인 잡음을 제거하기 위함이었다. 천둥번개나 약한 지진, 우주선 샤워cosmic ray shower, 전기 결함 그리고 다른 무엇이든 실린더를 밀칠 수 있는 신호가 두 장소에서 동시에 기록되지 않는다면, 거짓 신호로 판명해버렸다. 지역적인 사건들과는 별개로, 웨버의 실험에서 지속적인 잡음을 일으킨 것은 알루미늄 실린더에 있는 원자들의 열운동이었다. 이 피할 수 없는 소요 때문에 실린더가 변덕스럽게 10^{-16}미터 길이만큼 변화했다. 양성자 크기보다 작은 길이였다.

웨버는 열적인 잡음의 수준보다 훨씬 큰 신호를 보자 자기가 금맥을 발견했다고 생각했다. 1969년, 그는 중력파 검출 논문을 발표했고 이를 주요 중력과 상대론 학회에서 알렸다. 1년 후, 그는 많은 중력파가 은하수 중심 방향에서 발생한다고 주장했다.[18] 물리학자들은 모두 놀랐고, 많은 이들이 어리둥절했다. 그러나 대부분은 일반상대성이론의 핵심 예측이 확인되었다는 사실에 기뻐했다. 웨버는 축하받았다. 그의 사진이 잡지 표지를 장식했다. 그는 유명인이 되었다.

그러나 모든 것이 흐트러지기 시작했다. 우리은하 중심에서 왔다는 웨버의 신호는 매년 태양질량의 1,000배가 중력파 에너지로 변환되고 있다는 의미였다. 젊은 이론가였던 리스는 그런 질량 손실이 일어난다면 은하가 '분해되어' 산산조각나고 말 것이라는 계산을 했다. 다른 실험가들은 웨버의 결과를 재현하려고 노력했다. 웨버의 막대기는 미국, 독일, 이탈리아, 러시아, 일본에 설치되었다. 우리가 이후에 만날 론 드레버Ron Drever는 막대기 몇 개를 글래스고에 설치했다. 웨버의 막대기는 달에도 있다. 1972년 아폴로 우주비행사들이 놓고 온 것이다. 여러 그룹이 1970년대 중반까지 웨버의 원래 디자인을 개선해 감도를 높였다. 종종 열적 잡음을 줄이기 위해 검출기를 냉각시키기도 했다.

누구도 신호를 검출하지 못했다. 다른 물리학자들은 웨버의 실험 기술에 의문을 제기했다. 그는 멀리 떨어진 검출기들 사이에서 일치하는 사건에 대한 통계를 잘못 계산한 듯 보였다. 그는 불리하게도 자신의 자료에서 최대치가 24시간마다, 은하중심이 머리 위를 지날 때마다 나타난다고 주장했다. 중력파는 지구를 버터 자르는 칼처럼 지나갈 것이기 때문에 최대치를 12시간마다 보았어야 한다는 지적이 곧 등장했다. 1974년, 일곱 번째 중력과 상대론 학회에서 IBM의 선임 물리학자인 리처드 가윈Richard Garwin이 웨버와 그의 자료를 맹렬히 비난했다.

나머지 물리학계도 곧 동의했다. 웨버는 부족한 실험 기술뿐 아니라 더 심각한 문제인 자료 발표에서의 편향이라는 사실에 책임을 져야 했다. 이런 상황에도 그는 자신이 시공간의 물결을 보았다는 믿음을 절대 철회하지 않았다. 커리어가 끝나갈 무렵까지 그는

크게 원통해했고 고독한 사람으로 남았다.[19]

그래도 웨버의 연구는 혁신의 원동력이 되었다. 다른 물리학자들도 일반상대성이론의 특징적 예측을 검출해야겠다는 동기를 받았다. 휠러는 이렇게 썼다.

> 레이든에서 공동 연구를 한 이후, 웨버는 중력파를 종교적 열정으로 받아들였고 나머지 경력 내내 그것을 추적했다. 나는 종종 의문을 가지곤 한다. 내가 웨버처럼 그리 어려운 일에 대해 커다란 열정으로 가득한지 말이다. 어떤 경우라도 결국에는 그가 처음 중력파를 검출한 사람이 되거나 다른 누군가 또는 다른 팀이 그것을 발견할 것이다. 사실 크게 중요한 일은 아니다. 웨버는 앞장서서 연구를 이끌었다는 것만으로도 공로를 인정받을 것이다. 웨버가 그것이 가능성 범위 안에 있음을 보이기 전까지는 어떤 누구도 중력파를 찾으려는 용기를 내지 못했다.[20]

웨버 실험의 실망스러운 결과에도 불구하고, 희망의 기미가 있었다. 1974년, 조 테일러Joe Tayler와 러셀 헐스Russell Hulse는 펄서를 관측하려고 아레시보전파천문대Arecibo Radio Observatory에 있는 305미터 전파망원경을 쓰고 있었다. 그들은 1초에 17번 회전하는 펄서를 찾았고, 펄스 도착의 정연한 변화를 알아챘다. 변화는 여덟 시간의 주기를 가지고 있었는데, 이는 펄서가 쌍성계의 일부임을 의미했다. 추가 관측은 PSR 1913+16이 쌍으로 이루어진 중성자별들이며, 딱 붙은 궤도를 돌고 있음을 보였다. 그들의 궤도는 태양보다 그리 크지 않았다. 테일러와 헐스는 일반상대성이론이 쌍성계에서 궤도 붕괴를 예측했던 것을 깨달았다. 그렇다면 에너지가 중력파에 의해 빠져나가면서 공전주기가 매년 77마이크로초씩 감소해야 했다. 펄서들은 정교한 시계이기에 작은 주기 이동을 관측할 수 있었다(그림 49). 측정한 궤도 붕괴는 정확히 일반상대성이론의 예측과 일치했다.[21] 이것은

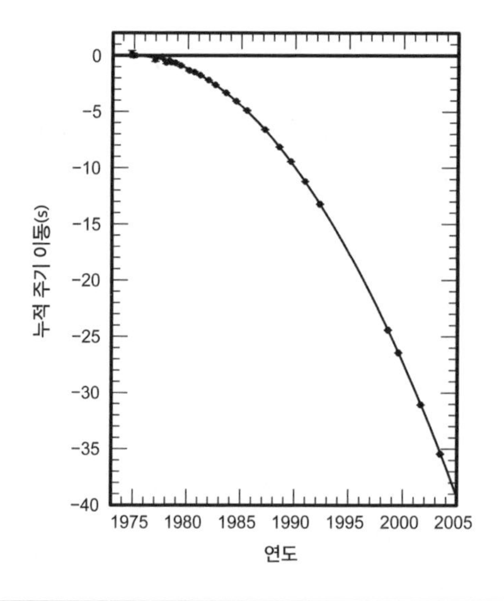

그림 49. 헐스와 테일러가 305미터 아레시보 전파망원경을 사용해 관측한 쌍펄서계 PSR 1913+16의 궤도 붕괴. 이 계는 중력파 복사를 방출하면서 에너지를 잃는다. 관측값들은 완벽하게 일반상대성이론의 예측과 들어맞는다. 이 관측은 일반상대성이론의 타당성에 대한 강력한 입증이었으며 중력파가 존재한다는 간접적 확인이었다. ©Inductiveload

비록 간접적이긴 하지만 중력파의 강력한 증거였다.[22] 테일러와 헐스는 이 절묘한 관측을 해낸 공로로 1993년에 노벨 물리학상을 받았다.

이 쌍펄서가 길을 열었고 다른 10여 개의 계가 발견되었다. 천문학자들은 쌍블랙홀 역시 더 강한 중력, 따라서 더 강력한 중력파와 함께 존재해야 한다는 것을 깨달았다. 충분히 감도가 높은 검출기가 있다면 이 파동을 직접 관측할 수 있을지도 모른다.

블랙홀들이 충돌할 때

이것은 어떻게 두 블랙홀이 형성되는지의 이야기다. 그리고 어떻게 그것들의 충돌이 엄청난 양의 중력파를, 우주에 있는 모든 별빛을 합친 것보다 열 배나 많은 에너지를 눈 깜짝할 새 방출하는지의 이야기다. 또한 천문학의 새로운 분야 탄생에 대한 이야기이기도 하다.

110억 년 전, 우주는 작은 공간이었다. 지금보다 세 배 작고 30배나 밀도가 높았다. 이것은 우주의 '건설 단계'였다. 은하들이 작고 밀도가 높으며, 은하 간의 병합이 일어나고 활동적으로 별을 만들던 때다. 작고 특별한 것 없는 어느 은하의 가스와 먼지의 혼돈 영역에서 두 거대한 별이 서로 가까이에서 태어났다. 그것들은 별이 비대할 만큼 커진, 태양질량의 60배와 100배였다. 우주적으로는 순식간이지만 수백만 년이 지나자, 두 별 모두 핵연료를 소진했다. 더 질량이 큰 별이 빠르게 살고 먼저 죽는다. 하지만 별이 늙고 부풀어 오르는 사이 작은 동반성이 그것으로부터 가스를 훔쳐 간다. 작은 별의 질량이 더 커지고, 먼저 블랙홀이 된다. 이 블랙홀은 동반성에서 가스를 빨아들이고, 궤도운동에 의해 마구 휘저어진 가스로 쌍을 뒤덮어 가린다. 이 가스는 또한 궤도에서 에너지를 빨아들이고, 두 별이 태양과 수성만큼 가까워지게 만든다. 두 번째 별도 죽고 블랙홀이 된다.

이 흡혈 행위와 같은 단계가 끝나갈 즈음, 두 블랙홀이 남는다. 각각은 사건지평선이라는 칠흑 같은 베일 뒤에 태양질량의 30배쯤 되는 질량을 숨긴다. 그것들은 중력적인 포옹에 묶인 채 서로를 신중히 돈다.[23]

100억 년간, 아무 일도 일어나지 않는다. 쌍궤도는 고요하고 암흑 속에 있다. 알아차릴 수 없을 만큼 미세하게 서로 가까워지게 하는 중력파가 조금씩, 간간이 흘러나온다. 배경에서 우주는 커지고, 늙어가고, 차가워진다. 암흑물질로부터 암흑에너지가 바통을 이어받으면서 우주팽창률은 감속에서 가속으로 변화한다. 별생성은 최대치를 찍고 감소하며, 여러 지구형 행성들의 표면에서는 분명히 외계 문명이 번성하고 쇠락을 맞이할 것이다. 동시에 우리가 집이라고 부르는 행성에서는, 생명이 발현한 지 30억 년이 지났지만, 여전히 미생물이 살고 있다.

활동의 크레센도가 찾아온다. 블랙홀들이 서로 근접할수록 중력도 강해져 중력파가 더 많이 방출되고, 궤도가 더 줄어들어 과정을 가속한다. 마지막 단계는 0.2초만이 걸릴 뿐이다. 블랙홀들이 공전 속도를 증가시키며 죽음의 나선운동에 돌입한다. 마치 냄비 속 물이 팔팔 끓듯 시공간이 들썩인다. 공전주기에 맞는 주파수로 중력파가 발생한다. 주파수는 35헤르츠에서 급격히 350헤르츠로 증가한다. 이것을 소리로 비슷하게 표현하면, 피아노 건반에서 손을 가장 낮은 '라'에서 가운데 '도'까지 몇 분의 1초 안에 빠르게 쓸고 가야만 한다. 지구 주위를 도는 달 같은 익숙한 궤도를 생각해보자. 달은 지구에서 38만 킬로미터 떨어져 한 바퀴를 도는 데 한 달이 걸린다. 죽음의 나선운동 끝에, 각각 지구보다 1,000만 배 무거운 이 두 블랙홀은 서로 160킬로미터 떨어져 1초에 300번씩 회전하며 돌진한다. 광속의 절반에 해당하는 빠르기다. 이것은 궤도운동이 아니라 미친 짓이다.

그러면 그 사건지평선들은 '입맞춤'을 하고 블랙홀이 병합한다. 이 현상을 기술하는 방정식은 풀 수 없다. 슈퍼컴퓨터들도 무슨 일이 벌어지는지 계산하기 위해 안간힘을 쓴다. 병합된 천체가 커다랗고 검은 젤리 덩어리처럼 진동하는 마지막 단계는 링다운ring-down이라고 불린다. 충돌 이전 블랙홀의 두 배 질량, 두 배 크기의 한 블랙홀로 정착하기 전이다(그림 50). 중력의 수학에 따르면 질량의

5퍼센트는 중력파로 전환된다. 지구 질량의 수백만 배가 시공간 물결의 에너지로 바뀌고 블랙홀 안으로의 매몰을 피해 탈출한다(이와는 대조적으로, 태양은 1초에 지구 질량의 1조분의 1,000배를 복사에너지로 변환한다). 중력파 펄스는 그 장면을 광속으로 탈출하고, 3차원 연못

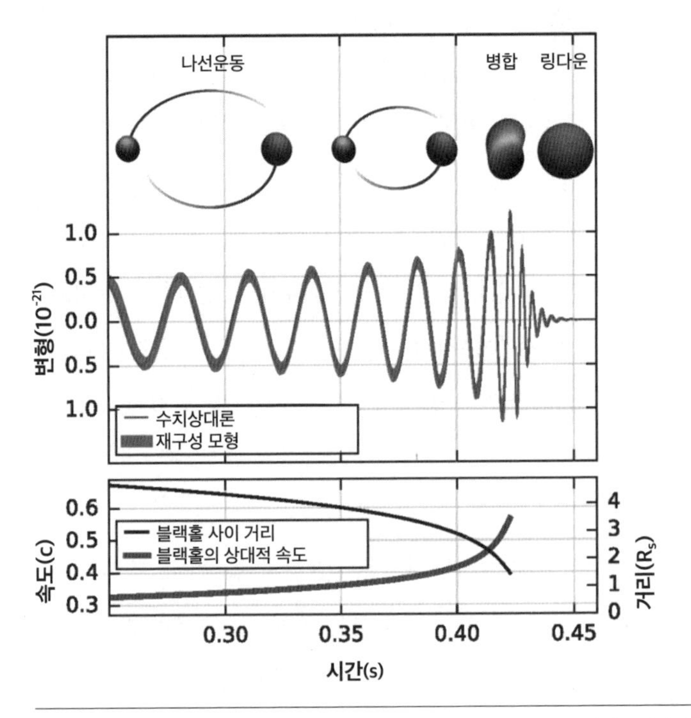

그림 50. 거대한 별들이 초신성들로 죽은 후에 남겨진 두 블랙홀 병합의 마지막 단계. 수백만 년이 걸리는 느릿한 접근 이후에, 블랙홀들은 서로를 나선형으로 돌다가 병합되고, 파문을 일으킨 후에야 진정된다. 전체 사건이 일어나는 데는 0.2초도 걸리지 않는다. 가운데 패널은 수치상대론에서 예측하는 중력파 신호를 나타내고, 아래 패널은 두 블랙홀이 광속의 절반보다도 빠른 속도로 합쳐짐을 보인다. ©LIGO Scientific Collaboration/Institute of Physics

의 물결처럼 모든 방향으로 퍼져나간다. 우주에서 기록된 가장 큰 폭발은 고요와 완전한 암흑 안에서 발생한다.

이 물결은 은하 간 공간의 공동void을 지나, 발생 천체에서 멀어질수록 약해진다. 그것은 아마 알아차리지도 못한 사이에 수백만 개의 은하를 지난다. 한편 지구에서는 생명이 바다에서 육지로 이동하고, 공룡들이 나타났다가 전 지구적인 재앙으로 멸종하고, 영장류의 한 갈래가 큰 뇌를 발달시킨다. 중력파가 우리 이웃 은하들, 마젤란 은하들을 휩쓸 때, 우리 조상들은 어떻게 불을 다루는지 익힌다. 중력파가 은하수에 입장할 때, 인류는 처음으로 아프리카를 떠난다. 이 파동들은 밝은 별인 날치자리 베타별을 지난다. 아인슈타인이 새로운 중력이론을 발표할 시점이다. 그것은 이웃의 작은 별 에리다누스자리 82를 가까이 지나고 이때 미국 내의 외딴 장소에 거대한 과학 기기 건설이 시작된다. 이 기기는 업그레이드를 위해 5년간 꺼져 있다가, 처음으로 관측 자료를 얻을 준비를 한다. 중력파가 태양계를 휩쓸며 지구에 돌진할 때.

이탈리아에서 온 32세의 박사후연구원 마르코 드라고Marco Drago는 꼿꼿이 서 있다. 독일의 알베르트아인슈타인연구소Albert Einstein Institute에서 컴퓨터 모니터에 뜨는 작고 구불구불한 선을 바라보며 카푸치노를 들이키고 있다. 처음에 소프트웨어는 그 사건을 글리치glitch(결함)로 표시했으나, 자동화로 이루어지는 대조 검토 후에 그 표시가 사라졌다. 드라고는 우주가 말하고 있음을 깨닫고, "아주 흥미로운 사건"이라는 제목의 이메일을 작성한다. 그는 역사상 만들어진 가장 정밀한 기기를 책임지고 있다.

역사상 만들어진 가장 정밀한 기기

양성자 폭의 1,000분의 10에 해당하는 이동을 측정하려면 몇 명의 물리학자가 필요할까? 답은 1,000명 이상이다. 드라고는 전 세계 수십 개 대학과 연구소에서 현재까지 만들어진 것 중 가장 민감한 과학 기기를 가지고 일하는, 작은 과학자 군대의 한 명이다. 어떻게 레이저간섭계중력파관측소Laser Interferometer Gravitational-Wave Observatory, LIGO가 건설되었는지에 대한 이야기는 시공간의 물결을 검출하는 것만큼이나 믿기 어렵다.

우리가 중력파 검출 이야기를 떠났을 시점에, 그 분야는 혼란스러웠다. 누구도 웨버의 결과를 재현할 수 없었고 그의 과학적 평판은 다 망가졌다. 불공평해 보였을지라도, 오명은 널리 퍼져 있었다. 중력파 사냥꾼들은 돌팔이거나 바보거나, 어쩌면 둘 다였다.

그러나 한 연구 팀에게는, 웨버의 결과를 재현할 수 없다는 사실이 동기가 되었다. 실험가로서 더 뛰어나야 한다는 것은 도전이었다. 그들은 중력파가 존재한다는 증거였던 테일러와 헐스의 펄서 관측에 들떴다. 이 남자들 중 하나는(왜냐하면 이 분야가 남성 지배적이었고 지금도 그러하므로) MIT의 물리학자인 라이너 와이스Rainer Weiss였다. 와이스는 어린 시절 독일에서의 나치 지배를 피해 가족들과 달아났다. 그는 뉴욕에서 점잖은 무시를 겪으며 자랐다. 그리고 고전음악과 전자공학에 대한 열정으로 빠져들었다. 그는 대학교에서 수업을 따라가지 못했고, 물리 실험실의 기술자로서 바닥부터 시작해야 했다. 나중에 그는 MIT로 돌아와 교수가 되었으나 정년 보장을 받는 데 힘겨워했다. 그리고 그는 웨버의 결과를 학생들에게 설명하면서 좌절감이 커졌다. "도저히 웨버가 한 일을 이해할 수 없었다. 나는 그것이 맞지 않다고 생각했다. 그래서 직접 하기로 마음먹었다."[24]

와이스는 학생들과의 토의에서 발전된 아이디어에 착수해 여름 내내 지하에 고립되어 일했다.[25] 그리고 하나의 막대가 아닌 간섭계 검출기를 제안했다. L자 모양을 이루며 직각을 이루는 두 금속 막대를 상상해보라. 만약 중력파가 위쪽에서 도착한다면, 그것이 공간을 찌그러뜨리고 늘리는 방법은 하나의 막대는 아주 약간 짧게, 다른 막대는 아주 약간 길게 만들 것임을 뜻했다. 순간 뒤에 반대 상황이 벌어지고, 파가 활동적인 한 형태는 반복된다. 하나의 막대가 종처럼 울리는 현상을 검출하길 노력하는 대신, 와이스는 두 개의 막대가 교대로 휘어지는 것을 검출해야 했다.

웨버의 실험은 신호를 검출하기에 수천 배 덜 민감했다. 와이스는 극적인 기술 향상을 이루어내야 한다는 사실을 알 수 있었다.

그는 빛을 자로 이용하자는 영리한 아이디어를 냈다. 그의 '막대들'은 공기를 빼낸 긴 금속 튜브였는데, 빛이 진공에서 일정한 속도로 움직이기 때문이었다. L자가 구부러지는 곳에 있는 레이저는 한 파장의 빛을 빔가르개beam splitter를 통해 보내며 절반은 한쪽 팔로, 나머지 절반은 다른 팔로 직각을 이루며 나아갈 것이었다. 빛은 각 팔의 끝에 있는 거울에 반사되고, 다시 L자가 굽어지는 점으로 돌아와, 검출기에서 재결합한다. 보통 각 팔에서 돌아온 빛의 파동은 완벽하게 동기화되면서 발맞춰 골과 마루가 나타난다. 하지만 중력파가 기기를 지나갈 때, 한쪽의 빔은 다른 쪽보다 상대적으로 조금 짧은 거리를 이동하므로, 골과 마루가 정렬되지 않고 빛의 강도가 약해진다(그림 51).

이 아이디어는 아주 쉽게 들린다. 어려운 부분은 측정의 정밀도가 매우 높아야 한다는 데 있었다. 시공간 물결은 진폭이 아주 작을 뿐만 아니라, 파장이 매우 길다. 블랙홀 충돌에서 오는 중력파의 보통 주파수는 100헤르츠로, 매초 100개의 물결이 지나간다는 뜻이다. 그러나 일반적인 파장은 3,000킬로미터다. 그러한 소자를 구성하는 팔의 최적 길이는 파장의 4분의 1인데, 어떤 방향로든 파장에서 4분의 1의 이동은 신호를 강화하거나 상쇄시키는 차이를 보여주기 때문이다. 와이스는 자기가 750킬로미터짜리 진공관을 만들 수 없으리라는 것을 알았고, 그래서 빛이 짧은 관 안에서 반사되어 여러 번 이동을 반복하는 실험을 상상했다. 와이스는 1972년, 자기

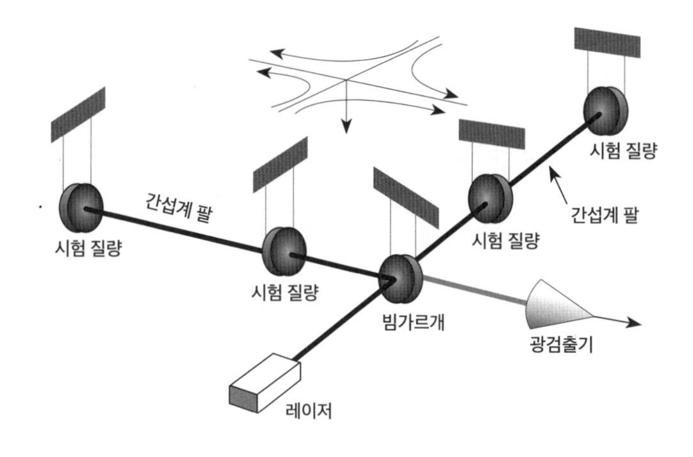

그림 51. LIGO의 설계 모식도. 중력파는 머리 위에서 곧장 도착하는 것으로 그려졌다. 빛은 빔가르개를 거쳐 4킬로미터 길이의 팔을 이동하고, 광검출기에서 재결합되도록 돌아온다. 각각의 팔에 있는 시험질량은 팔들 길이에 아주 작은 변화가 일어남에 따라 중력파의 도착을 알아챈다. 이러한 변화는 광검출기의 간섭무늬에 의해 기록된다.

가 떠올린 개념을 MIT 기술 리포트에 정리해 썼다. 아마 과학 학회지에 게재되지 않은 것 중 가장 영향력 높은 논문일 것이다.[26]

초반의 길은 어려웠다. 와이스는 간섭계 팔 길이가 1.5미터인 시제품을 만들기 시작했다. 비록 그것은 중력파 검출이 가능한 어떤 도구보다도 수백 배 작았고 덜 비쌌지만, 그는 충분한 자금을 모으는 데 어려움을 겪었다. 행정가들도 미심쩍어했다. 그리고 특히 유력한 동료 필립 모리슨Philip Morrison은 아주 회의적이었다. 1970년대 초반, 백조자리 X-1이 블랙홀이라는 강한 증거조차 없던 시절이다.

모리슨은 블랙홀이 존재하지 않는다고 생각했다. 블랙홀이 가장 강력한 중력파원의 후보들이었으므로, 그는 와이스가 시간을 낭비하고 있다고 생각했다. 와이스는 군에서 자금을 조금 받았지만, 군의 민간 프로젝트 후원을 막는 법안 개정 때문에 예산이 삭감되고 말았다.

1975년 어느 여름날, 와이스는 유명한 이론물리학자 손을 태우러 워싱턴 D.C.의 덜레스Dulles 공항으로 갔다. 블랙홀이 존재한다는 호킹과의 내기에서 이겼던 그 물리학자다. 과학은 이론과 관측이 함께 이루어질 때 최고의 성과를 낼 수 있다. 이론적인 예측은 더 좋은 관측을 자극하고, 관측은 더 깊은 물리적 이해를 이끈다. LIGO 프로젝트의 시작은 워싱턴에서 어느 푹푹 찌는 날 오후에 이루어졌다. 실험가인 와이스가 손이라는 우리 시대의 최고 이론가 중 한 명을 마주했을 때.

와이스는 손을 NASA 본부에서 열린, 우주론과 상대론 연구를 하는 회의에 초대했다. 그는 "관광객들로 가득 차 있던 뜨거운 여름밤에 워싱턴 공항에서 킵을 픽업했다. 그가 호텔을 예약하지 않았으므로 우리는 그날 밤 한 방을 썼다"라고 회상했다. "우리는 종이 한 장에 서로 다른 중력의 연구 분야를 그린 커다란 지도를 만들었다. 그곳에 미래가 있었던가? 아니면 무엇이 미래일까? 무엇을 해야 할까?"[27] 그들은 대화에 너무 푹 빠진 나머지 잠들지 못했다.

손은 와이스의 간섭계 개념에 대한 기술 논문을 읽지 않았었다. 그는 이후에 "만약 내가 그걸 읽었다면, 분명 이해하지 못했을 것이다"라고 말했다. 사실, 그의 권위 있는 교과서 《중력》에는 중력파를 레이저로 검출하는 것이 현실성 없음을 보이라는 연습 문제가 실려 있었다. "나는 거기에서 꽤 빠르게 방향을 바꾸었다"라고 손이 인정했다.[28] 그는 간섭계를 만드는 데 열광하며 캘텍으로 돌아왔다. 그러나 먼저 실험물리학자를 모집해야만 했다. 와이스는 글래스고 대학교의 드레버를 추천했다. 드레버는 공간의 매끄러움과 중성자 질량을 다루는 근본적인 실험들을 했던 사람이다. 웨버 막대를 만들어 운영도 했었고, MIT에서 와이스가 만들었던 수수한 기기에 비해 여섯 배나 큰 10미터 팔 길이의 간섭계도 만들었다. 손은 드레버가 시간 절반을 캘텍에서 교수로 보내도록 했고, 드레버는 1983년 그곳에서 40미터 팔을 지닌 간섭계를 만들었다. 레이저 출력을 높이고 지진에 의한 잡음으로부터 격리를 향상하기 위해 기발한 방법들을 동원했다.

돈이 흘러 들어오기 시작했고 경쟁에는 불이 붙었다. 와이스는 1975년, 간섭계 연구를 시작하기 위해 국립과학재단에서 소정의 연구비를 받았다. 1979년, 손과 드레버가 이끄는 캘텍 팀은 엄청난 연구비를 받았다. 와이스가 이끄는 MIT 팀은 적은 돈을 받았는데 말이다. 캘텍과 MIT는 과학계의 격렬한 라이벌이다.[29] 캘텍 팀은 40미터 간섭계와 함께 분명히 우위에 있었다. 와이스는 드레버를 손에게 추천했던 것을 분명 후회했을 것이다. 두 그룹 모두 킬로미터 크기의 실물 간섭계를 꿈꾸고 있었다. 하지만 국립과학재단 방문과 함께 탄력을 장악한 것은 와이스였다. 그는 두 장소에 설치한 간섭계 개념을 홍보했다. 1조 달러 가격표가 붙은 것이었다. 설계 연구 결과는 '블루북Blue Book'이라 불렸고 그것은 사실상 시공간에서의 물결을 검출하기 위한 경전이다.[30]

와이스와 드레버 모두 극도로 경쟁적이었다. 손은 스스로를 중재자이자 조정자의 역할로 인식했다. 국립과학재단이 두 팀에 각각 독립적으로 연구비를 주지 않을 것임을 분명히 하자, 그들은 자기들이 마지못한 결혼 상황에 놓인 것을 깨달았다. 진보는 간헐적으로 이루어진다. 기술적 문제로 인한 지속적인 지연으로 국립과학재단은 연구비를 취소하기에 이르렀다.[31] 1990년대 중반 LIGO는 다시 궤도에 올라섰고, 이제 캘텍의 고에너지 물리학자인 배리 배리시Barry Barish가 프로젝트를 이끌고 있다. 성공한 과학자들이 프로젝트를 이끈다고 해도 대인관계와 관리 능력 부족으로 인해 실패하고 과학도 제대로 이루어지지 않은 경우가 종종 있었다. 그러나 배리시는 능숙한 관리자임을 증명했다.

시작부터, 그들은 미국 대륙의 반대편에 지리학적으로 조용한 장소들에 자리하고 있으며 4킬로미터짜리 팔이 달린 동일 간섭계 두 개를 계획했다. 한 곳은 워싱턴주 핸포드 외곽의 덤불 사막에 있는 버려진 원자로 근처였고, 다른 하나는 루이지애나주 배턴루지 외곽의 습지대였다. 프로젝트의 첫 번째 단계는 이니셜 라이고initial LIGO, iLIGO

라고 불렸고 기술 개발이라는 목표가 있었다. 실제 검출은 거의 불가능했다. 그리고 두 번째 단계인 어드밴스드 라이고advanced LIGO, aLIGO에서 그들이 예측한 중력파를 검출할 만큼의 감도를 보이는 것을 목표로 했다. 배리시는 진공 시스템, 광학, 검출기, 서스펜션 시스템까지 포함해 모든 주요 부품이 계속해서 향상될 수 있는 건물과 기반 시설을 원했다.

aLIGO의 감도를 훨씬 높이기 위해서는 실험의 거의 모든 면에서 업그레이드가 필요했다. 고주파수 잡음의 근원을 줄이기 위해 레이저는 더 강력해졌다. 각각의 팔 끝에 달린 시험 질량은 더 무거워졌다. 각 시험 질량은 40킬로그램에 이르는 원통형 실리카로, 팔 길이의 작은 변화를 검출하도록 설계한 거울이 붙어 있다. 네 단계의 진자는 서스펜션에 이용되고, 기기의 격리와 잡음 처리는 열 배 이상 향상되었다. LIGO는 역사상 지어진 가장 크고 훌륭한 진동 시스템을 가지고 있다. 이를 위해서는 50킬로미터에 이르는 결합 부위에서 새는 곳이 하나도 없어야 한다. 파이프는 너무 길어 양쪽 끝이 땅에서 1미터 떨어져 있다. 파이프 아래의 지구가 휘어 있기 때문이다. 콘크리트를 다지고 고르는 작업이 가장 정교하게 이루어졌다. 지구 곡률에 대응해서 파이프가 평평하고 같은 높이를 유지하도록 했다. 진공 시스템은 해수면 높이에서 공기 밀도의 1조분의 1을 달성했다. 검출기는 너무 민감한 나머지 5킬로미터 떨어진 곳에서 트럭이 브레이크를 밟는 것을, 80킬로미터 떨어진 거리에서 뇌우가 발생하는 순간을 알아차릴 수 있을 정도다. 더 인상적이게도, 검출기는 거울에 있는 개별 원자의 운동까지 볼 수 있다.

LIGO 실험은 기술적 역작이다. iLIGO는 2002년부터 2010년까지 작동했고, 예측했듯 중력파를 검출하지 않았다. aLIGO로의 업그레이드는 5년이 걸렸고 500명의 일손이 필요했다. aLIGO는 엔지니어링 모드로 6개월간 시험 작동했고, 실제 과학 연구에 쓰일 관측 자료를 얻기로 되어 있기 나흘 전, 광맥을 찾았다.

다시 2015년 9월 14일 아침의 드라고에게 돌아가자. 부드러운 목소리를 가진 이 박사후연구원은 클래식 피아노를 연주하며, 물리학을 떠나 있던 시절 판타지 소설 두 편을 썼다. 자기 화면에서 구불구불한 선을 보았을 때, 그는 곧장 의심스러워했다. 신호는 짧은 크레셴도와 같은 블랙홀 병합의 고전적 패턴을 띠었다. 연구자들

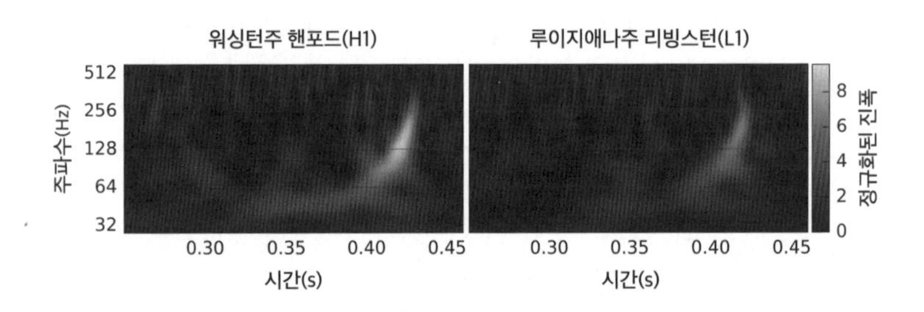

그림 52. 검출된 최초의 중력파 사건인 GW150914. 병합하는 블랙홀의 고전적 '처프' 무늬가 주파수에 따른 중력파 진폭 그래프에서 보인다. LIGO 핸퍼드 검출기에 도착한 신호는 그것이 LIGO 리빙스턴 검출기에 도착하기 7밀리초 전 도착했다. 중력파가 두 위치 사이를 이동하는 데 걸리는 시간과 일치한다. ©LIGO Scientific Collaboration/Institute of Physics

이 '처프chirp'라고 부르는, 우주에서 새가 노래하는 것 같은 신호다. 그 파동은 우주를 가로질러 10억 광년을 날아온 뒤 지구를 빛의 속도로 지나 워싱턴 리빙스턴에 있는 검출기를 밀쳤다. 그리고 7밀리초 뒤, 대륙을 가로질러 있는 루이지애나 핸퍼드의 검출기를 때렸다 (그림 52). 신호가 너무 강했고 너무 완벽했기 때문에, 드라고는 수상쩍어했다. "누구도 그렇게 큰 것을 기대하지 않았다, 그래서 나는 그것이 주입이라고 생각했다."[32] LIGO 감독자들은 거짓 신호를 자료 흐름에 주입하는 팀을 둔다. 이 작업은 '암맹 주입blind injections'이라고 불린다. 2010년에 암맹 주입으로 인해 대단한 흥분이 일어난 적이 있다. 논문까지 쓰였으나 논문 투고 직전에야 그 신호가 거짓이라는 이야기가 연구 팀에 알려졌다.

드라고도 물론 애를 썼다. 누구도 시스템에 신호를 주입하지 않았다는 걸 확인하려고 그는 모든 사이트에 전화해서 그룹 리더들에게 이야기했다. 심지어 누군가 장난으로 시스템을 해킹한 것이 아닐까 하는 걱정까지 했다. 10여 단계에 걸친 자동, 수동 확인을 마치자 우주가 신호를 보냈다는 사실에는 의심이 없었다. 그것은 잡음 속에 우뚝 서 있었다. 수다 떠는 사람들로 가득한 방에서 폭소를 터뜨리듯, 중력이 말을 했다.

중력의 거장을 만나다

세계에서 가장 걸출한 중력이론가는 원래 제설차 운전사가 되고 싶었다. 손은 어린 시절 눈보라가 몰아치는 산에서 살았다. "로키산맥에서 자란 사람으로서 이것은 상상할 수 있는 것 중 가장 영광스러운 직업이었다. 하지만 어머니가 나를 태양계 강의에 데려갔고, 거기서 푹 빠져버렸다."[33] 그는 유타주의 보수적인 지역에서 몰몬교 신자로 자랐다. 그러나 지금은 무신론자다. 그의 부모는 모두 학자였으므로 손의 호기심을 격려했다.

손의 커리어는 신속하게 흘러갔다. 캘텍과 프린스턴대학교에서 학위를 받은 후, 그는 캘텍으로 돌아왔다. 그곳에서 가장 어린 나이에 정교수 자리에 오른 사람들 중 하나가 되었다. 그는 수척한 괴짜 몰몬교인으로서, 구세주 같은 수염 뒤에 수줍음을 숨긴 채 유타주를 떠났다. 30세의 나이에 이미 그는 중력천체물리학 분야에서 세계적 전문가였다. 청바지와 검은 가죽 재킷, 그리고 힙스터다운 염소수염을 좋아했다.

손은 프린스턴대학교에서 휠러의 지도 아래 박사 학위를 받았다.[34] 휠러는 흥미로운 질문을 던졌다. 원통형의 자기장 선 다발이 그 자체 중력에 의해 붕괴할까? 자기장선은 서로 밀쳐내므로, 어려운 계산 이후에 손은 원통형 자기장이 붕괴하는 것이 불가능함을 보였다. 이것은 다른 질문으로 이어졌다. 그러면 왜 구형의 별들은 역시 자기장선으로 꿰여 있음에도 붕괴해서 블랙홀이 될 수 있을까? 손은 중력만이 모든 방향으로 작용할 때 내부 압력을 이겨낼 수 있음을 찾아냈다. 구를 감쌀 수 있는 테를 상상해보라. 질량 M의 어떤 물체든 원주 $4\pi GM/c^2$의 테를 지니면 블랙홀일 것이다(G는 중력상수, c는 광속). 이것은 '후프 가설Hoop Conjecture'이라고 불리며, 손이 대학원을 갓 졸업할 즈음 그를 슈퍼스타로 만든 주인공이기도 하다.

30대 중반에 그는 역사적인 교과서《중력》을 공저했고, 호킹과의 내기에 연달아 이겼다. 손은 LIGO의 공동 창립자로 중력파를 발견하는 데 깊게 관여했다. 그는 두 블랙홀의 병합이 가장 강한 중력파 신호를 줄 것임을 알고 있었다. 하지만 문제가 있었다. 병합 직전 가장 강한 신호가 방출되는 부분을 계산하려면 컴퓨터 계산만이 유일한 방법이었다. 일반상대성이론의 여러 상황에서 그러한 것처럼, 방정식이 정확히 풀리지 않기 때문이다. 그러나 이러한 계산을 하기에 당시 슈퍼컴퓨터 시뮬레이션은 한참 부족했다.

> 우리는 LIGO로 중력파를 보기 시작할 즈음에는 그런 컴퓨터 시뮬레이션이 수중에 있어야 한다는 생각을 많이 했다. 하지만 1990년대, 이 분야에는 여러 가지 문제가 있었다. 최고의 컴퓨터 과학자들이 두 블랙홀의 정면충돌은 컴퓨터로 계산할 수 있었다. 하지만 자연에서 그러해야 하듯 블랙홀이 서로 궤도를 돌게 하면, 한 번을 회전하기도 전에 컴퓨터 계산이 박살나고 말았다. 10년 후

2001년이 되자, 나는 두려웠다. 왜냐하면 나는 aLIGO가 2010년대 초반에는 작동하고 있으리라 기대했기 때문이다. 그때까지 시뮬레이션이 가능해질지는 전혀 분명하지 않았다.[35]

그래서 그는 프로젝트의 일일 운영 관리에서 물러나 캘텍과 코넬대학교에서 수치상대론 그룹을 시작했다.

손은 친근하게 과학 대중화를 해내는 능력이 있다. 그는 난해한 아이디어를 일상의 언어로 설명할 수 있다.[36] LIGO를 대표하는 인물로서, 그는 과학 배경이 없는 직업 정치인들이 거대한 기계 두 대를 짓는 데 거의 수십억 달러를 지불하도록 설득할 수 있었다. 오직 원자들이 자기 크기 일부만을 움직일 수 있을 정도로 약한, 가상의 보이지 않는 파동을 검출하기 위한 기계를 설명하면서.

캘텍은 할리우드에 가깝고, 손은 중력이 주연인 프로젝트에 꾀여들었다. 1980년대 초반, 칼 세이건Carl Sagan은 손에게 린다 옵스트Linda Obst라는 프로듀서와 소개팅을 주선했고, 그의 전문 지식을 활용해 영화 〈콘택트〉에서의 웜홀 여행 신을 계획했다. 옵스트는 감독 크리스토퍼 놀란Christopher Nolan과 함께 영화 〈인터스텔라Interstellar〉를 구상하던 때 손을 찾아갔다. 이 영화에서는 시간을 느리게 가도록 하려고 가르강튀아Gargantua라는 거대하고 회전하는 블랙홀이 등장한다. 손은 영상 제작자들과 협력해 블랙홀의 모습이 과학적으로 정확한지 확인했다. 어떤 프레임은 만드는 데 100시간이 걸렸고 영화에 쓰인 자료

그림 53. 2014년 <인터스텔라>에 나온 초대질량블랙홀 가르강튀아의 영화적 묘사. 실제로 이렇게 가까이에서 보이는 부착원반의 왜곡은 이미지에서보다 더 클 것이다. 영화에서, 블랙홀은 우주비행사가 시간과 공간을 통해 여행하도록 하고 지구의 사람들을 구할 열쇠를 거머쥐고 있다. 밀러의 행성은 왼쪽 위에 가까이 있다. 그곳은 블랙홀에 아주 가까운 바다 세계로 시간이 매우 느리게 간다. ©NASA's Goddard Space Flight Center/Jeremy Schnittman

는 수백만 기가바이트에 가까웠다. 손은 심지어 영화에 쓰인 시뮬레이션에서 과학적 발견을 해내, 결과가 몇 편의 논문으로 이어질 것이다.[37] 그의 의견에 따르면 이미지들은 아름답다. 그러나 그는 그것들이 사실이기 때문에 또한 아름답다고 생각한다(그림 53).

중력의 눈으로 우주를 보다

거의 매일, 우주 어디에선가 일어나는 쌍블랙홀의 격변에 의한 시공간의 물결이 당신의 몸을 지나간다. 그것은 위나 옆 또는 발아래에서 접근할지도 모른다. 당신은 이런 침입에 대해 모르는 채로 일과를 시작한다. 파동이 휩쓸고 감에 따라, 당신은 살짝 키가 커지거나 순간적으로 날씬해진다. 그리고 조금 키가 줄어들거나 뚱뚱해진다. 이런 패턴은 반복된다. 10분의 몇 초 후, 당신은 원래대로 돌아간다.

우주의 다른 유령 같은 전달자인 중성미자에 대해 소설가이자 시인인 존 업다이크John Updike가 보인 반응이 떠오른다.

> 지구는 그저 우스꽝스러운 공
> 그들에게, 그저 단순하게 지나가는 것,
> 바람이 들어오는 복도의 청소부처럼
> 또는 유리 한 장을 지나는 광자처럼.
> 그들은 가장 예민한 기체를 무시하며,
> 가장 견고한 벽을 보지 못한 것처럼,
> 철과 관악기를 쌀쌀맞게 대하며,
> 마구간에서 씨말을 모욕하고,
> 그리고 계급의 장벽을 조롱하며,
> 당신과 나에게 스며든다! 키가 크고
> 고통 없는 단두대처럼, 그들은 떨어진다
> 우리 머리를 통해 풀밭으로.[38]

세 가지 중력파가 존재한다.[39] 첫 번째는 확률적stochastic 중력파로, 어떤 물리적 작용과 관계없이 무작위에 의한 성질을 띠는 것을 묘사하는 말이다. 가장 검출하기 어려운 종류다. 신호가 전자 장치에서 오는 높은 주파수, 그리고 지질학적 활동에서 오는 낮은 주파수의 무작위한 잡음과 경쟁해야 하기 때문이다. 우리가 곧 보게 될 것처럼, 가장 흥미로운 형태의 확률적 신호는 빅뱅에서 오는 것이다. 두 번째는 주기적periodic 중력파로, 이것은 오랜 시간 동안 주파수가 거의 일정한 중력파를 가리킨다. 가장 흔한 종류로 나타나는 주기적 신호의 원천은 서로를 궤도운동하는 중성자별과 블랙홀이다. 이런 쌍성들은 서로 먼 거리에 떨어져 있기 때문에 신호가 약하다. 세 번째는 충동적impulsive 중력파로, 중력파가 짧은 폭발 하나로 등장하는 것을 의미한다. 이는 초신성폭발에서 블랙홀이 형성될 때, 중성자별이나 블랙홀이 병합될 때 나타난다. 그것들은 중력파의 가장 강한 원천일 것으로 예측되고, 독특한 지문을 남기므로 잡음에서 가장 쉽게 구분할 수 있기도 하다.

블랙홀의 충돌을 중력의 종이 울리는 것으로 생각해보라. 커다란 종이 작은 종보다 낮은 주파수의 소리를 만들듯이, 큰 질량들끼리 충돌하면 작은 질량들이 충돌할 때보다 낮은 주파수의 중력파가 나온다. 중성자별들은 1,600헤르츠까지의 크레셴도에서 '처프'를 내고, 최소 질량의 블랙홀들은 신호가 700헤르츠까지 나타난다. 첫 LIGO 사건으로 관측된 덩치가 큰 질량들은 100헤르츠에서 시작해서 350헤르츠까지 상승했다. 우주에는 대략 중성자별들이 블랙홀보다 세 배나 많으므로, 사건의 수가 적어질수록 신호의 세기가 커지고, 우리는 다음과 같은 현상들을 보리라 예측한다. 두 중성자별의 병합, 중성자별과 블랙홀의 병합 그리고 두 블랙홀의 병합이다. LIGO는 100~200헤르츠에서 최대 감도를 가지도록 설계되었으므로, 병합하는 블랙홀에서 가장 강한 신호를 받는다. 검출을 위한 스위트 스폿이라고 할 수 있다. 1,000헤르츠에서는 전자 장치의 잡음이 증가하므로 LIGO의 감도가 두 배나 떨어진다. 그리고 20헤르츠에서는 지구의 지질학적인 우르릉거림이 증가하기 때문에 감도가 열 배나 떨어진다.

우리가 시공간의 물결에서 어떤 정보를 얻을 수 있을까? 물결파의 비유를 사용해보자. 상쾌한 날, 당신이 커다란 연못에 떠 있는 코르크라고 하자. 바람이 물 표면을 헝클고, 무작위한 파의 패턴이 당신을 수면 위아래로 솟았다 꺼졌다 하게 만든다. 이것이 중력파 실험의 배경 잡음에 대한 좋은 비유다. 만약 여기서 누군가가 몇 초 동안 연못에 매초 돌을 떨어뜨리기 시작한다면, 당신은 주기적으로 일렁거리는 운동도 느낄 것이다. 그것이 합쳐지는 두 블랙홀에서 오는 처프 신호다. 움직임의 크기는 돌의 크기에 따라, 그리고 돌이 떨어진 곳으로부터의 거리에 따라 결정된다. 잔물결은 바깥쪽으로 퍼져나갈수록 약해지기 때문이다. 당신은 코르크라서 눈과 귀가 없고 느끼는 모든 것은 흔들림뿐이다. 어디에서 파동이 오는지 알 도리가 없다. 그러나 근처에 있는 두 번째 코르크와 대화를 나눌 수 있다면, 더 많은 정보를 얻게 된다. 물결은 동심원을 그리며 전파되므로, 삼각측량을 사용하면 두 신호의 도착 시각을 통해 파동 발생 지점이 어느 방향에 있는지 파악할 수 있다. 소리가 어느 쪽에서 들리는지를 파악하기 위해 당신의 두 귀가 작동하는 방식이기도 하다.

LIGO의 중력파 검출에서 물리학자들은 몇 가지 중요한 정보를 배울 수 있다.[40] 주파수의 변화 형태는 시뮬레이션과의 비교를 통해 두 블랙홀의 질량 정보를 준다. 병합 단계는 병합 후 블랙홀의 스핀을 측정하는 데 쓰인다. 하늘에서 사건의 위치는 두 검출기에 각각 도착하는 신호 사이의 시간지연으로 측정된다(그리고 두 위치에서 비슷한 신호가 잡혔다는 사실은 당신이 잡음이나 거짓 신호원을 제거하는 데도 도움을 준다). 두 관측소만을 이용해 하늘에서의 위치를 아주 정확하게 제한하기는 어렵다. 넓은 영역 안의 어디에서든 충돌이 있었을 수 있다. 하지만 LIGO의 성공은 국제 학계에 활력을 불어넣었다. 유럽은 막 이탈리아의 간섭계(비르고Virgo) 작동을 시작했으며 독일에 있는 녀석(GEO600)도 건설 중이다. 일본에 있는 간섭계는 2019년 운영을 시작할 것이고, 2020년대 초반에는 인도에 다른 한 대가 계획되어 있다(일본의 간섭계 가미오카중력파검출기Kamioka Gravitational Wave Detector, KAGRA는 2020년에 운영을 시작했고, 인도 정부는 2023년에 LIGO-인디아 건설을 승인했다-옮긴이).세 군데 이상에서 검출이 이루어지면 중력파가 발생한 위치의 정보를 정확히 얻을 수 있고, 망원경을 특정 천체로 겨냥해 전자기파 스펙트럼을 가로질러 관측이 이루어질 것이다.[41]

천체까지의 거리는 신호 크기에서 추정된다. 중력파는 블랙홀에서부터 3차원으로 멀어지고 공간을 따라 퍼져나가면서 약해진다. 중력파는 전자기파에 비해 한 가지 대단한 이점이 있다. 진폭이 거리에 반비례한다는 것이다. 만약 블랙홀이 열 배 멀리 떨어져 있다면, 신호는 열 배 약할 것이다. 하지만 천문학자들은 전자기파의 진폭을 잴 수 없고 진폭의 제곱인 강도를 잰다. 따라서 별이 열 배 멀리 떨어져 있다면, 빛의 강도는 100배 약하다. 그것이 중력파를 읽는 LIGO가 대단한 범위를 아우르며 수십억 광년 떨어진 곳에서까지 격변을 검출할 수 있는 이유다.

LIGO의 검출이 만약 우연이라면 어떨까? 하나의 사건만으로는 통계를 파악할 수 없다. 우주가 하나의 짧은 노래로 그것의 비밀을 드러낼 심산이었을까? 물리학자들은 낙관적이지만 불안해하기도 한다. 그들은 1921년 실험을 통해 일반상대성이론이 틀렸다고 입증되었다는 소식이 잠깐 등장했을 때, 아인슈타인이 남긴 말에서 위안을 얻었다. "신은 교묘하지만, 악의가 있는 것은 아니다."

LIGO 팀이 2015년 12월 26일, 두 번째 사건의 검출을 알리자 안도가 뒤섞인 기쁨이 있었다. 천체가 이전의 신호보다 약간 더 먼 15억 광년 거리에 있었고 블랙홀들 질량이 작았기에 신호가 약했다. 첫 번째 사건에서 블랙홀들이 태양질량의 29배와 36배였던 데 비해, 이번에는 태양질량의 9배와 14배였다. 2015년 10월 12일에도 사건이 있었지만, 확실한 검출로 인정되지 않았고 후보군의 상태에 놓

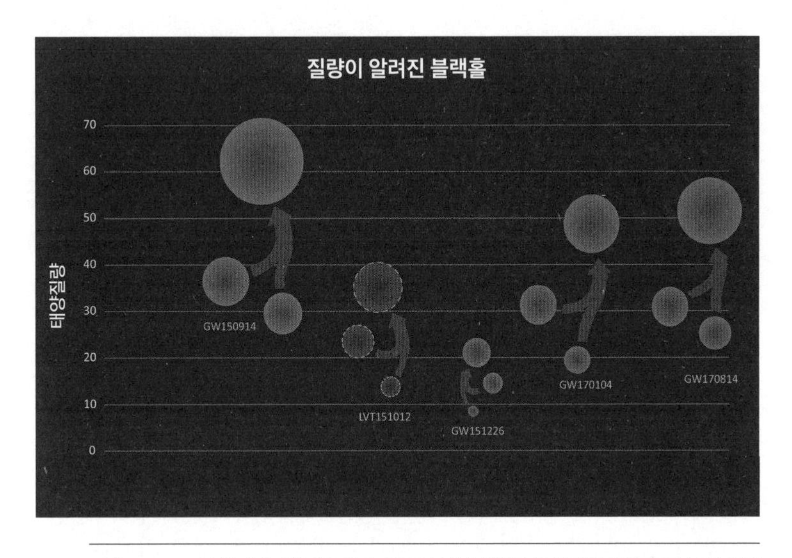

그림 54. aLIGO의 첫 번째 과학 관측에서 검출된 중력파 현상들. 첫 번째 검출은 2015년 9월 14일에 등장했다. LIGO가 오랜 정지 이후 과학 자료를 얻기 시작한 지 며칠도 지나지 않아서였다. 2015년에는 두 번의 검출이 더 있었고, 2017년에는 세 번의 검출이 더 이어졌다. 두 번째 검출(점선의 원으로 표현되었다)은 후보로만 고려된다. 신호 대 잡음 비율이 확실한 검출이라고 일컫는 한계를 넘지 못했기 때문이다. ©LIGO Scientific Collaboration

였다. 관여한 블랙홀들이 태양질량의 13배와 23배였고, 33억 광년이라는 엄청난 거리에서 지구에서 생명이 발현된 지 얼마 되지 않아 병합했기에 신호가 약했다.[42] 2017년, LIGO는 세 개의 검출을 추가로 보고했다(그림 54). 다섯 개의 확실한 검출과 조금 낮은 순위에 있는 여섯 번째 사건 덕에 1,000명의 과학자들은 의기양양해졌다. LIGO는 엄청난 성공이다. 이것은 중력파천문학 시대의 새벽이다 (2020년 종료한 LIGO와 비르고의 3차 관측 캠페인까지 총 90개 중력파 후보가 검출되었으며, 2020년에는 블랙홀과 중성자별의 충돌도 검출되었다-옮긴이).

2017년 8월, LIGO는 다른 중력파 펄스를 검출했다. 하지만 이 사건은 이전의 검출들과는 두 가지 방향으로 달랐다. 신호가 약했고 고작 1억 3,000만 광년 떨어진 천체에서 온 것이었다. 더 적은 질량의 병합, 즉 블랙홀이 아닌 중성자별 충돌에 의한 병합임을 의미했다.[43] LIGO는 유럽의 비르고 간섭계와 함께 작동했고, 세 개의 다른 검출기에서 나온 신호는 과학자들이 중력파 신호가 나타난 곳을 매우 높은 정확도로 찾을 수 있게 해주었다. 이 중성자별들은 NGC 4993이라고 불리는 은하에서 충돌한 것이었다. 전 세계 천문대들은 일제히 활동에 돌입했다.

자료의 수확과 더불어, 새로운 형태의 천문학이 탄생했다. 두 NASA 위성은 병합하는 중성자별들에서 감마선의 폭발을 관측했고, 전 세계의 70개 넘는 망원경들이 광학과 적외선 파장에서 희미해져가는 충돌의 빛을 잡았다. 다른 전자기파 복사를 발생시키지 않는 블랙홀 병합과는 달리, 중성자별들은 초신성보다 1,000배나 더 강력한 폭발 속에서 합쳐진다. 결과로 복사의 폭발이 나타나고, 또 다른 결과로 방사성폐기물 구름에 에너지를 공급한 중성자의 홍수가 일어났다.[44] 하루 만에 그 구름은 도시 크기에서 태양계 크기로 팽창했다. 중성자들은 원자핵에 스며들어 그것을 더 무거운 원소로 만들었다. 이론가들은 이 사건이 지구 질량 200배의 금을 만들었으며,

이를 집에 가져올 수 있다면 10^{31}달러 가치를 지닌다고 추산했다! 중력파와 풍부한 전자기파 정보 수확의 결합에는 다중신호천문학 multi-messenger astronomy이라는 이름이 붙었다. LIGO와 비르고는 매주 하나의 중성자별 병합을, 2주마다 하나의 블랙홀 병합과 함께 관측할 것으로 예상한다.[45] 우주는 시공간의 물결로 넘쳐나고 마침내 천문학자들은 그것들을 볼 수 있는 눈을 갖게 되었다.

영광이 빠르게 이어졌다. 보통 발견에서부터 해당 연구 업적에 노벨상이 수여되기까지는 오랜 시간이 걸린다. 사실 저명한 과학자들 일부는 기다리다가 세상을 떴고, 노벨상은 살아 있는 사람에게만 수여된다. 그러나 중력파 검출 업적이 빠르게 인정받을 것임에는 의심의 여지가 거의 없었다. 그러므로 2017년 10월, LIGO가 시공간의 반짝임을 처음으로 느낀 지 2년도 되지 않아 와이스, 손, 배리시가 노벨 물리학상 수상자에 이름을 올렸다.

거대 블랙홀의 충돌과 병합

시공간의 물결이 검출되었으므로, 우리가 기대할 수 있는 것들은 다음과 같다. 우리은하에는 수십억 개의 중성자별과 3억 개의 블랙홀이 있고, 이것들은 많은 병합 후보다. 하지만 그것들이 쌍성계를 이루어 가까이 있을 가능성은 매우 낮다. 그래서 은하 안에서 블랙홀 병합률은 50만 년마다 한 번 정도다. 엄청난 기다림이 남은 것처럼 들린다. 하지만 LIGO의 민감도는 우주를 가로질러 대단한 거리의 범위에 닿는다. aLIGO가 2020년에 다시 작동하게 되면 감도는 세 배 더 뛰어날 것이고, 이는 세 배 더 멀리 있는 곳에서 신호를 검출할 수 있다는 뜻이다. 그것은 시공간 변위를 대단한 수준인 10^{22}분의 1 수준으로 측정할 것이다. 부피는 거리의 세제곱에 비례하기 때문에, 관측 대상의 수는 30배쯤 증가한다. 사건 발생률은 1년에 1,000개에 혹은 하루에 몇 개에 이를 만큼 높아질 수 있다.[46]

다음 단계는 은하중심에 있는 초대질량블랙홀이 중성자별이나 블랙홀과 같은 밀집천체를 삼켰을 때 발생하는 중력파를 연구하는 것이다. 우리의 소리 비유로 돌아가서, 블랙홀 질량이 더 클수록 병합하는 동안 궤도 시간이 더 길고 특성 처프의 주파수가 낮아진다. 초대질량블랙홀은 10^{-4}헤르츠에서 1헤르츠 사이의 '소리'를 만들고 궤도 공전 시간은 몇 시간에서 몇 초 사이이다. 초대질량블랙홀에서 온 신호는 사람이 들을 수 있는 주파수 아래에 위치한다. 심지어 파이프오르간이 낼 수 있는 가장 낮은 음보다도 낮다. 신호를 듣기보다는 느껴야 하는 듯하다.

주파수 범위가 너무 낮기 때문에, 가장 커다란 블랙홀에서 오는 중력파를 등록하려면 검출기를 우주 공간의 아주 깨끗한 환경에 설치해야 한다. 이런 연구를 위해 제안된 도구는 레이저간섭계우주안테나Laser Interferometer Space Antenna, LISA다. LISA는 위성 세 대 무리로, 등변

삼각형을 이루며 수백만 킬로미터 떨어져서 배열을 이룬다.[47] 이런 배열은 달 궤도보다 열 배 더 크고, 지구와 같은 거리지만 지구보다 20도 앞서서 태양을 공전할 것이다. 한 위성은 '주인'으로 레이저와 검출기를 지니고 있고 나머지 둘은 '노예'로 금과 플래티넘 합금으로 이루어진 시험 질량에 달린 반사경을 가지고 있다. LISA는 수백만 킬로미터 떨어져 있는 상태로 원자 크기보다 작은 수준의 변위를 측정하도록 설계되었고, 그 정확도는 10^{21}분의 1에 달한다. 아주 작은 시공간의 물결을 검출하려면, 이 시험 질량들은 중력 이외의 다른 어떤 힘에도 면역력이 있어야 한다. 마치 그것들이 우주선의 일부가 아닌 것처럼, 그리고 단순히 지구-태양 궤도에서 '자유낙하'하는 것처럼 말이다. 이런 공학적 도전은 매우 정밀한 우주선 제어가 필요하다. 각각의 우주선은 그것의 시험 질량 주위를 둥둥 떠 다니며 전기용량 센서를 이용해 질량에 대해 우주선 위치를 결정하고 정교한 추진 엔진을 이용해 정확히 질량을 중심에 머무르도록 한다. 2016년, 리사패스파인더LISA Pathfinder라는 유럽우주국European Space Agency의 시험 미션이 이 기술을 성공적으로 증명했다. LIGO의 성공에 힘입어 LISA에 2017년 자금 지원이 이어졌고, LISA의 앞날은 밝다.[48]

우주론의 표준모형에서, 구조들은 위계적으로 작은 천체들의 병합과 둘러싼 물질들의 부착에 의해 형성된다. 따라서 왜소은하들이 합쳐져 큰 은하들이 되고, 큰 은하들이 더 많은 수의 왜소은하와 합쳐지고, 은하간물질에서 떨어지는 가스로 인해 계속 성장한다. 중심 블랙홀도 비슷한 성장 과정을 거치지만 그 세부적인 물리 작용은 예측하기 어렵다. 복잡한 부착 과정과 은하중심에서의 특정 조건들에 의해 결정되기 때문이다.[49]

초대질량블랙홀 간의 병합은 더 긴 시간 척도를 가지고 벌어진다. 따라서 낮은 주파수의 중력파를 방출한다. 대략 계산을 해보면, 태양질량 100만 배의 블랙홀 쌍이 합쳐진다면 그것들은 10^{-3}헤르츠의 중력파를 방출할 것이고 시간 척도는 한 시간 정도일 것이다. 태양질량의 10억 배 질량 블랙홀들이 병합하면 중력파는 10^{-9}헤르츠에서 방출되고 시간 척도는 수십 년에 이른다. 검출기를 지나가는 데 몇 년씩 걸리는 파동을 잡아내려면 검출기는 엄청나게 안정적이어야 한다. 자세한 컴퓨터 시뮬레이션에 따르면 LISA의 경우 보통 두 블랙홀 모두 태양질량의 10^6배에서 10^7배 범위에 있는 병합 몇 개씩을 매년 검출할 것이다.[50] 이러한 질량 범위는 블랙홀과 은하 성장의 초기 단계에 대한 관점을 제공할 것이다.

그러나 태양질량 수십억 배 질량을 가진 블랙홀들의 가장 시끄러운 사건과 가장 극적인 병합은 너무 낮은 주파수에서 일어나기 때문에 LISA의 검출 가능 범위 바깥에 있다. 이런 중력파들을 찾기 위해 수십 킬로미터 떨어진 배열은 충분히 크지 않고, 은하 크기 수준의 장비가 필요하다. 펄서타이밍어레이pulsar timing array로 들어가보자. 펄서는 순수한 중성자로 만들어진 붕괴된 죽은 별이다. 그것들의 표면에 있는 열점이 전파망원경을 회전하면서 휩쓸고 가면, 전파 펄스들은 정확한 시간을 유지한다. 1초에 수백 번을 회전하는 펄서들은 우주에서 가장 정확한 시계다.

수십억 광년 떨어진 곳에서, 두 개의 초대질량블랙홀이 느릿느릿 수백만 년간 지속될 춤을 추고 있다. 최종적으로 그것들이 서로의 품에 안겨 병합하면, 시공간의 격자 구조를 늘리고 쥐어짜는 저주파의 중력파로 우주를 휩쓴다. 지구에 있는 우리들처럼, 펄서는 중력파가 광속으로 지나감에 따라 위로 솟았다가 내려갔다 한다. 이러한 파동은 펄스의 박자를 아주 약간 변화시킨다. 예를 들어, 4개월에 한 번 회전하는 10^{-8}헤르츠 중력파는 펄스가 1월 초에는 10나노초 빠르게, 3월 말에는 10나노초 느리게 도착하도록 만들 수 있다. 이것은 엄청나게 정교한 실험이지만 현재의 전파망원경들은 펄스를 필요한 정확도로 측정할 수 있다. 펄서의 배열은 실험 감도를 높이는 데 사용되고 방향성 감도도 일부 제공한다.[51]

펄서타이밍어레이는 과학자들이 상상해본 것 중 가장 거창한 실험이다. LIGO의 4킬로미터나 LISA의 100만 킬로미터 대신, 펄서 검출기들은 수천조 킬로미터가 넘는 거리에서 배열을 이룬다. 우리 은하 전체가 검출이다. 이것이야말로 진정 '빅사이언스Big Science'다. 활동적으로 신호를 찾는 네 개의 펄서 어레이가 있고, 그들은 국제적인 배열로 자료를 합성한다. 그들이 관측 목록에 펄서를 더하면서 (2023년 처음으로 펄서타이밍어레이를 이용한 중력파 배경복사 관측 결과가 발표되었다-옮긴이)감도가 높아짐에 따라, 이 실험들 중 하나 또는 그

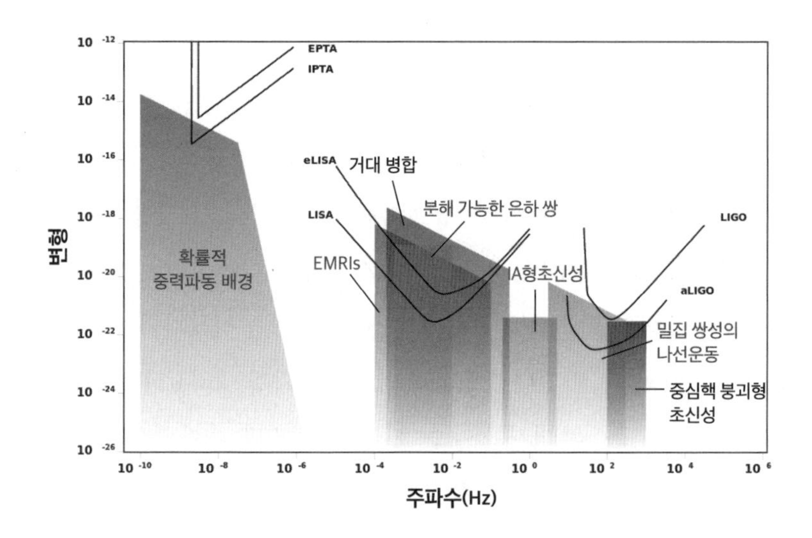

그림 55. 다양한 중력파 검출기와 검출 범위를 비교했다. 오른쪽으로 높은 주파수에는 LIGO와 같은 간섭계들의 감도 곡선이 나타나 있다. 이 실험들은 초신성과 밀집한 중성자별, 블랙홀 쌍성계 병합에 민감하다. 중간에는 LISA와 같은 우주 기반 간섭계들이 있으며, 이것들은 거대질량 블랙홀 쌍성 병합처럼 낮은 주파수의 사건들을 검출한다. 왼쪽에는 보이는 것들은 가장 낮은 주파수의 사건들을 감지하는 펄서 배열이다. 펄서 배열은 예를 들어 초대질량블랙홀의 병합이나 빅뱅에서 오는 확률적인 배경을 검출한다. ©C. Moore, R. Cole, and R. Berry, Classical and Quantum Gravity, vol 32/Institute of Physics

이상이 다음 10년 안에 초대질량블랙홀 병합을 검출할 확률이 80퍼센트 존재한다(그림 55).[52]

중력과 빅뱅

미개척의 영역은 원시중력파 검출이다. 기억하라. 질량이 운동 상태를 바꿀 때면 언제나 시공간에서의 물결이 만들어진다. 지금까지 가장 극적인 질량 변화는 초기 우주에 일어났다. 최종적으로 수천억 개의 은하들을 형성하게 될 물질들이 원자보다 작은 크기의 영역에 담겨 있었을 때다. 현재의 우주론은 인플레이션이라는 초기 상태를 포함한다. 우주가 여전히 미세하던 시절, 빅뱅 10^{-35}초 뒤에 일어난 기하급수적으로 급격한 우주 크기의 증가인 인플레이션은 우주의 불가사의한 편평함과 매끈함을 설명하기 위해서 적용되었다. 이것은 **양자요동**quantum fluctuation이 은하의 '씨앗'이었음을 암시한다.[53]

인플레이션에 대한 간접적인 뒷받침이 존재하지만, 그 당시의 에너지는 실험실이나 LHC 같은 가속기에서 생성할 수 있는 것보다 수조 배나 컸으므로 우리는 그것을 지상의 실험으로 재현할 수 없다. 인플레이션의 시험은 중요한데, 우리를 양자중력이론이라는 '성배'에 가까이 데려다줄 것이기 때문이다. 인플레이션에서 방출된 중력파는 여전히 우주를 통해 메아리치고 있을 것이다. 그것들의 에너지는 주파수 영역에서 10의 29제곱배에 걸쳐 퍼져 있고, 이는 우리가 앞서 논의한 모든 검출 방법을 전부 아우른다.[54] 그러나 이 파동은 간섭계나 펄서타이밍어레이로 측정하기에 너무 작아서 천문학자들은 그것들이 복사에 남긴 자국에 집중했다. 안정적인 원자들이 만들어질 정도로 충분히 우주가 식어감과 동시에 우주를 가득 채운 복사다. 그 복사는 변하지 않고 빅뱅 이후 40만 년부터 우주 공간을 지나 여행해 왔고 우리는 그것을 마이크로파로 관측한다. 공간이 늘어나고 조여들면서 마이크로파 복사에 작은 회전 패턴을 남길 것이라고 우리는 예상한다.[55]

2014년, 바이셉BICEP이라는 프로젝트의 연구 팀이 인플레이션에 의해 발생하는 중력파를 검출했다고 주장하자 과학계는 열광했다. 직접 관측은 아니었지만, 중력파 신호가 복사에 남긴 자국에서 유추해 얻은 결론이었다.[56] 흥분은 몇 달 뒤, 그 팀이 우리은하의 먼지로부터 발생하는 오염된 신호에 의해 속았음이 드러나자 가라앉았다. 그것은 연구자들에게 뼈아픈 경험이었다. 그들은 자료를 면밀히 검토했지만, 미세한 전경 신호에 속은 것이다. 마치 뿌연 안경을 쓰고 멀리 있는 폭풍우를 보니 헷갈렸던 것처럼. 우주는 지저분하고 복잡한 곳이며 실험실 장비처럼 제어할 수 없다. 따라서 우주론학자들은 조심스러운 편이 현명하다. 그러나 다른 그룹들 사이에 경쟁이 있을 때, 결과를 빠르게 발표해야 한다는 충동은 참기 어렵다.

몇몇 팀들은 이 중요한 측정을 이루기 위해 새로운 시도를 준비하고 있다. 이 도전적인 마이크로파 관측을 위한 최고의 지리적 위치는 남극점 근처, 칠레의 높고 건조한 아타카마Atacama사막이다. 여기에는 다섯 팀이 관여하고 있고 상금이 크다. 만약 중력파의 신호가 검출되지 않는다면 우주론의 핵심은 의심을 받을 것이다. 그러나 신호가 검출된다면, 그것은 양자중력의 직접적 증거다.

우주의 양자적 기원은 우리가 다중우주에 살고 있다는 신호일지도 모르고 우리가 잠재적으로 무한한 수의 시공간 방울 중 하나에 살고 있다는 것일지도 모른다. 다중우주의 우주들은 별개의 시공간이고, 아마 우리 시공간에서 관측할 수 없을 것이니 아이디어를 시험하기 어려울 것이다. 어쩌면 모두 다른 물리 법칙을 갖고 있을지도 모르고 심지어 인식하지 못하는 수준에서 우리 우주와 다를지도 모른다. 이런 우주들이 같은 기본 힘을 가지고 있을까? 그것들이 블랙홀을 가지고 있을까? 그것들이 우주를 이해할 수 있는 생명체를 지니고 있을까? 우주론의 최전선에서도 이해하기 힘든 질문들이다.

8장 블랙홀의 운명

♦

블랙홀의 미래는 단기적으로는 성장, 장기적으로는 소멸의 이야기다. 우리의 먼 후손은 우리은하 중심이 퀘이사로 불꽃처럼 타오르는 것을, 우리은하와 안드로메다은하의 초대질량블랙홀들이 병합하는 것을 목격할지도 모른다. 마침내 블랙홀들은 최대 크기에 도달하고 더 이상 새 블랙홀이 생겨나지 않을 것이다. 우주에서 생명체는 암흑의 미래에도 지속될 수 있다. 그러나 그것은 소멸과 붕괴의 힘이 최종 승리를 거둘 것인지를 놓고 심각한 도전을 받을 것이다.

현재 블랙홀은 중력이론의 최종 시험대다. 양자이론을 일반상대성이론과 조화시키는 임무가 다차원 시공간의 중력으로 이어졌다. 익숙한 3차원 공간은 추가적이고 숨은 차원의 힌트를 줄 뿐이다. 블랙홀은 이 새로운 체계에 포함되어야 한다.

중력의 새 시대

왜 중력은 그렇게 약할까? 그다지 합리적인 질문처럼 들리지 않는다. 특히 당신이 침대에서 일어나기 어려운 날에 더 그럴 것이다. 작은 막대자석이 아래로 잡아당기는 지구 전체의 중력에 대항해 종이 클립을 들어 올릴 수 있음을 기억해보라. 그제서야 납득할 수 있을 것이다. 중력은 다른 세 개의 기본 힘보다 매우 약하다. 이 간단한 사실을 설명하고자 하는 노력이 우리를 숨은 차원과 다중우주로 이끌었다.

우리가 보았듯이 물리학자들은 이미 네 가지 기본 힘이 매우 높은 온도나 에너지에서 하나의 초힘으로 나타날 수 있음에 대한 실마리를 가지고 있다. 네 힘 중 두 힘의 통합은 1970년대 가속기에서 관측되었고, 그 결과가 여러 노벨상으로 이어졌다. 이 길이 결국 **초대칭**supersymmetry 아이디어로 이어졌다. 일상의 세계에서, 예를 들어 전자(**페르미온**fermion이라고 불리는 종류)나 쿼크 같은 반정수half integer 스핀 입자들은 광자나 **글루온**(**보손**boson이라고 불리는 종류)처럼 힘을 전달하는 정수 스핀 입자들과 반응하지 않는다.[1] 아원자 입자에서 스핀은 팽이나 행성의 회전과 직접적으로 유사하다고 볼 수 없을 난해한 수학적 성질이다. 페르미온과 보손은 물과 기름만큼 거리를 두고 있다. 초대칭은 모든 페르미온과 보손에 대해 '그림자' 입자들의 집합을 예측하면서 이 분류를 통합한다. 그리고 중력을 제외한 모든 힘은 엄청난 온도인 절대온도 10^{29}도에서 하나의 힘으로 합쳐진다는 것을 예측한다. 이론가들은 서로 다른 아원자입자들의 과잉 아래에 깔린 통일성이라는 꿈을 좇아 초대칭에 도달했다. 그러나 LHC를 통해서도 이 그림자 입자들의 힌트가 발견되지 않았으므로 초대칭은 의문을 받아왔다.

1980년대 끈이론의 등장과 함께, 네 가지 힘을 통합하는 데 대한 두 번째 공격이 발생했다. 끈이론은 입자들이 근본적이지 않으며 끈이라고 불리는 미세한 1차원 개체의 진동 모드라는 가정을 가지고 입자물리학 표준모델의 문제들을 처리한다. 이론물리학계에는 끈이론에 대한 흥분이 들불처럼 퍼졌다. 그 이론은 아주 우아한 수학에 기초했고 자연스럽게 중력을 다른 세 개의 힘과 통합했다. 하지만 10여 년의 치열한 연구 끝에, 많은 물리학자는 끈이론에 낙담하게 되었다. 수학이 어려웠고 종종 다루기 힘들었으며, 그것은 시공간이 9차원을 가진다고 가정했는데 우리의 지식보다 다섯 차원이나 더 많았다. 끈이론에서 '숨은' 차원들은 오직 아주 높은 온도인 절대온도 10^{32}도나 아주 작은 규모인 10^{-35}미터에서 실현된다. 마치 시험할 수 없는 이론처럼 보였다.[2]

리사 랜들Lisa Randall을 소개해보자. 그녀는 자라면서 수학에 매료되었다. 정확한 답을 주었기 때문이다. 그녀는 학교 수학 팀에서 첫 번째 여성 주장이었고 끈이론 연구자인 브라이언 그린Brian Greene과 뉴욕 스타이븐슨고등학교 시절 친구였다. 18세의 나이에 그녀는 '가우스 정수'에 관한 프로젝트로 웨스팅하우스 과학영재콘테스트Westinghouse Talent Search contest에서 우승했다. 하버드대학교에서 박사 학위를 받았고, 강을 건너 MIT로 옮겨 조교수가 되었으며 이론물리학계의 떠오르는 별이 되었다.

랜들은 수학뿐 아니라 음악에도 조예가 깊다. 이론물리학에 영감을 받은 오페라는 많지 않다. 오페라광조차도 머리를 긁적일 것이다. 어쩌면 필립 글래스Philip Glass의 〈해변의 아인슈타인Einstein on the Beach〉을 떠올릴지 모른다. 랜들은 이 몇 안 되는 목록에 〈하이퍼뮤직 프롤로그: 일곱 평면에 관한 투영 오페라Hypermusic Prologue: a Projective Opera in Seven Planes〉를 더했다. 스페인 작곡가인 헥토르 파라Hector Parra가 악보를 썼고 랜들이 오페라 대본을 썼다.

랜들이 왜 중력에 대해 창의적으로 생각하게 되었는지를 알아보기 위해, 얽히고설킨 특이점 문제로 돌아가자. 일반상대성이론에 따르면, 모든 블랙홀은 시공간의 곡률이 무한대가 되는 점인 특이점을 지닌다.[3] 블랙홀 안에서 아인슈타인의 방정식은 실패하고 물리적으로 말이 되지 않는 것을 예측한다. 호킹은 블랙홀에서 특이점을 피할 수 없다는 것을 보였고, 이 문제를 극적인 틀에 넣었다. 일반상대성이론은 자기파괴의 씨앗을 가지고 있다고 말이다.

이 막다른 골목을 지나가기 위해 가능한 경로 하나는 끈이론을 포함한다. 기본 물리학의 몇 가지 문제들이 원인이 되어 끈이론이 발전했다. 하나는 자연의 힘들을 하나의 체계로 통합하기 위함이었다. '부드러운' 굽은 시공간의 이론은 '거친' 아원자입자의 이론과 일치하지 않았다. 이것이 수십 년간 아인슈타인을 괴롭힌 양자중력의 탐색이다. 또한, 일반적으로 성공적이었던 입자물리학의 표준 모델에는 허점이 있었다. 모델에서 전자는 0의 크기를 가진다. 따라서 무한대의 질량 밀도와 무한대의 전하 밀도를 가져야만 한다. 이는 특이점이 물리학을 위반하는 것처럼 보이는 다른 예다. 현재 다른 질량의 기본 입자들이 왜 그리 많이 있는지에 대한 설명은 없다. 또는 왜 물질이 반물질보다 우세한지, 왜 암흑물질과 암흑에너지가 우주를 구성하는 두 주요 성분인지에 대해서도 설명하지 못한다.[4]

랜들은 1990년대의 끈이론 연구가 '막brane'의 풍요로움을 탐색했음을 알았다. '막'은 고차원 공간에서의 저차원 객체를 의미하는 'membrane'의 약자다. 3차원 공간 안에 2차원 개체인 종이 한 장이 있다고 생각해보라. 종이 위를 기어가는 개미들은 2차원 안에서만 움직이도록 갇혀 있고 3차원에 대해 인지하지 못한다. 개미들이 기어가는 다른 종이 한 장이 있을지 모르지만 이 개미들은 3차원에서 자신들로부터 그리 멀지 않은 곳에 있는 평행 '우주'에 대해 알지 못할 것이다. 유사하게, 우리 우주도 더 높은 차원의 바다에 떠 있는 3차원의 섬, 즉 막일지 모른다. 입자들은 막 안에 갇혀 있다, 하지만 랜들은 중력이 막에 갇혀 있지 않다는 것을 알았다. 일반상대성이론은 그것이 공간의 전체 기하에 존재해야 한다고 말하기 때문이다. 그녀는 왜 중력이 그리 약한지를 이것이 설명해줄지도 모른다는 사실을 깨달았다.

랜들은 추가적 차원에 대한 아이디어를 수년간 부정했으나, MIT에서 막에 관한 아이디어를 나누기 위해 보스턴대학교의 라만 선드럼Raman Sundrum과 공동연구를 했다. 그들이 제시한 수학은 5차원 공간으로 가느다랗게 떨어진 4차원 막인 우주 한 쌍을 기술했다. 그들은 막 사이의 공간은 휘어 있으며 그 휨이 막 사이의 물체나 힘을 증폭시키거나 축소할 수 있다는 것을 찾아냈다. 그러므로 중력이 한 막에서는 다른 힘들처럼 강할 수 있지만, 우리가 다른 막에 있게

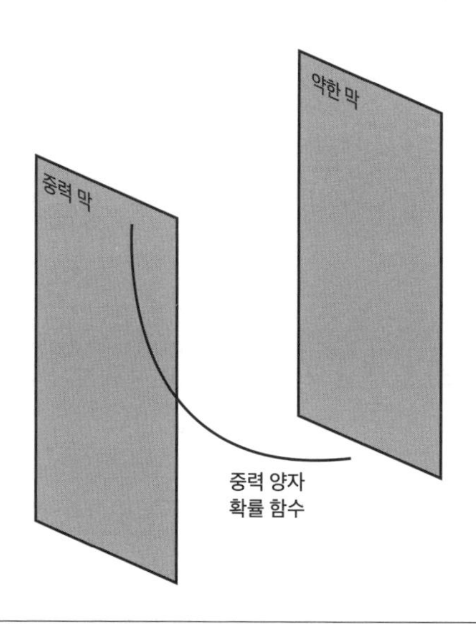

그림 56. 중력이 약한 이유에 대해 가능한 설명 하나는 막을 포함하고, 이는 고차원의 공간에 포함된 저차원의 개체들이다. 중력은 한 막에서 강할지 모르나 다른 막에서는 약하고, 두 막 모두 5차원 공간 안의 3차원의 공간이다. 고차원이나 이웃의 막이 실험이나 가속기를 통해 검출할 수 있을지 여전히 불확실하다.

된다면 아주 약한 중력을 경험할 수 있다(그림 56). 이후 랜들과 선드럼은 다른 깨달음에 화들짝 놀랐다. 그 5차원이 무한할 수 있으며 우리는 그것을 인지하지 못하리라는 사실이었다. 그때까지 물리학자들은 추가 차원이 너무 단단히 감겨 있어 어느 실험도 그것을 알아낼 수 없으리라는 끈이론의 일반적 통념을 가정했다. 그러나 랜들과 선드럼의 이론에서는 가속기로 관측할 수 있을지도 모른다.[5]

이 연구 덕에 그들은 슈퍼스타가 되었다. 선드럼은 일곱 개의 연구소와 대학에서 자리를 제안받았다. 그는 자신의 아이디어에 얼마나 불안해했는지를 생각하며, 이 좋은 운에 대해 이런 생각을 이야기했다. "그것을 풀어내는 것은 놀라웠다. 우리에게는 몹시 겁낼 만한 이유가 있었다. 이 경우들 각각에서 우리 스스로를 바보로 만드는 뚜렷한 공포가 있었다." 랜들은 하버드의 긴 역사상 처음으로 영년직을 보장받은 여성 이론물리학 교수가 되었다. 그녀는 대중서를 쓰는 일에도 뛰어들었다.[6] 그리고 덜 편하지만 주기적으로 과학계에서의 여성들을 대변해 말하도록 요청받는다. "나는 차라리 우주에서의 추가 차원 같은 간단한 문제를 푸는 것을 더 좋아한다"라고 그녀는 씁쓸하게 언급했다. "모두가 과학계에서의 여성은 더 쉬운 문제라 생각하지만, 사실 훨씬 더 복잡하다."[7]

막은 블랙홀과 관련이 많다. 1장에서 보았듯이 스트로밍거와 배파는 끈이론을 이용해 블랙홀 엔트로피와 호킹이 고전 물리를 통해 유도한 복사를 재현했다. 이론가들은 단단히 감긴 시공간의 영역으로 막을 감싸 내부 블랙홀의 질량과 전하를 예상할 수 있음을 보였다. 전혀 다른 이유로 개발된 순수 수학이 블랙홀과 같은 '실제 물체'의 성질을 계산하는 데 쓰일 수 있다는 것은 끈이론의 승리로 여겨졌다.

우리는 5, 6, 7 또는 그 이상의 차원 막의 바다에 떠 있는 3차원의 방울 안에 살고 있을지 모른다.[8] 구조 안에서의 이 모든 혼합을 멀티버스multiverse라고 부른다. 이것은 지난 장 마지막에 기술한, 빅뱅과 나란히 존재하는 양자 진공 상태에서 생겨났을지 모르는 다른 시공간에 기초한 다중우주와는 다르다. 끈이론 멀티버스는 우리가 살고 있는 우주와 동시에 존재하는 그림자 고차원 공간들의 집합이다.

고차원은 지금까지 실험실이나 가속기에서 검출되지 않았고, 많은 물리학자는 막이 끈처럼 실제와 거의 관련이 없는 영리한 수학적 구조라고 생각한다. 어떤 방면에서는 건강한 회의주의가 반발로 바뀌기까지 했다. 여전히 랜들은 희망적이다. 이 중력 전문가는 고차원 수학의 거친 해변에서 연구를 계속하고 있다. 마지막 말을 물리학자보다는 시인에게 맡겨두자. 에드워드 E. 커밍스Edward E. Cummings가 말했다. "들으라: 옆에 멋진 우주가 있다; 가자."[9]

우리 이웃의 퀘이사

블랙홀은 진화적으로 막다른 길이다. 질량이 큰 별에 대해 더 이상 에너지가 생성될 수 없고 중력이 승리한 결과물을 블랙홀이 대표한다. 은하들의 중심에 있는 초대질량블랙홀들은 우주에서 가장 깊은 중력적 구덩이다. 그것들은 냉혹하게 성장하고 영원히 허기질 일이 없을 것이다. 우리는 우리은하에서 가장 가깝고 질량이 큰 블랙홀의 진화를 관람하기 위한 좌석의 맨 앞줄에 있다. 우리은하가 미래에 밝게 타오를 시간을 예측하기 위해 생명으로 타올랐던 시절을 돌이켜볼 수 있을까?

활동을 조사하는 최고의 방법은 엑스선방출이다. 가시광선의 빛에는 소광이 일어나는 데 반해 엑스선은 은하원반의 가스와 먼지를 지나 닿을 수 있기 때문이다. 엑스선망원경들이 궁수자리 A*를 추적 관측한 20년 동안은 대체로 매우 조용했다. 한 시간 안에 밝기가 5~10배가량 증가하는 플레어가 몇 달마다 발생하기는 했다.[10]

그러나 고작 20년의 관측일 뿐이다. 블랙홀 연료 공급의 변화를 인간의 삶보다 긴 시간 규모에서 볼 수 있다. 다른 네 개 위성에서 얻은 자료를 한데 모아 300년 전 커다란 플레어의 엑스선 '메아리'를 검출할 수 있었다. 당시에 궁수자리 A*는 100만 배나 밝아졌고 복사가 지구로 오기 전 블랙홀에서 수백 광년 떨어진 분자운에 부딪쳤다. 초기의 복사는 지구에 대부분 18세기 초반에 닿았다. 어디에도 그것을 관측할 엑스선망원경이 없던 시절이다. 사건 자체는 우리 초기 조상들이 아프리카를 처음으로 떠나 북아시아에 도달했을 2만 7,000년 전에 일어났다.[11] 이렇게 밝은 사건은 아마 블랙홀이 별을 집어삼키는 현상과 관련이 있을 것이다.

더 긴 시간 규모는 어떤가? 우리가 지금은 잠을 자는 우리은하 중심의 블랙홀이 수백만 년 전 무엇을 하고 있었는지 볼 수 있을까? 가능하다. 그리고 그런 연구는 우리은하의 질량 예산과 관련된 수수께끼를 풀어준다. 우리은하는 태양질량의 1조 배 가까이 된다. 그중 약 85퍼센트는 모든 은하가 유지되게 하며 보이지 않는 신비한 물질, 암흑물질이다. 암흑물질의 비율을 제외하면 태양질량의 약 1억 5,000만 배 질량이 일반 물질로 남는다. 불행히도, 천문학자들이 볼 수 있는 모든 별과 가스, 먼지 질량을 전부 더했을 때 그것은 절반의 양밖에 되지 않았다. 그들은 엑스선관측을 이용해, 은하에 스며들어 있는 뜨겁고 밀도 높은 안개의 형태로 잃어버린 물질을 찾았다. 그들은 낮은 밀도의 '방울'이 은하중심에서부터 지구까지 거리의 3분의 2까지 뻗어 있는 것을 보았다. 그렇게 큰 방울을 비우기 위해 필요한 에너지를 계산했고 과거에 우리은하가 퀘이사 단계를 겪었어야 함을 유추했다.[12] 그 충격파는 시간당 300만 킬로미터의 속도로 움직이고 약 300만 년 후면 우리에게 닿을 것이다. 그러므로 겁에 질릴 필요는 없다. 약 2만 광년에 뻗어 있는 방울을 추적하면 퀘이사 단계가 약 600만 년 전 시작했음을 알 수 있다. 초기 인류의 조상들이 지구를 걸어 다니던 때다. 600만 년 나이의 별들이 은하중심에 존재한다는 사실에서 이 연대표는 확증된다. 이 별들은 아마 블랙홀을 향해 흘러가던 물질들로부터, 심지어 블랙홀이 먹이를 삼키던 초기 단계에서 형성되었을 것이다. 우리은하의 초대질량블랙홀은 600만 년 전 광란 속에 먹이를 집어삼키고, 엄청난 양의 에너지와 가스를 분출해 음식이 다 떨어져 동면에 접어든 것이다.

우리은하 중심의 미래는 어떻게 될까? 그것은 현재 아주 조용한 상태에 있지만 영원히 지속되지 않을 것이다. 우리는 우리 이웃 퀘이사들에 수백만 년마다 불이 붙으리라고 예상한다. 은하중심이 다른 활동적 단계를 준비하고 있음을 나타내는 신호들이 있다. 엑스선 관측에 의하면 궁수자리 A* 3광년 이내에 2만 개의 블랙홀과 중성자별 떼가 있음을 보여주는 증거가 있다.[13] 은하 어디에서도 찾아볼 수 없는, 붕괴한 별 잔해들의 가장 높은 밀집도다. 그것들은 수백만 년의 주기에 걸쳐 중심으로 모여들었다. 당신이 같은 크기의 검은 구슬들과 나무 공들이 함께 담긴 그릇을 흔들면, 무거운 구슬들이 그릇 바닥으로 모일 것이다. 이와 비슷하게 중력적 상호작용은 블랙홀이 훨씬 많은 수의 일반적인 별들보다 중심에 집중되도록 한다.

여전히 우리가 퀘이사 활동의 귀환을 목격할 가능성은 굉장히 낮다. 우리은하와 같은 은하에서 블랙홀은 태양에게 남은 50억 년 수명 중 1퍼센트에 해당하는 시간 동안 10억 배 이상 밝아질 것 같다.[14] 우리은하가 마지막으로 퀘이사였을 때는 침팬지와 인류가 진화 계보에서 갈라졌던 때다. 다음 순간은 수천억 년 후 미래일 것이다.

만약 우리가 여전히 종으로 남아 있다면, 무엇을 보게 될까? 분명한 것은 없다. 우리와 궁수자리 A* 사이에는 너무 많은 먼지가 있어 대부분의 가시광은 차단될 것이다. 사람 눈에 보이지 않는 전파 제트는 은하수와 수직으로 하늘을 가를 것이다. 고에너지복사가 또한 급증하고 돌연변이 비율을 증가시킬 것이다. 우리가 영구적인 대피소를 구하지 못한다면, 우리의 DNA는 꾸준히 잘게 조각날 것이다. 그러나 우리가 은하원반에서 떨어져 100광년 위로 갈 수 있다면 그 시점에서 우리는 빛나는 블랙홀을, 그것의 부착원반이 보름달처럼 밝게 빛나는 장엄한 풍경을 볼 것이다.

안드로메다와의 병합

우리는 가장 가까운 이웃과 충돌을 피할 수 없는 상황이다. 태양이 죽기 전에 우리은하와 안드로메다는 접근해 상호작용하고 태양계와 그곳 거주자들에게는 불확실한 결과와 함께 병합할 것이다. 각 은하의 중심에 있는 블랙홀들의 병합은 상상할 수 있는 가장 화려한 사건일 것이다.

우리는 한 세기 전부터 M31, 즉 안드로메다은하가 우리에게 초속 120킬로미터 또는 시간당 43만 2,000킬로미터로 접근하고 있다는 것을 알았다. 은하들은 일반적으로 우주팽창에 따라 우리에게서 멀어진다. 하지만 우리은하와 안드로메다는 아주 가까워서 서로의 상호 중력이 우주팽창을 이긴다. 허블우주망원경이 안드로메다은하의 측면 운동을 측정한 자료를 보면 그것은 거의 곧장 우리를 향해 돌진하는 중이다.[15] 시뮬레이션에 따르면 20억 년 안에 은하들은 서로를 휩쓸고 지나갈 것이다. 은하들이 서로 멀어지면서, 귀신 같은 별과 가스의 다리가 그것들을 연결할 것이다. 현재 안드로

그림 57. 우리은하와 안드로메다는 충돌할 것이다. 이 사진은 현재로부터 약 40억 년 후에, 두 은하가 서로를 휩쓸고 지나간 다음 마지막으로 접근하는 때에 지구에서의 밤하늘을 보여준다. 은하수는 상호작용으로 인해 뒤틀린다. 은하들이 병합하고 나면, 두 은하의 중심에 있는 블랙홀들은 또한 병합해 새롭고 더 거대한 질량의 블랙홀을 형성할 것이다. ©NASA/Space Telescope Science Institute

메다은하는 희미하고 어두운 빛의 조각이며 맨눈으로는 겨우 보일까 말까 한다. 지금부터 40억 년이 지나면, 누구든 지구에 남아 밤하늘을 볼 수 있다면 안드로메다은하가 밤하늘에서 크고 흐릿하게 보일 것이다(그림 57). 현재로부터 약 45억 년 후, 이 은하들은 서로에게 다시 접근하면서 몇 번 가까이에서 회전하고 병합할 것이다. 그 이후로 이어지는 수십억 년 동안 두 은하는 하나의 매끄럽고 커다란 새 은하로 정착할 것이다. 바로 밀코메다Milkomeda다.

하버드의 아비 로브Avi Loeb가 가상의 새로운 은하에 이름을 붙였다. 그는 하버드의 박사후 연구원이었던 토머스 J. 콕스Thomas J. Cox와 병합에 관한 컴퓨터 시뮬레이션 연구를 했다. 그들은 가정과 시작 조건을 바꿨고, 한 번 계산할 때마다 최첨단 데스크톱 컴퓨터 스무 대와 같은 성능을 가진 컴퓨터로 2주가 걸렸다.[16] 두 은하 간의 충돌은 자동차 사고와 다르다. 은하들은 대부분 비어 있고, 아주 적은 수의 별만 실제로 충돌할 것이다. 태양 위치에서, 별들이 골프공 크기라면 서로 1,000킬로미터 떨어져 있을 것이다. 심지어 은하중심에서도 별들이 떨어진 거리는 3, 4킬로미터에 달할 것이다. 중력은 별들을 극적으로 움직이지만, 그것들의 태양계는 온전하게 남을 것이다. 따라서 미래의 지구인들은 우리가 일상적인 은하원반에서 떼어져 새로운 상황에 놓임에 따라 새로운 밤하늘을 마주할 것이다.

이런 은하 열차 사고에서 지구와 태양계에는 무슨 일이 벌어질까? 두 은하 간의 첫 번째 가까운 통과 이후 태양이 조석 꼬리tidal tail에

던져질 확률이 10퍼센트 있다(펴져 있는 두 천체들이 서로를 방해하고 비트는 경우 조석 꼬리가 만들어진다). 그것은 이어질 활동에 대한 조감도를 제공할 것이다. 안드로메다은하가 우리은하로부터 태양을 '훔칠' 가능성도 3퍼센트나 있다. 두 번째이자 마지막 접근에서 태양이 더 밀도 높은 밀코메다 내부 영역으로 움직일 확률이 50퍼센트 있고, 태양계가 은하 밖으로 던져져 우리의 후손들이 중력 충돌의 결과 하나의 매끈한 은하가 만들어지는 과정을 멀리서 목격할 확률이 50퍼센트 있다.

이 모든 것은 흥미롭지만 부차적인 일이다. 주요 사건은 우리은하의 태양질량 400만 배 블랙홀과 그것보다 50배 더 큰 안드로메다은하 블랙홀과의 조우다.[17] 블랙홀들은 맞닥뜨리는 별들에 에너지를 전달하면서 안쪽으로 옮겨가고 밀코메다 중심 부근에서 합쳐질 것이다. 그렇게 마주친 별 중 몇몇은 밀코메다에서 영원히 방출될 것이다. 이런 과정은 약 1,000만 년이 걸릴 것이다. 두 블랙홀이 서로에게 1광년 이내로 접근하면, 죽음의 소용돌이에 돌입하고 병합 전 폭발적으로 중력파를 방출할 것이다.[18]

우리은하와 안드로메다은하의 병합에 색다른 점은 없을 것이다. 이런 사건들은 우주에서 계속 일어난다. 우주가 팽창함에 따라 병합률이 떨어지기는 했지만, 이러한 사건은 여전히 중요하다. 하지만 모든 병합이 LIGO가 측정한 블랙홀들의 패턴을 따르지는 않는다. 쌍블랙홀이 병합하고 그 스핀들이 반대로 정렬되어 있다면,

중력파는 충분한 운동량을 가져가서 병합된 쌍이 반동 '킥'을 경험할 것이다. 킥의 힘은 병합의 잔해를 쫓아내기에 충분하다. 우리은하와 같은 은하는 종종 블랙홀을 은하 간 공간으로 날려버린다. 이런 일은 또한 두 은하가 병합한 후 초대질량블랙홀에도 일어날 수 있다. 커다랗고 벌거벗은 블랙홀들이 은하들 사이의 공간을 시간당 수백만 킬로미터의 속도로 벗어나는 것을 상상해보면 환상적이다.

몇 개의 쌍초대질량블랙홀이 확인되었다. 우리는 이전 장에서 LISA가 그런 쌍들의 병합을 검출하려고 설계되었음을 보았다. 이런 병합을 모형화하는 데 필요한 이론적 도구들은 겨우 최근에 개발되었다.[19] 우리는 밀코메다를 위해 그러해야 하는 것처럼 신호를 기다리며 수십억 년을 기다릴 필요가 없다. 퀘이사 PG 1302-102는 35억 광년 떨어져 있다. 그것은 5년 주기로 회전하는 쌍블랙홀을 가지고 있으며, 블랙홀들은 고작 1광월 떨어져 있다. 그것은 죽음의 소용돌이가 얼마 남지 않았다는 의미다(비록 우리에게 정보가 닿는 데 걸리는 시간으로 인해, 그것이 실제로 일어난 것은 35억 년 전이겠지만). 심지어 100억 광년 떨어진 블랙홀 쌍은 훨씬 더 신나는 예상이다. 두 블랙홀은 각각 태양질량의 수십억 배에 달한다.[20] 1.5년 공전주기는 그것들이 슈바르츠실트반지름의 여섯 배 거리에 떨어져 있다는 의미이고, 그러므로 이 계는 병합이 멀지 않아 곧 중력파를 쏟아낼 것이다. 이 블랙홀들은 실제로 수십억 년 전 병합되었지만, 우리는 그 시공간의 노래를 듣기 위해 수천 년만 기다리면 될지도 모른다.

우주에서 가장 큰 블랙홀

초대질량블랙홀은 영화 〈인터스텔라〉에 어두운 중심으로 등장했던 가르강튀아를 떠올리게 한다. 가르강튀아는 웜홀을 이용해 시공간을 가로지르기를 희망하는 우주 여행자들의 목적지다. 그것은 태양질량의 1억 배이고, 사건지평선은 지구 공전궤도 크기와 맞먹는다. 그리고 이 블랙홀은 광속의 99퍼센트로 회전한다. 우리가 보았듯이, 가르강튀아는 영화가 과학과 예술을 제대로 다루었는지에 대해 손이 자문해준 덕분에 대중매체에서 가장 실제에 가깝게 블랙홀을 묘사했다.[21]

가르강튀아는 우리은하 중심에 있는 블랙홀보다 질량이 25배 크다. 하지만 그것은 대부분의 거대질량블랙홀에 비하면 작은 이동다. SDSS는 먼 우주에 존재하며 태양질량의 100억 배가 넘는 블랙홀 열 개를 관측했다.[22] 그것들은 씨앗 질량으로부터 고작 15억 년 안에 100만 배 이상 커지기 위해 매우 급격히 물질을 빨아들여야 했을 것이다. 이 괴물들은 태양계의 크기를 압도한다(그림 58). 기록을 가진 것은 강한 전파방출을 보여주는 퀘이사로, 이 녀석의 블랙홀은 태양질량의 400억 배다.[23]

천문학자들은 큰 수를 언급하는 데 있어 무심하다. 따라서 잠시 멈추어 극한 블랙홀의 함의를 소화하고 넘어가도록 하자. 태양보다 400억 배 더 무거운 블랙홀은 4광일의 슈바르츠실트반지름을

그림 58. 인근 은하 NGC 1277의 중심에 있는 블랙홀은 태양질량의 170억 배 질량을 가졌고, 아마 발견된 블랙홀 중 가장 질량이 큰 축에 속할 것이다. 비록 질량이 고작 태양질량 50억 배라는 다른 연구도 있지만. 이 그림은 그 블랙홀 사건지평선 크기를 태양계와 비교해 보여준다. 이 은하는 대부분의 은하보다 열 배 많은 별 질량 대비 블랙홀 질량을 보인다.

가지고 있다. 그러므로 사건지평선은 명왕성과 다른 왜소행성 궤도까지 이르는 태양계 크기의 20배다. 이 블랙홀은 광속의 낮지 않은 비율로 회전한다. 태양계의 바깥쪽 행성들이 궤도운동을 하는 데 250년씩 걸리는 데 비해, 이 훨씬 커다란 천체는 세 달에 한 번씩 회전한다. 비록 작은 은하의 질량이 태양계 부피에 압축되어 있지만, 평균 밀도는 당신이 숨 쉬는 공기보다 100배나 낮다. 블랙홀은 빛을 방출하지 않지만 둘러싼 부착원반은 밝게 빛난다. 퀘이사 단계에 있는 이런 질량의 블랙홀은 태양 광도보다 100조 많은 에너지를 방출할 것이다.

우주에서 가장 거대한 블랙홀의 앞날은 어떨까? 은하는 우주 공간에서 가스를 부착하고 병합을 통해 성장한다. 두 경로로의 성장 모두 감소하고 있다. 우주가 커질수록 가스 공급은 약해지고 은하들은 더 멀리 떨어지게 되기에 병합도 덜 자주 일어나게 된다. 은하에서는 별의 질량과 중심 블랙홀 질량 사이에 상관관계가 있다. 구상성단에서는 블랙홀이 태양질량의 10^4에서 10^5배 범위에 있고 우리 은하와 같은 은하들에서는 블랙홀이 태양질량의 10^6에서 10^7배, 타원은하에는 태양질량의 10^{10}배까지 달하는 블랙홀이 태양질량 1조 배만큼의 별과 함께 존재한다. 항성계의 크기에 관계없이, 중심 블랙홀은 총 별질량의 약 1퍼센트이고 암흑물질까지 고려했을 때 은하 질량의 0.1퍼센트다.

나는 초대질량블랙홀의 삶과 시간에 대해 이해하려 몇 년을 쏟은 적이 있다. 나의 학생이었던 트럼프와 함께 애리조나와 칠레에 있는 6.5미터 망원경에서 수십 번의 밤을 보냈다. 현대 기술의 발전 덕분에 예전에는 평생 동안 수집해야 했던 자료를 이제는 대학원생이 학위논문을 마치는 데 필요한 시간 안에 얻을 수 있게 되었다. 고전적인 분광관측으로, 한 활동은하에서 온 빛이 슬릿을 지나 스펙트럼으로 갈라진다. 우리가 칠레에서 사용하던 기기는 작은 슬릿을 보름달 크기 하늘 영역 안에 있는 수백 개 은하 위에 놓았다. 한 번의 긴 노출이 100여 개 블랙홀 질량을 줄 것이었다. 우리는 이 자료를 이용해 우주에서 퀘이사 활동의 오르내림을 이해할 수 있기를 바랐다. 퀘이사는 너무 멀리 있어 망원경을 어떤 방향으로 향하든 큰 차이가 없다. 하지만 우리는 남반구 하늘을 선호한다. 머리 위로 누더기가 된 은빛 커튼처럼 은하수가 흐르는 모습은 장관이고, 우리 이웃 은하인 마젤란은하들은 덤이다. 그것들은 검은 천 위에 솜뭉치처럼 걸려 있다. 바깥은 너무 어두워 나는 별빛으로도 책을 읽을 수 있었다.

우리는 우주 역사 동안 블랙홀 진화를 보여주는 통계를 수집했다. 이런 작업을 한다는 것은 극적인 것들만이 아니라 모든 블랙홀을 샘플링한다는 뜻이었다. 나는 블레이자에 대한 젊은 시절의 집착을 극복했고 이제 활동은하의 종합적 구성에서 무엇이 지배적이었는지 알고 싶었다. 비유를 들어 말해보자. 당신이 자동차 집단에 대해 알고 싶다면, 포드와 토요타를 페라리나 애스턴마틴보다 훨씬 많이 접할 것이다. 큰 수수께끼 하나는 블랙홀들이 오직 낮은 비율의 시간 동안만 활동적이었다는 사실이다. 또 하나는 은하의 중심 블랙홀 질량과 늙은 별들 질량의 강한 상관관계였는데, 이는 훨씬 넓은 규모로 분포했다. 마치 블랙홀이 자기가 살고 있는 은하가 어떤 종류인지 '아는' 것 같았다.

우리 자료에서 가장 커다란 블랙홀은 빅뱅 이후 첫 수십억 년간 빠르게 성장했고, 결국 연료가 소진되었다. 수많은 작은 은하들이 지금까지 천천히 자랐고, 지난 50억 년간 그것들 역시 대부분 조용해졌다. 퀘이사 활동 시기의 정점은 오래전에 끝났지만, 블랙홀은 사라지지 않아 그것들은 아마 '굶주린' 상태로 존재할 것이다. 시간이 지남에 따라 에너지를 공급할 연료가 적어지면서 말이다. 팽창하는 우주는 점점 밀도가 낮아지고 은하충돌의 비율 역시 감소하기 때문에 이러한 추론은 말이 된다. 하지만 우주 역사에서 어떤 특정한 시기에, 그리고 특정한 은하 질량에 대해 어떤 블랙홀이 성황을 이루고 어떤 블랙홀이 침묵에 잠길지 우리는 예측할 수 없다. 이러한 퀘이사의 미래를 예측하기도 똑같이 어렵다.

우리는 연구를 게임으로 만들었다. 마치 우표 수집가라도 된 양 퀘이사를 테이블 위에 펼쳐놓았다. 그것들이 물질을 공급받을 동반은하가 있었기 때문에 밝았을까? 어떤 경우에는 그랬다. 하지만 모두 그렇지는 않았다. 가스가 부족한 은하에 살았기 때문에 어두웠나? 꼭 그렇지는 않다. 우리는 핵활동의 어떠한 방아쇠도 확인할 수 없었다. 종합적인 그림은 이해할 수 있었다. 하지만 그림을 이루는 각각의 점은 어떠한 색깔일 수도 있었다.

자연은 창의적이다. 그것은 질량이 10억 배나 차이 나는 블랙홀들을 만들었다(그림 59). 연구에서, 우리는 태양질량보다 100억 배 이상 큰 블랙홀을 하나도 찾지 못했다. 약간 실망스러웠다. 나는 언제나 그것을 이력서에 자랑하고 싶었다. 이론가들은 그것보다 열 배

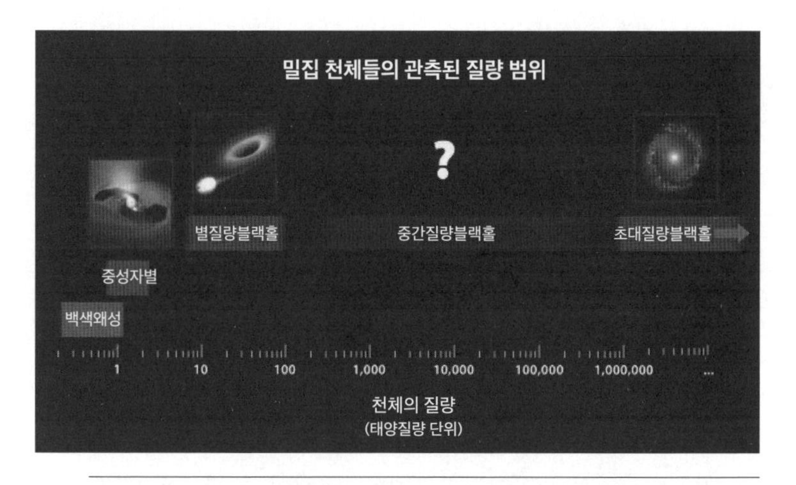

그림 59. 백색왜성에서부터 은하핵에 있는 초대질량블랙홀까지 초밀도 천체들의 질량. 작은 질량 범위에 있는 세 가지 천체는 별이 죽으면 만들어지고, 질량이 더 큰 별일수록 질량이 더 큰 잔해를 남긴다. 몇 개의 중간질량블랙홀만이 알려져 있다. 그것들은 구상성단이나 왜소은하 한가운데서 발견된다. 가장 질량이 큰 블랙홀은 우주에서 가장 거대한 은하들 중심에서 발견된다. ©NASA/JPL/California Institute of Technology

정도 큰, 태양질량의 10^{11}를 한계로 예측한다.[24] 그 수준에서, 모은하의 질량과 관계없이 부착 물리는 중요해진다. 그것은 블랙홀에 대한 자연의 한계처럼 보였다. 더 크게 성장하기 위해서, 블랙홀은 1년에 태양질량의 1,000배를 끌어들여야 하고, 그만큼의 가스는 수백 광년 규모에서 블랙홀에 닿기도 전에 새로운 별로 수축할 수도 있다. 또한 블랙홀은 스스로 조절하기 시작한다. 뿜어 나오는 복사는 유입되는 가스를 바깥으로 밀어내고 물질 유입을 멈춘다. 배가 터질 듯한 괴물이 음식을 쥐고자 하지만 손 닿을 거리에 아무것도 없다.

죽은 별들의 시대

은하 한가운데 있는 거대 블랙홀 질량이 자연적인 한계에 가까워지더라도, 거대한 별들의 죽음은 지속해서 작은 별질량블랙홀을 만든다. 별의 진화는 빛과 어둠의 힘 사이의 전쟁이다. 핵융합에서 발생하는 에너지는 별이 부풀어 오른 상태를 유지하도록 하지만, 동시에 중력은 별이 수축하도록 만들고자 한다. 우리가 보았듯이, 이러한 힘들은 태양에서 50억 년 더 균형을 이룰 것이고, 중력이 이기면서 핵이 백색왜성으로 수축할 것이다. 질량이 큰 별들은 더 빠르게 진화하고, 중력이 이기면 그것들은 중성자별이나 블랙홀을 남길 것이다.

우주는 암흑으로 향하고 있다. 최초의 별은 빅뱅 이후 약 1억 년이 지나 생성되었다. 우주가 지금보다 30배쯤 작고 그만큼 뜨거웠을 시기다. 은하 형성과 별생성은 빅뱅 이후 30억 년이 지나 최고치에 달했고 그 이후로는 꾸준히 감소했다. 별들은 현재 역사상 최대치의 30분의 1에 해당하는 생성률로 만들어지고 감소는 지속될 것이다. 새로운 별을 만드는 데 필요한 가스가 점점 부족해지기 때문이다. 우리가 영원히 기다리더라도, 지금까지 형성된 별들의 5퍼센트만큼 더 만들어질 것이다.[25] 이는 평균값이다. 어떤 시기라도 더 질량이 크고 가스가 많은 은하는 상대적으로 질량이 작고 가스가 부족한 은하들보다 높은 별생성률을 보일 것이다. 별들이 자기 질량 일부를 삶의 마지막 단계에, 또는 초신성으로 죽으며 방출하기에 가스 공급의 감소는 이것들에 의해 오랜 시간에 걸쳐 겨우 보충될 것이다.

새로운 별이 만들어지는 비율이 감소하는 것과 함께, 모든 은하에서 더 높은 비율의 별 질량이 수축한 잔해의 형태로 남을 것이다. 지금으로부터 약 100조 년 후, 별생성이 끝내 마무리되고 최후의 블랙홀이 만들어지면 중력이 최종 승리를 거머쥘 것이다(그림 59). 우연하게도 이는 질량이 가장 작은 적색왜성의 기대수명과 같다. 적색왜성은 핵융합을 겨우 유지할 수 있을 만큼인 태양질량의 0.08배를 지닌 차가운 별이다. 이 시간 규모는 거대하다. 우리는 여전히 별빛이 비치는 우주의 가장 첫 번째 단계에 있다. 태어난 지 1주일 된 아기와 같은 셈이다.

먼 미래에, 별의 시대가 끝나면, 밀코메다에 있는 400조 개의 별은 백색왜성과 갈색왜성 반반으로 나뉠 것이다. 그리고 적은 중성자별과 블랙홀이 존재할 것이다. 태양질량의 0.08배가 넘지만 여덟 배 이하의 별들은 대략 지구 크기로 수축하고 백색왜성이 되어 남은 에너지를 우주로 방출할 것이다. 태양질량의 0.08배에서 0.01배까지(목성질량의 10~80배)의 실패한 별들은 갈색왜성으로 수축하고, 아마 약하게 수소를 리튬으로 융합할 것이다.[27] 밀코메다에서 중성자별들은 전체 별 잔해의 0.3퍼센트를 이루고 블랙홀들은 보잘것없는 0.03퍼센트를 차지한다.

영겁의 시간이 흐르고, 백색왜성과 갈색왜성은 복사가 보이지 않는 적외선으로 이동할 만큼 식을 것이다. 쌍성계에 있는 블랙홀들은 동반성에서 빨아들인 가스로 인해 한동안 밝을 것이다. 그러나 끝내 동반성 역시 죽은 별들이 되면 가스 공급원도 씨가 마른다. 은하들은 그러면 서서히, 검게 사라진다.

소멸과 붕괴의 미래

방금 서술한 먼 미래는 밀코메다뿐 아니라 관측 가능한 우주에 있는 수천억 개 은하 각각에 적용된다. 그들의 별은 우리 계에 있는 별들과 같은 천체물리의 법칙을 따른다. 그러나 우리의 후손들은 다른 모든 은하가 어두워지는 것을 절대 보지 못할 것이다. 그 이유는 암흑에너지 때문이다.

암흑에너지는 우주론의 최대 수수께끼다. 1995년, 천문학자들은 우주팽창이 중력에 대항해 작동하는 무언가 때문에 가속되고 있다는 사실을 발견했다. 우주의 질량과 에너지 비중을 '파이'로 나타내면 25퍼센트를 암흑물질이, 70퍼센트를 암흑에너지가, 5퍼센트를 일반적인 물질이 차지한다. 크고 작은 블랙홀은 우주의 0.005퍼센트를 구성할 뿐이므로 아주 사소한 성분이다.[28] 암흑에너지는 우리가 지금 보는 은하들이 꾸준히 시야에서 사라질 것임을 뜻하는데,

광속보다 빠르게 멀어져가는 중이기 때문이다. 1,000억 년 후 또는 지금 우주 나이의 열 배 정도가 흐르면, 밀코메다 너머의 모든 은하는 우리 사건지평선을 나갔을 것이다.[29] 비유적으로 말하면, 우리는 그저 스스로를 응시하는 상황이 된다. 별 시대의 종말과 이어지는 사건들은 우리가 살고 있는 은하 안에서만 측정할 수 있게 된다.

밀코메다도 어두워지면, 미래는 증발과 붕괴다. 시간에 따라 은하에 있는 별들은 에너지를 교환한다. 작은 별들은 에너지를 얻고 무거운 별들은 에너지를 잃는 경향을 보인다. 같은 크기의 검은 구슬과 나무 공이 든 그릇의 비유를 기억해보라. 그릇을 흔들면, 검은 구슬은 그릇 아래로 모여든다. 어떤 별들은 에너지를 많이 얻어 밀코메다를 떠나고, 은하는 작아지고 밀도가 높아진다. 이러한 현상은 별들 사이의 상호작용 비율을 증가시키고, 과정이 가속화된다. 동시에, 중력파복사의 방출에 의한 항성 궤도의 붕괴가 별들을 안쪽으로 움직일 것이다. 약 10^{19}년이 지나면 별 잔해의 90퍼센트는 은하를 떠날 것이다. 밀코메다는 증발하고, 남은 10퍼센트의 잔해는 초대질량 블랙홀로 떨어진다. 우리은하와 안드로메다은하의 병합 이후 중심의 블랙홀은 태양질량의 약 2억 배 정도일 것이다. 그것은 궁극적으로 태양질량 100억 배까지 자랄 것이다.[30] 이 시점에 우주의 나이가 당신 생의 첫 1주라면 1,000만 년을 더 살아야 이런 미래를 목격할 수 있다.

그 후, 먼 미래에 대해 우리는 확신할 수 없고 추측에 근거할 뿐이다. 물리학자들은 왜 우주가 반물질보다 훨씬 많은 물질을 지니는지 설명하고, 전자기력을 약한 핵력, 강한 핵력과 통합하기 위해 입자물리학의 표준모델 너머를 탐구한다. 이러한 계획을 대통일이론Grand Unified Theories, GUTs라 부르고 그중 대부분은 양성자붕괴를 예측한다. 만약 양성자가 붕괴하면, 일반적인 물질은 안정적이지 않다. 양성자붕괴는 관측된 적이 없고 현재 한계는 10^{34}년으로, 대통일이론의 전부는 아니지만 일부를 배제한다.[31] 양성자가 붕괴하면, 블랙홀을 제외한 모든 별 잔해들은 전자, 중성자, 광자로 흩어질 것이다.[32]

최종의 우주 해체는 엄청나게 긴 시간이 필요하다. 일반적인 물질이 붕괴한다고 가정하면, 오직 별질량블랙홀과 초대질량블랙홀만 남는다. 호킹은 블랙홀이 그것을 천천히 증발하도록 만드는 아주 약한 저에너지복사를 방출하리라 예측했다. 호킹복사는 관측된 적이 없고 그것이 존재하는지 검출할 기술도 없기 때문에, 이것은 어디까지나 추측임을 기억해야 한다. 거대질량의 별 잔해가 증발하는 데 필요한 시간 규모는 10^{76}년이다. 밀코메다 중심에 있는 초거대질량블랙홀은 10^{100}년 안에 증발할 것이다. 이런 수준의 거의 영원에 가까운 시간을 표현하기에 일상생활의 비유는 쓸모가 없을 것이다. 심지어 이것은 그저 우주의 열역학적 죽음의 경로에서 중간 기착지일 뿐이다(그림 60).

1919년, 윌리엄 버틀러 예이츠William Butler Yeats는 "세계는 허물어진다. 중심은 버티지 못한다. 무정부 상태가 세계에 펼쳐진다"라

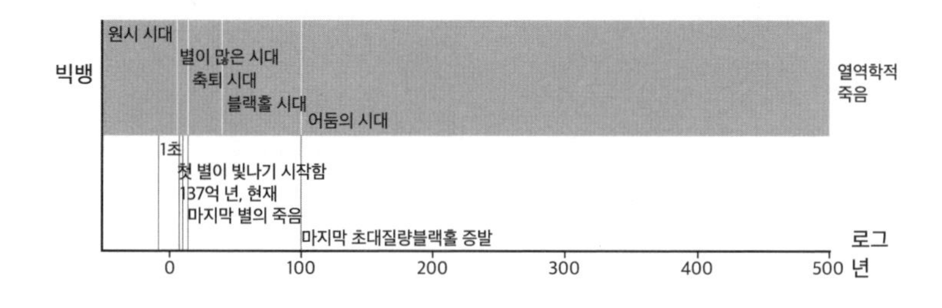

그림 60. 우주의 먼 미래의 연대표. 로그 단위로 그린 이 표에서, 우주의 시작부터 현재까지 전체 역사는 왼쪽 끝에 위치한다. 가장 질량이 큰 블랙홀의 증발에 의한 실종마저도 최후의 물리적 과정이 아니다. 다시 긴 시간이 지난 후, 일반적인 물질이 붕괴하고 우주는 높은 엔트로피 입자와 낮은 에너지 광자의 수프로 남는다. ©Chris Impey

고 썼다.[33] 그는 제1차 세계대전에 대해 언급하지만, 우주의 종말을 내다보고 있었을지도 모른다. 이러한 결과의 과학적인 맥락은 열역학 제2법칙이다. 우주는 엔트로피를 증가시키고 무질서한 방향으로 움직이는 경향이 있다. 에딩턴은 일반상대성이론을 확인했지만 블랙홀의 예측을 믿지는 않았다. 하지만 피할 수 없는 열역학적 죽음에 대해 그는 분명했다. "엔트로피가 항상 증가한다는 법칙은, 내 생각에는, 자연의 법칙 중 가장 중요한 위치를 차지한다. 누군가가 당신의 우주에 관한 지론이 맥스웰방정식과 일치하지 않는다고 하거든, 맥스웰방정식이 잘못이다. 관측에 위배되는 것을 발견했다면, 실험가들은 종종 실수한다. 그러나 당신의 이론이 열역학 제2법칙을 따르지 않는다면, 나는 당신에게 희망을 줄 수 없다. 심한 굴욕으로 빠지는 수밖에 없을 것이다."[34]

블랙홀은 수수께끼다. 그러므로 블랙홀이 우주의 종말에 남을 최후의 천체일 것이라는 말은 적절하다.

블랙홀과 살아가기

우리의 서사는 어두워지고 우울해졌다. 그러나 우주는 생명을 위해 만들어졌다는 사실을 잊지 마라. 비록 천문학자들이 지구 바깥에서 어떤 생명의 예도 찾지 못했지만, 그들은 그 가능성에 긍정적이다. 태양계 안에서 화성과 유로파, 타이탄에 거주 가능한 지역이 있을지도 모르고, 거대행성의 달 10여 개에서 암석 껍질과 얼음 아래에 물이 존재할 수도 있다.[35] 1995년, 수십 년에 걸친 성과 없는 탐색 후에 첫 번째 외계행성 또는 다른 별을 공전하는 행성이 발견되었다. 그 이후로 수문이 열렸고 현재 확인된 외계행성의 수는 3,700개가 넘는다.[36] 초기의 외계행성은 도플러 방법을 사용해 발견되었는데, 이는 행성이 모항성을 잡아당기는 방법 때문이었다. 최근 대부분의 발견은 외계행성이 모항성 앞으로 지나가는 식 현상을 만들어 순간적으로 그것의 밝기를 어둡게 하는 '통과' 방법을 사용한다.[37]

우리은하는 수많은 100억 개의 지구형 행성이 있다. 지구형 행성이란 물이 액체 상태로 존재할 표면 조건을 갖춘 행성을 뜻한다.[38] 우리은하에 있는 1,000억 개의 별 대부분은 지구형 행성을 거느리고 있다. 만약 생명이 탄소 물질과 액체 상태의 물, 지역적인 에너지 공급원만 필요로 한다면 표면 상태가 쾌적하지 않더라도 거주할 수 있는 지역이 달이나 행성에 수천억 개 존재할 것이다. 공간만큼이나 시간도 중요하다. 우주에는 지구가 빅뱅으로부터 수십억 년 안에 '복제'해서 형성될 만큼 충분한 양의 탄소가 있었다. 그러므로 어떤 지구형 행성들은 지구보다 80억 년까지 이른 시작을 했을 것이다. 우리의 무지는 단순히 너무 대단해서 이 드넓은 세계에서 진화할 수 있을 만한 모든 형태의 생명체를 상상하기 어렵다.

우리가 다른 세계에 있는 하나의 삶에 대해서도 모른다는 것을 생각하면, 먼 미래의 생명에 관해 묻는다는 것은 주제넘은 일처럼 보일지도 모른다. 그러나 어쨌든 해보자.

생명은 별이 필요하지 않다. 단순히 에너지원이 필요하다. 열역학 제2법칙에 따르면, 생명은 쓸 만한 에너지원을 제공할 온도 차이가 필요하다. 지구상의 생명은 태양과 우주의 차가운 진공 사이에 생겨나는 온도 차이를 겪는다. 지구는 절대온도 6,000도로 빛나는 태양에서 오는 광자를 흡수해 절대온도 300도에서 30배 더 많은 광자를 하늘로 방출한다. 생물학적 유기체들은 복잡한 과정을 통해 지역적으로 엔트로피나 무질서함을 낮추지만, 이러한 유기체들은 결국 우주로 내보낼 열이나 쓸모없는 에너지를 방출한다. 에너지 이야기는 생명이 생물학적이 아니라 (AI의 측면에서) 컴퓨터와 같더라도 적용된다. 왜냐하면 어떤 형태로든 정보를 다루기 위해서는 에너지가 필요하기 때문이다.

우주에 있는 별들이 핵연료를 다 소진하고, 먼 미래에 가상의 문명이 여전히 백색왜성이나 갈색왜성같이 식어가는 불과 심우주 사이의 온도 차이를 이용할 수도 있다. 물리학자 프리먼 다이슨Freeman Dyson은 미래 생명에 대해 생각했고 효용이 감소하는 시대에도 생물이 긴 기간 동면을 하며 유지될 수 있다는 결론을 내렸다.[39] 그것은 약 100억 년 정도는 가능할지 모르지만, 모든 별이 검게 변하고 나서는 어떨까?

구원은 블랙홀에서 올지도 모른다. 에너지는 아마 블랙홀 스핀에서 추출할 수 있을 것이다. 사건지평선 바로 바깥쪽에 에르고구ergosphere라는 영역이 있다. 이 단어는 '일'을 뜻하는 그리스어에서 온 것으로, 놀랍지 않게도 휠러가 이름을 붙였다. 에르고구는 마치 물이 소용돌이에서 이끌려 가듯 회전하는 블랙홀에 끌려가며, 블랙홀의 극에서는 상대적으로 얇다. 물로 채운 풍선을 돌리면 회전에 의해 적도 쪽이 부풀어 오르게 되는 모습을 상상해보라. 펜로즈는 1969년, 에르고구에서 에너지를 추출하는 것이 가능하다고 제안했다.[40] 정확한 궤적을 사용하면 물체는 에르고구로 들어가고, 들어갈 때보다 더 큰 에너지를 가지고 나올 수 있다. 블랙홀은 결과적으로 살짝 천천히 회전하게 될 것이다. 어떠한 문명은 차분히 계산해서 블랙홀에 무언가를 던져 넣고 그것들이 빠져나올 때 갖고 있는 추가 에너지를 수확할 수 있다.

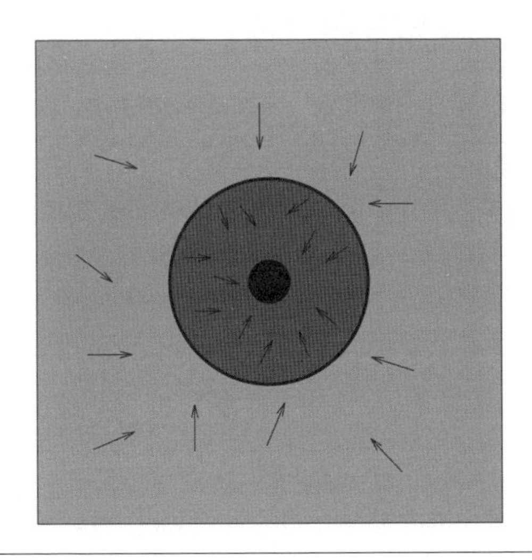

그림 61. 먼 미래의 문명이 블랙홀에서 적은 양의 에너지를 추출하는 방법. 전통적인 다이슨 구에서, 별 주위에 건설한 껍질은 별에서 오는 에너지를 받아들이고 복사를 통해 폐열을 바깥으로 내보낸다. 이 버전에서, 블랙홀의 호킹복사는 빅뱅에서의 마이크로파 복사보다 차갑다. 따라서 껍질은 바깥에서 마이크로파 복사를 흡수하고 적은 에너지만 수확되도록 하며 폐열을 블랙홀로 방출한다.

다른 영리한 아이디어는 온도를 뒤집어 차가운 별과 뜨거운 하늘을 갖는 것이다. 현재 우주에 있는 블랙홀은 종종 밝은데, 블랙홀로 떨어지는 물질이 뜨거운 부착원반을 형성하기 때문이다. 하지만 먼 미래에 가스가 전부 소진되면 블랙홀은 차갑고 어두울 것이다. 아주 약한 호킹복사가 흘러나오는 걸 제외하면 말이다. 그에 비해 우주는 빅뱅에서 남은 복사로 인해 아늑한 절대온도 2.7도를 가진다. 이 온도는 우주가 팽창함에 따라 계속 감소할 것이다. 이론가들은 우리 하늘에서 태양과 같은 크기의 블랙홀 주변을 가까이 공전하는 지구형 행성이 있다면 온도 차이를 이용해 킬로와트 에너지를 뽑아낼 수 있다고 계산했다.[41] 그것은 축소되어 있거나 아주 효율적인 문명이 지속하게 하는 데는 충분할 수도 있다(그림 61).

비슷한 전략이 영화 〈인터스텔라〉에 사용되었다. 밀러 행성이라고 불리는 세계는 거대한 회전 블랙홀 가르강튀아를 공전한다. 중력이 시간 흐름을 너무 늦춰, 여기에서 한 시간은 바깥 세계에서 7년에 해당한다. 이 시나리오에서 밀러 행성 거주자들은 130기가와트의 에너지를 생성할 수 있지만 영화는 사람들이 거기에 살 수 있다고 상상하는 데에서 오류를 범했다. 그렇게 큰 양의 에너지는 행성을 섭씨 900도까지 데운다. 금속을 녹일 수 있을 온도다.

블랙홀을 빅뱅 복사에서 에너지를 끌어내는 수단으로 사용할 때의 문제는 우주팽창의 빠르기다. 현재 복사의 온도는 절대온도 2.7도지만, 암흑에너지가 우주를 기하급수적으로 성장시키면 이 광자들은 팽창에 의해 잡아 늘여지고 아주 긴 파장을, 즉 낮은 에너지를 띠게 된다. 1,000억 년 안에, 빅뱅 복사는 1도도 되지 않을 만큼 낮은 온도가 될 것이다.

문명들은 전략을 변경해야 한다. 태양질량의 세 배를 가지는 최소 질량의 블랙홀에서 나오는 호킹복사는 절대온도 2×10^{-8}도, 10^{-29}와트 광도를 가진다. 매우 작지만, 블랙홀 스핀을 제외하고는 이러한 블랙홀들이 10^{76}년 후 증발하기 전에는 유일하게 가능한 에너지다. 모든 복사를 포획하려면, 문명은 다이슨이 영리한 외계인들이 사용할지 모른다고 상상했던 구와 같은 종류로 블랙홀을 감싸야 한다.[42] 그러면 밀코메다 중심에 있는 거대 블랙홀에 관심을 가질 수 있다. 절대온도 6×10^{-18}도, 10^{-48}와트 광도로, 한 사람의 손이라도 따뜻하게 할 수 있을까 싶은 쇠약한 불이다. 먼 미래에 산다면 인색함과 인내가 필요할 것이다. 하지만 그 최후의 블랙홀이 10^{100}년 뒤 증발하기까지, 우주가 영원히 공급해줄 유일한 요소는 시간이다.

나는 연구를 통해 블랙홀을 잠깐 경험했다. 그것은 질량이 크고 불가해하며, 심연의 공간을 지나 먼 은하들에서도 보인다. 나의 범위는 그것에 비하면 짧을 것이다. 블랙홀이 얼마나 오래갈까? 눈을 빠르게 깜빡여보라. 당신은 그런 것을 빅뱅 이후 수십억 번의 수십억 번을 더 할 수 있었을 것이다. 현재 우주 나이에 대해 가장 질량이 큰 블랙홀이 소멸하기까지 걸리는 시간은 당신이 눈 깜빡하는 데 걸리는 시간에 대해 현재 우주의 나이와 같다. 그렇게 세 번이 지나면 10^{100}년에 도달한다.

이 정도 긴 시간은 헤아릴 수 없다. '시계'라는 단어에는 운치가 있다. 그것은 종을 뜻하는 중세 영어에서 온 것이다. 종은 글자를 배운 사람이 적어 시계에 침도 없고 숫자도 없던 시절, 시간을 알려주던 수단이었다. 인류의 긴 시간 후, 진자시계 이후, 티멕스와 롤렉스의 기계적 시간 이후, 최후의 방사성 원소가 붕괴한 후, 최후의 펄서가 회전을 멈춘 후, 블랙홀의 시간이 있을 것이다.

나는 내가 불멸한다고 상상한다. 내가 블랙홀 시간의 끝을 목격할 수 있다면, 우리나 다른 별의 다른 문명들이 이룬 것을 목격할 수 있다면, 무엇을 보게 될까?

우선, 야만의 시대가 있을 것이다. 우리가 살고 있는 시대의 확장으로, 문명이 서로를 향해 적의를 품어 격노하고, 패배한 적에게 일어나는 최악의 비운은 블랙홀로 떨어져 중력에 의해 찢기는 고통에 시달리는 일일 것이다. 그리고 아마 문명화된 시대가 찾아오면, 생명체들은 영원한 기념비로 거대한 블랙홀 사건지평선에 얼어붙은 이미지를 남길지도 모른다. 낙관론자로서 나는 지식의 시대를 상상한다. 누군가 사건지평선에 저장된 정보를 홀로그램으로 읽는 방법을 배우고, 다른 이들은 회전하는 블랙홀로 뛰어드는 모습을. 그리고 회전하는 블랙홀에는 시간과 같은 표면이 있어 당신이 절대 그곳을 떠나지는 않지만 과거의 당신과 미래의 당신을 만나려 순간적으로 여행할 수 있는 거울의 구멍으로 작용하는 것을. 마지막으로, 지각의 시대를 상상한다. 이때 생명은 순수한 계산으로 블랙홀은 정보 저장소의 형태로 정제될 것이다. 이러한 암호들이 우주의 심장박동을 지속시키는 생각을 한다는 것은 얼마나 기쁜 일인가.

중력은 가장 약한 힘이다. 그러나 가장 과장되었고 가장 끊임없다. 다른 힘들은 오래전에 그만두었다. 아원자입자들은 모두 붕괴했고 전자기 복사는 희석되었으며 늘어져 흔적도 없이 사라졌다. 블랙홀이 병합할 때 방출하는 중력파복사의 충돌 화음은 모두 과거의 일이다. 구의 유일한 음악은 블랙홀이 회전하는, 낮게 튕기는 소리다. 천천히, 가차 없이 증발한다. 이것이 끝이다. 우주는 거의 완벽한 부드러움으로 소멸하고 진공은 양자 진동으로 가볍게 헝클어진다.

용어 설명

각운동량(스핀)	회전하는 물체가 갖는 운동량.
간섭무늬	파동이 중첩해서 만들어지는 무늬. 간섭계를 이루는 망원경마다 개별적으로 신호를 기록하므로 이러한 신호를 한데 모아 처리하면 간섭신호를 얻을 수 있다.
궤도경사각	기준면(예를 들면 관측자의 시선 방향)에 대해 천체의 궤도면이 상대적으로 기울어진 정도를 나타내는 각도.
그린플래시	일출 또는 일몰 때에 햇빛이 지구 대기의 영향을 받아 초록색 빛으로 나타나는 현상. 대기가 아주 깨끗한 상태에서 볼 수 있다.
글루온	입자물리학에서 쿼크 사이의 강한 상호작용을 매개하는 입자.
도플러이동	빛이나 소리의 파장이 관측자와 파원의 상대적 움직임으로 인해 변화하는 현상.
반입자	어떠한 입자와 질량이 같지만 전하 등 다른 성질이 반대인 입자(예를 들면 전자의 반입자는 양전자).
변광	천체의 밝기가 변화하는 현상.

별질량블랙홀	별의 중력붕괴에 따라 형성되는 블랙홀로, 태양질량의 수 배에서 수십 배 질량을 지닌다.
보손	스핀이 정수인 입자. 보스-아인슈타인 통계를 따라 같은 양자 상태에 여러 보손이 동시에 존재할 수 있다.
안정된 운동궤도	일반상대론에서 어떠한 입자가 천체 주변을 궤도운동할 때, 천체로 떨어지지 않고 안정적으로 운동할 수 있는 최소 크기의 궤도.
암흑물질	우주를 구성하는 물질 중 가장 많은 비중을 차지하고 있는 물질 형태이나 전자기파와 거의 상호작용하지 않아 직접적으로 검출된 적이 없다.
양자요동	양자역학에서 예측되는, 아주 작은 규모에서 무작위로 발생하는 에너지의 변화.
우주선	우주 공간을 빛의 속도에 가깝게 돌아다니는 고에너지입자.
유클리드공간	유클리드기하학이 적용되는 2차원 또는 3차원 공간.
은하헤일로	은하 주변에 구형에 가까운 형태로 넓게 퍼져 있는 은하의 성분. 눈에 보이지 않는 물질들까지도 포함한다.
적색이동	전자기파의 파장이 길어지는 현상으로, 외부은하에 대해 적색이동을 측정하면 거리를 파악할 수 있다. 파장이 짧아지는 현상은 청색이동이다.
제트	천체의 회전축을 따라 방출되는 물질의 흐름. 블랙홀이나 중성자별처럼 밀도가 높은 밀집 천체에서 주로 발생한다.
중력붕괴	천체가 스스로의 중력의 영향에 의해 수축해 붕괴하는 현상. 내부 압력이 중력과 평형 상태를 이루지 못할 때 발생한다.
중력이론	중력을 설명하는 물리학이론으로, 뉴턴의 고전적 중력이론과 아인슈타인의 일반상대성이론으로 잘 알려져 있다.
중성미자	우주를 구성하는 기본 입자로, 전기적으로 중성이며 질량이 매우 작다. 약한 상호작용과 중력을 통해서만 반응한다.

초거성	태양질량의 수십 배 이상 질량, 태양광도의 1만 배 이상 광도를 띠는 무겁고 밝은 별. 진화 단계에서 별의 온도에 따라 청색초거성과 적색초거성 등으로 분류할 수 있다.
초대칭	입자물리학의 이론적 개념으로, 페르미온과 보손 사이의 대칭성을 말한다.
케플러 제3운동법칙	어떤 행성의 궤도 주기의 제곱은 그 행성의 태양으로부터의 평균 거리의 세제곱과 비례한다는 법칙.
탈출속도	천체의 중력장을 벗어나기 위해 필요한 최소 속도.
파섹	천문학에서 사용하는 거리 척도. 3.26광년, 3.1×10^{16}미터에 해당한다.
펄서	규칙적으로 펄스 형태의 전자기파를 방출하는 천체이며, 그 정체는 회전하는 중성자별이다.
펄스	빛의 세기나 전류와 같은 신호의 순간적인 변화.
페르미온	스핀이 반정수인 입자. 같은 양자 상태에 두 개 이상의 페르미온이 존재할 수 없는 페르미-디랙 통계를 따른다.
플랑크상수	양자역학에서 중요하게 쓰이는 물리학의 기본 상수로, 양자효과를 고려해야 하는 모든 양에 나타난다.
헤일로밀집천체	은하헤일로에 존재하는, 천문학적으로 관측하기 어려운 밀집천체. 이것은 암흑물질의 후보 중 하나로 거론되었다.
회절한계	망원경과 같은 광학계가 지니는 가장 높은 분해능의 한계.

주

들어가며

1 "아인슈타인의 괴물"이라는 이 표현은 영국 작가 마틴 에이미스Martin Amis가 쓴 짧은 이야기 모음으로 연결된다. 이것은 핵전쟁의 위험에 대해 자세히 다루며, 아인슈타인이 원자핵의 강력한 에너지를 설명하는 데 사용했던 공식인 $E=mc^2$을 언급한다. Martin Amis, *Einstein's Monsters* (London: Jonathan Cape, 1987).

1장 어둠의 심장

1 R. MacCormmach, *Weighing the World: The Reverend John Michell of Thornhill* (Berlin: Springer, 2012).

2 J. Michell, *Philosophical Transactions of the Royal Society of London* 74 (1784): 35–57.

3 S. Schaffer, "John Michell and Black Holes," *Journal for the History of Astronomy* 10 (1979): 42–43.

4 마이컬슨-몰리 실험은 에테르를 검출하기 위한 시도였는데, 에테르는 중력을 전달하고 전자기파의 매질 역할을 하기 위해 우주 전체에 퍼져 있다고 가정한

물질이다. 잘 알려져 있듯 이 '실패한' 물리 실험을 통해 태양 주위를 초속 30킬로미터로 공전하는 지구의 운동에 관계없이 빛이 같은 속도로 움직인다는 사실이 발견되었다. 이 실험의 무위 결과는 특수상대성이론의 틀을 잡는 데 중추적 역할을 했다. 최근의 실험 결과에 따르면 빛을 전달하는 물질의 존재 여부는 10^{17}분의 1 수준으로 배제된다.

5 C. Montgomery, W. Orchiston, and I. Whittington, "Michell, Laplace, and the Origin of the Black Hole Concept," *Journal of Astronomical History and Heritage* 12 (2009): 90–96.

6 나는 런던에서 물리학을 공부하던 학생 시절, 뉴턴에 대해 알아보고자 케임브리지대학교를 방문했다. 방정식 뒤에 있는 사람을 이해하고 싶었다. 동료의 도움으로 트리니티칼리지에 있는 뉴턴의 방에 들어갈 수 있었다. 그의 서재에는 좁은 아치형 창문이 있었으며 어두운 목재가 줄지어 있어 정오에도 음침했다. 나는 책에서 그가 "끊임없이 생각하는" 방법으로 문제들을 해결했다고 읽었고, 가이드는 뉴턴이 드물게 손님을 접대했던 이야기를 들려주었다. 그는 포트와인 한 병을 가지러 뒷방으로 돌아갔다가, 책상 위에 끝내지 못한 계산이 있는 것을 발견하고 자리에 앉아 계산을 마무리했다. 뉴턴이 잊고 있던 손님들은 조용히 밖으로 나갔다고 한다. 나는 사각형 모양의 안뜰로 나가서 자갈길을 걸었다. 뉴턴이 300년 전에 막대로 과학 도표들을 그리곤 했던 곳이었다. 대학 동료들은 이 천재의 작업을 맞닥뜨리게 되면 옆으로 돌아서 가곤 했다. 그날 오후 나는 차를 몰고 뉴턴의 고향 집인 울소프 마너Woolsthorpe Manor로 향했다. 어린 시절의 뉴턴은 종종 심부름하거나 집에서 기르는 말의 말발굽을 갈기 위해 인근 마을에 가곤 했다. 그의 어머니는 몇 시간이 지나도 돌아오지 않는 아들을 찾다가, 심부름은 까맣게 잊어버리고 말도 잃어버린 채 다리 위에서 물을 바라보며 생각에 잠긴 아들을 발견했다. 나는 집 뒤쪽의 사과 과수원을 볼 수 있어 기뻤다.

7 다음의 자료 서문에서. Richard S. Westfall, *Never at Rest: A Biography of Isaac Newton* (Cambridge, UK: Cambridge University Press, 1983).

8 J. Stachel et al., *Einstein's Miraculous Year: Five Papers That Changed the Face of Physics* (Princeton: Princeton University Press, 1998).

9 사고실험은 과학을 발전시키는 강력한 도구다. 고대 그리스철학까지 거슬러 올라가는 사고실험은 자연에 가상의 질문을 던지는 방식이다. 갈릴레이는 물리학에서의 초기 예시를 보여준다. 그는 탑에서 다른 물체들을 떨어뜨려 낙하 속도를 관측하는 실험에 관해 이야기한다(대중적인 믿음과는 반대로, 그는 실제로 이런 실험을 한 적이 없다). 아인슈타인은 사고실험을 이용해 상대성이론의 쟁점들을 표현했고, 20세기 초 물리학자들은 물질의 양자이론의 의미를 이해하려고 사고실험을 자주 사용했다.

10 일반상대성이론은 수학적이고 두렵게 느껴지지만, 그나마 대중적이거나 아주 기술적이지는 않은 소개 몇 가지를 찾아볼 수 있다. 그중 가장 뛰어난 것들은 다음과 같다. R. Geroch, *General Relativity from A to B* (Chicago: University of Chicago Press, 1978); D. Mermin, *It's About Time: Understanding Einstein's Relativity* (Princeton: University of Princeton Press, 2005). 다음의 자료 또한 고전이다. Albert Einstein, *Relativity: The Special and General Theory* (New York: Crown, 1960). 아인슈타인의 전기는 다음을 보라. A. Pais, *Subtle is the Lord: The Science and Life of Albert Einstein* (Oxford: Oxford University Press, 1982).

11 *The Sonnets of Robert Frost*, edited by J. M. Heley (Manhattan, KS: Kansas State University, 1970).

12 D. E. Lebach et al., "Measurement of the Solar Gravitational Deflection of Radio Waves Using Very-Long-Baseline Interferometry," *Physical Review Letters* 75 (1995): 1439–1442.

13 C. W. Chou, D. B. Hume, T. Rosenband, and D. J. Wineland, "Optical Clocks and Relativity," *Science* 329 (2010): 1630–1633.

14 N. Ashby, "Relativity and the Global Positioning System," *Physics Today*, May 2002, 41–47.

15 다음에서 재인용했다. S. Chandrasekhar, "The General Theory of Relativity:

Why Is It Probably the Most Beautiful of All Existing Theories," *Journal of Astrophysics and Astronomy* 5 (1984): 3 – 11.

16 대학원생 시절 일반상대성이론을 공부하는 것은 쉽지 않았고, 그 경험으로 내 미래가 이론보다는 관측에 있으리라는 확신을 갖게 되었다. 수년이 지나 프린스턴에서의 연구년 동안, 나는 아인슈타인의 그늘에서 시간을 보냈다. 아인슈타인은 1936년부터 세상을 뜨기 전까지 거의 20년을 그곳에서 생활했는데, 프린스턴에서 연구했던 것은 아니고 인근의 고등연구소Institute for Advanced Studies에서 연구했다. 나는 당시 아인슈타인의 연구실을 사용하고 있던 캐나다 수학자 로버트 랭글랜즈Robert Langlands에게 양해를 구하고 그곳에 머리를 들이민 적이 있다. 셋집에서 연구소로 걸어가던 중 아인슈타인이 살던 집을 지나쳤다. 머서 가에 있는 하얀 판잣집이었다. 그의 집에는 이후 물리학자 프랭크 윌첵Frank Wikczek과 경제학자 에릭 매스킨Eric Maskin이 살았는데, 그들 또한 노벨상 수상자였다. 나는 그런 역사를 지닌 집에 살면 더 똑똑해지지 않을까 생각했다. 아인슈타인이 사망한 후 그의 유해는 사라졌다. 부검 의사는 아인슈타인의 뇌를 병에 넣어 미주리주 웨스턴에 있는 자기 사무실에 보관했다. 안과 의사는 그의 눈을 빼서 은행 금고에 보관했다. 프린스턴에서는 그의 유해가 마을 남쪽의 델라웨어강에 뿌려졌다는 소문을 들었다. 나는 강가를 따라 뛰며 빅뱅으로부터 별의 핵을 따라 순환하고 상대성이론의 뛰어난 통찰을 위해 짧게 한데 모였던, 그리고 바다로 흩뿌려진 아인슈타인의 구성 원자들의 복잡한 경로에 대해 사색했다.

17 *The Collected Papers of Albert Einstein*, volume 8A, *The Berlin Years: Correspondence*, edited by R. Schulmann, A. J. Kox, M. Janssen, and J. Illy (Princeton: Princeton University Press, 1999).

18 A. Pais, *J. Robert Oppenheimer: A Life* (Oxford: Oxford University Press, 2006).

19 J. R. Oppenheimer and H. Snyder, "On Continued Gravitational Contraction," *Physical Review* 56 (1939): 455 – 459.

20 R. Rhodes, *The Making of the Atomic Bomb* (New York: Simon & Schuster, 1986).

21 J. A. Hijaya, "The Gita of Robert Oppenheimer," *Proceedings of the American Phil-*

osophical Society 144, no. 2 (2000), https://amphilsoc.org/publications/proceedings/v/144/n/2.

22 C. W. Misner, K. S. Thorne, and J. A. Wheeler, *Gravitation* (New York: W. H. Freeman, 1973).

23 A. Finkbeiner, "Johnny and Oppie," 2013, https://www.lastwordonnothing.com/2013/08/21/6348/.

24 폭탄 연구에 대한 오펜하이머의 복잡한 감정과 그의 위신이 추락하는 과정에 대해서는 여러 훌륭한 책에서 다루어진 바 있다. K. Bird and M. J. Sherwin, *American Prometheus: The Triumph and Tragedy of J. Robert Oppenheimer* (New York: Alfred A. Knopf, 2005); M. Wolverton, *A Life in Twilight: The Final Years of J. Robert Oppenheimer* (New York: St. Martin's Press, 2008). 원자폭탄 프로젝트의 내막에 대해서는 다음의 책이 있다. H. Bethe, *The Road from Los Alamos* (New York: Springer, 1968). 여러 물리학자는 특히 텔러에게 더 감정이 좋지 않았는데, 그는 휠러보다 더 매파적이었고 오펜하이머가 보안 허가를 박탈당했을 때 그에게 전혀 도움을 주지 못했다.

25 간접적으로 전해 들은 이야기가 휠러의 자서전에 언급되어 있다. J. A. Wheeler, Geons, *Black Holes, and Quantum Foam: A Life in Physics* (New York: Norton, 1998).

26 사실, 이 이야기는 더 복잡하다. 마샤 바투시액Marcia Bartusiak의 연구에 따르면 '블랙홀'이라는 단어는 1963년 말 학회에서 처음 등장했고 인쇄물에는 1964년 초에 최초로 나타났다. 하지만 휠러의 명성에 힘입어 용어가 널리 퍼졌다는 것은 분명하다. https://www.sciencenews.org/blog/context/50-years-later-it's-hard-say-who-named-black-hole.

27 S. Hawking, *A Brief History of Time* (New York: Bantam, 1988). 출판사는 호킹에게 책에 방정식을 하나씩 더할 때마다 독자 수가 절반씩 줄어들 것이라고 말했으며, 그는 이 말을 기억했다. 그래서 호킹은 초기 원고에 등장하는 수학을 $E=mc^2$ 하나로까지 줄였다. 그런데도 책이 꽤 두꺼웠기 때문에 그는 더 짧고 간결한

버전을 내놓았고, 그것이 이 책이다. S. Hawking, *The Illustrated Brief History of Time* (New York: Bantam, 1996). 초판에 세이건이 쓴 서문은 1974년 런던에서 왕립 학회에 입회하던 호킹을 우연히 마주쳤던 이야기로 시작한다. 휠체어에 앉아 있던 젊은이가 뉴턴의 이름이 첫 장에 올라가 있던 책에 천천히 서명하는 모습을 보면서, 세이건은 그가 당시에도 이미 전설적인 인물임을 깨닫는다.

28 대중문화에서 호킹은 종종 쇠약한 육체에 갇힌 뛰어난 지성이라는 하나의 전형으로 환원된다. 따라서 그를 한 인간으로 이해하기 어렵다. 세 번째 차원을 더하면 더 불편한 진실을 마주하게 된다. 호킹의 첫 부인인 제인 와일드Jane Wilde는 최소한의 도움을 받으며 그를 돌보았고 세 자녀를 기르기 위해 본인의 학문적 커리어를 희생했다. 그러나 호킹은 이후 그녀를 떠나 간호사 중 하나와 살며 결혼했다가 이혼했다. 와일드의 회고록은 이기적이며 여성 혐오적인 한 남자의 모습을 그려내지만, 그녀의 관점은 그 물리학자의 영웅적 서사에 충실했던 글과 미디어에 덮여버렸다. 호킹의 성격적 단점은 평생을 괴롭힌 질병을 마주했던 그의 놀랍도록 선한 영혼을 약화시키지 못했다. 다음의 자료를 참고하라. Jane Hawking, *Music to Move the Stars: A Life with Stephen Hawking* (Philadelphia: Trans-Atlantic, 1999), 다음은 두 번째이자 더 부드러운 버전의 이야기다. *Travelling to Infinity: My Life with Stephen* (London: Alma, 2007).

29 K. Ferguson, *Stephen Hawking: His Life and Work* (New York: St. Martin's Press, 2011). 다음은 더 오래되었지만 물리학에 대한 그의 기여를 더 잘 보여주는 자료다. M. White and J. Gribbin, *Stephen Hawking: A Life in Science* (Washington, DC: National Academies Press, 2002).

30 유클리드기하학은 뉴턴 중력의 선형적 공간에 적용되는 친숙한 형식이다. 일반상대성이론을 고안하기 위해 아인슈타인은 위상수학이라는 도구를 사용했는데, 이것은 (임의의 차원인) 공간을 늘리거나 구기거나 구부러뜨려 기술하는 수학 분야다. 그의 천재성 중 하나는 수학이 중력이라는 물리 이론과 결합할 수 있다는 사실을 깨달았다는 데서 드러난다.

31 S. Hawking and R. Penrose, "The Singularities of Gravitational Collapse and Cosmology," *Proceedings of the Royal Society* A 324 (1970): 539 – 548.

32 전하가 블랙홀의 세 번째 가능한 성질이다. 하지만 전기적으로 중성인 물질이 붕괴하면서 블랙홀이 생겨나기 때문에, 전하를 띤 블랙홀은 인위적이며 존재하기 어려울 것으로 여겨진다. 전기력은 중력보다 10^{40}배 수준으로 강하기 때문에, 아주 작은 전하라도 블랙홀 형성을 막을 수 있다. 로이 커Roy Kerr는 다음에서 회전하는 블랙홀에 대한 일반적인 풀이를 내놓았다. R. P. Kerr, "Gravitational Field of a Spinning Mass as an Example of Algebraically Special Metrics," *Physical Review Letters* 11 (1963): 237 – 238. 슈바르츠실트의 해가 등장한 지 거의 50년이 지나서의 일이었다. 일반상대성이론은 방정식이 완전히 풀리기 어려울 만큼 그렇게도 복잡한 시공간의 기하구조를 허용하며, 대칭성에 대한 강한 가정을 만들고서야 근사적으로 풀이가 가능하다.

33 J. D. Bekenstein, "Black Holes and Entropy," *Physical Review* D 7 (1973): 2333 – 2346.

34 S. Hawking and R. Penrose, *The Nature of Space and Time* (Princeton: Princeton University Press, 2010), 26. 호킹은 블랙홀 복사와 증발에 관해 꽤 기술적 논문들을 여러 편 썼지만, 상대적으로 이해하기 쉬운 논문은 이것이다. S. Hawking, "Black Hole Explosions?" *Nature* 248 (1974): 31 – 32.

35 A. Einstein and N. Rosen, "The Particle Problem in the General Theory of Relativity," *Physical Review Letters* 48 (1935): 73 – 77.

36 S. Weinberg, *The First Three Minutes* (New York: Basic Books, 1988), 131.

37 M. Amis, *Night Train* (New York: Vintage, 1999), 114.

38 A. Z. Capri, *From Quanta to Quarks: More Anecdotal History of Physics* (Hackensack, NJ: World Scientific, 2007).

39 엔트로피의 구어적 의미는 무질서함이지만, 물리학에서 원래 정의는 계에서 등가적인 미시적 배열의 수와 관련이 있다. 별을 만드는 데는 꽤 제한된 방법들만이 있는 데 비해 블랙홀은 만들 수 있는 수많은 경우의 수가 가능하기 때문에, 블랙홀의 엔트로피는 매우 높다. 수학적으로, 태양질량의 블랙홀은 태양

보다 1억 배 높은 엔트로피를 띤다.

40 D. Overbye, "About Those Fearsome Black Holes? Never Mind," *New York Times,* July 22, 2004. http://www.nytimes.com/learning/students/pop/20040723snap-friday.html.

41 1900년대 초, 천문학자들의 정적 우주에 대한 설명에 부합하기 위해 일반상대성이론의 해를 고쳤던 것을 아인슈타인이 자신의 "가장 큰 실수"라고 불렀다는 사실과 연결된다. 아인슈타인은 중력에 대응하는 우주상수라는 항을 추가했다. 역설적으로, 현재 우주는 가속하고 있다고 알려져 있으며 그러한 사실은 우주상수로 잘 기술된다.

42 우리는 태양계에서 작용하는 조석력에 대해 잘 알고 있다. 지구에서 달에 가까운 쪽에는 달에 멀리 있는 반대쪽 표면보다 더 강한 중력이 작용하고, 바다가 이 차이에 반응하며 조수가 만들어진다. 태양 역시 지구에 조석력을 가하는데, 달보다 먼 거리에 있기 때문에 그 크기가 작다. 조석력이 달이나 소행성처럼 일반적인 암석보다 강하게 뭉쳐 있는 천체에 작용하면, 천체가 부서진다. 이러한 현상이 일어나는 위치를 로슈한계Roche limit라고 부른다. 목성 주변을 공전하는 작은 위성 하나는 조석력 때문에 태양계에서 가장 활발한 화산들을 가지고 있다. 수학적으로, 질량 M의 천체에 의해 거리 R에서 크기 d의 물체에 작용하는 조석력은 $2GMd/R^3$에 해당한다.

43 과학에서의 내기에는 흥미로운 역사가 있다. 가장 처음으로 알려진 내기 하나도 중력과 관련이 있다. 1684년, 영국의 건축가 크리스토퍼 렌Christopher Wren은 중력의 역제곱 법칙에서 케플러의 행성운동법칙을 유도하는 사람에게 2파운드(현재의 400달러) 상당의 책 한 권을 주겠다고 했다. 그의 내기는 뉴턴이 계산을 완성해 결과를 발표하길 독려하는 의도적인 노력이었다. 뉴턴은 이후《자연철학의 수학적 원리》에 그 결과를 발표했으나, 내기의 기한을 놓치고 말았다.

44 A. Strominger and C. Vafa, "Microscopic Origin of the Bekenstein–Hawking Entropy," *Physical Letters* B 379 (1996): 99–104.

45 아인슈타인은 삶의 마지막 20년 동안 양자이론과 상대성이론을 조화시키는

작업에 매달렸다. 그는 결국 성공하지 못했다. 중력이 "중력자"라는 입자에 의해 전달된다는 것 같은 양자중력의 가장 분명한 아이디어 중 하나는 곧 기술적 문제에 봉착했다. 양자역학에서 시간의 역할은 일반상대성이론의 그것과 매우 다르다. 끈이론은 그럴싸한 접근 방식이라 여겨지지만, 그것 또한 분류하기 어려울 만큼 많은 진공 상태를 생성한다. 역설적으로 블랙홀을 끈이론으로 설명하는 최근의 발전 중 일부는 중력을 고려하지 않을 때 가능하다. 이 연구가 성숙하고 시험 가능한 예측을 만들어내기까지는 수년의 시간이 더 필요할 것이다.

46 A. Strominger and S. Hawking, "Soft Hair on Black Holes," *Physical Review Letters* 116 (2016): 231301–231311. 이 작업에 대한 스트로밍거와의 더 이해하기 쉬운 인터뷰는 세스 플레처Seth Fletcher가 운영하는 블로그 "Dark Star Diaries"에 있다. http://blogs.scientificamerican.com/dark-star-diaries/stephen-hawking-s-new-black-hole-paper-translated-an-interview-with-co-author-andrew-strominger/.

2장 별의 죽음에서 생겨나는 블랙홀

1 핵융합으로 에너지를 얻는 별 내부의 압력균형을 "정유체평형hydrostatic equilibrium"이라고 부른다. 이 과정에서는 음의 피드백이 작용해 온도조절기처럼 작동한다. 어떤 이유에서든 태양이 바깥에서부터 압력을 느껴 찌그러지면, 밀도가 높아진 가스의 온도가 증가하며 핵융합의 속도가 빨라진다. 따라서 더 많은 압력이 발생하고 태양을 약간 팽창시킨다. 어떤 이유에서든 태양이 약간 팽창한다면, 내부 온도가 낮아지고 그로 인해 핵융합반응 속도가 떨어지면서 낮아진 압력으로 인해 태양이 약간 줄어들게 된다. 태양과 같은 별은 폭탄과는 달리 장기적으로 안정적이다.

2 수소를 헬륨으로 융합하는 별은 주계열main sequence에 있다고 말한다. 20세기 초, 천문학자 아이나르 헤르츠스프룽Ejnar Hertzsprung과 헨리 노리스 러셀Henry Norris Russell은 별의 광도를 그것의 색깔이나 표면 온도에 따라 표시했을 때, 분포가 도표 전

체에 고르게 퍼져 있지 않음을 보였다. 별들 대부분은 높은 광도와 높은 온도에서 낮은 광도와 낮은 온도에 이르는 대각선상에 놓여 있다. 다른 핵연료를 융합하는 별이나 최종 상태로 붕괴한 별은 도표의 다른 영역에 위치한다.

3 별에서의 복사를 지배하는 법칙은 슈테판-볼츠만법칙Stefan-Boltzmann law이라고 불린다. 이 법칙은 열평형 상태에 있으며 일정한 온도를 띠는 흑체를 묘사한다. 법칙에 따르면 별에서 방출되는 총 에너지는 표면적에 온도의 네제곱을 곱한 양에 비례한다. 따라서 크기가 작아지면서 복사의 양이 빠르게 줄어들고, 온도가 줄어들게 되면 그것보다 더 빠르게 복사가 감소한다.

4 E. Öpik, "The Densities of Visual Binary Stars," *Astrophysical Journal* 44 (1916): 292–302.

5 A. S. Eddington, *Stars and Atoms* (Oxford: Clarendon Press, 1927), 50.

6 다음에 인용되었다. J. Waller, *Einstein's Luck* (Oxford: Oxford University Press, 2002).

7 백색왜성의 물리적 상태는 축퇴물질이라고 불린다. 축퇴압은 온도가 아니라 밀도에 따라서만 결정된다. 축퇴물질은 수축할 수 있으며, 그래서 질량이 큰 백색왜성은 질량이 작은 백색왜성보다 반지름이 더 작고 밀도가 더 높다. 탄소가 풍부하고 결정에 가까운 이룬 원자구조를 이룬 백색왜성에서 영감을 받아, 록그룹 핑크플로이드는 1975년 앨범 "네가 여기 있었으면Wish You Were Here"에 실린 곡 〈빛나라, 미친 다이아몬드여Shine On, You Crazy Diamond〉에서 백색왜성을, 그리고 초기 멤버였던 시드 배럿Syd Barrett을 묘사한다.

8 S. Chandrasekhar, "The Maximum Mass of Ideal White Dwarfs" *Astrophysical Journal* 74 (1931): 81–82.

9 J. R. Oppenheimer and G. M. Volkoff, "On Massive Neutron Cores," *Physical Review* 55 (1939): 374–381.

10 P. Haensel, A. Y. Potekhin, and D. G. Yakovlev, *Neutron Stars* (Berlin: Springer, 2007).

11 물리학자이자 과학소설 작가인 로버트 포워드Robert Forward는 현재 하드 SF의 고전으로 여겨지는 다음의 책을 썼다. *Dragon's Egg* (New York: Del Rey, 1980). 그는 중

성자별 표면에 살 수 있는, 인류보다 수백만 배 빠르게 발전하고 생각하는 작은 지적 생명체를 상상했다.

12 다음 자료를 참고하라. J. Emspak, "Are the Nobel Prizes Missing Female Scientists?" *LiveScience*, October 5, 2016, https://www.livescience.com/56390-nobel-prizes-missing-female-scientists.html. 여성들은 다른 분야보다 노벨상에서 상황이 조금 나았을 뿐이다. 천문학에서 성별 균형이 나아지고 있지만, 학계 최상위에는 남성이 여전히 여성보다 많으며 주요 상을 대부분 남성이 차지한다. 나는 벨을 꽤 잘 알고 있다. 우리는 에든버러에 있는 왕립 천문대에서 함께 근무한 적이 있고, 우리 어머니와 벨은 몇 년간 같은 퀘이커교 모임에 다녔다. 벨은 도표 기록기에서 분명히 설명하기 어려운 규칙적 줄무늬를 목격했던 순간을 선명히 기억한다. 그녀는 서로 다른 설명들을 하나씩 따라가고 배제하면서 탐정 놀이를 했다. 노벨상에 관해서는 초기에 수상자에서 누락되었던 사실에 대해 별로 씁쓸한 기색이 없고, 그녀는 다른 모든 면에서 훌륭한 경력을 쌓아왔다. 그녀 자신의 이야기에 관해서는 다음 자료를 보라. J. S. Bell Burnell, "Little Green Men, White Dwarfs, or Pulsars?" *Annals of the New York Academy of Science* 302 (1977): 685–689.

13 N. N. Taleb, *The Black Swan: The Impact of the Highly Improbable* (London: Penguin, 2007). 이 경우, 블랙 스완은 이미 예측되었지만 드물 것으로 추측했던, 그리고 어떤 이들은 전혀 관측되지 않으리라 생각했던 블랙홀을 의미한다.

14 S. Bowyer, E. T. Byram, T. A. Chubb, and H. Friedman, "Cosmic X-Ray Sources," *Science* 147 (1964): 394–398.

15 백조자리 X-1을 첫 번째 블랙홀 후보로 추측했던 두 편의 논문은 이것이다. B. L. Webster and P. Murdin, "Cygnus X-1: A Spectroscopic Binary with a Massive Companion?" *Nature* 235 (1971): 37–38; C. T. Bolton, "Identification of Cygnus X-1 with HDE 226868," *Nature* 235 (1971): 271–273. 전파 관측을 통해 이 엑스선광원의 정확한 위치를 보인 논문은 이것이다. L. L. E. Braes and G. K. Miley, "Detection of Radio Emission from Cygnus X- 1," *Nature* 232 (1971):

246.

16 Bruce Rolston, "The First Black Hole," news release, University of Toronto, November 10, 1997, https://web.archive.org/web/20080307181205/, http://www.news.utoronto.ca/bin/bulletin/nov10_97/art4.htm.

17 캐나다의 프로그레시브 록밴드 러시는 최초의 블랙홀 발견 직후 이에 대한 소식을 듣고 1977년과 1978년 두 장의 앨범에 수록된 〈백조자리 X-1〉이라는 곡을 썼다. 이 비유적인 작업에서, 탐험가는 블랙홀 안으로 모험을 떠나며 "소리와 분노가 내 심장을 익사시킨다. 모든 신경이 찢겨나간다"라며 울부짖는다. 곡의 두 번째 파트에서 그는 "올림푸스"라고 불리는 사건지평선 너머 세계에서 전쟁 중인, 이성의 지배를 받는 아폴로와 감성의 지배를 받는 디오니소스 부족을 화해시킨다. 천문학과 록의 신격화는 이보다 2년 앞섰다. 1975년, 핑크플로이드는 콘셉트 앨범 "네가 여기 있었으면"에서 아홉 부분으로 구성된 〈빛나라, 미친 다이아몬드여〉라는 곡을 선보였다. 이 곡은 이중 은유인데, 한편으로는 눈부시게 빛났지만 젊은 시절에 불타버린 한 남자에게 경의를 표했으며, 다른 한편으로는 백색왜성을 결정형에 가까운 탄소로 암시한다. 로저 워터스Roger Waters는 "당신의 눈에는 하늘의 블랙홀 같은 눈빛이 있어"라고 노래했다.

18 이는 시소 위에 앉은 상황과도 비슷하다. 같은 무게의 두 사람이 양쪽 끝에 앉아 있다면, 시소는 균형을 이룬다. 어른과 아이가 올라탄다면, 어른이 중심점 가까이 앉아야 아이와 균형을 맞출 수 있다. 균형점이 있는 시소 팔은 질량 중심을 회전하는 궤도와 같이 작용한다. 별 주위를 도는 행성처럼 질량들이 극히 불균형할 때, 별의 공전궤도는 너무 작아 살짝 흔들릴 뿐이다. 태양계에서 가장 질량이 큰 행성인 목성의 경우, 태양이 목성 공전주기와 같은 12년 주기로 한쪽 가장자리를 따라 흔들리게 한다.

19 궤도는 일반적으로 원형보다는 타원형을 띤다. 하지만 이렇게 복잡해지더라도 주된 논의가 달라지는 것은 아니다. 궤도의 어느 부분에서 움직이는지에 따라 속도는 변화하지만, 평균 속도는 같은 크기의 원형궤도에서와 같다.

20 쌍성계 궤도에 대한 완전한 해는 $PK^3/2\pi G = M\sin^3 i/(1+q)^2$라는 방정식을 풀어 얻

을 수 있다. 여기에서 P는 주기, K는 시선속도 변화 폭의 절반, M은 블랙홀 질량, q는 블랙홀 질량에 대한 동반성 질량의 비율이다.

21 D. Sobel, *The Glass Universe: How the Ladies of the Harvard Observatory Took the Measure of the Stars* (New York: Viking, 2016).

22 C. Brocksopp, A. E. Tarasov, V. M. Lyuty, and P. Roche, "An Improved Orbital Ephemeris for Cygnus X-1," *Astronomy and Astrophysics* 343 (1998): 861–864.

23 J. Ziolkowski, "Evolutionary Constraints on the Masses of the Components of the HDE 226868/Cygnus X-1 Binary System," *Monthly Notices of the Royal Astronomical Society* 358 (2005): 851–859.

24 J. A. Orosz et al., "The Mass of the Black Hole in Cygnus X-1," *Astrophysical Journal* 724 (2011): 84–95.

25 이 간략한 설명에서 논문 수십 편과 관측 수천 시간을 통해 백조자리 X-1이 '특별한' 블랙홀 후보의 위치에 오른 과정은 생략되어 있다. 관측 오차를 줄이고 다른 모델들이 배제되기까지는 수년이 걸렸다. 예를 들어, 블랙홀이라는 추론을 피하기 위한 방법으로 초기 모델들은 3중성계까지도 고려했다. 그것은 청색초거성에 더해 가까이에서 회전하는 주계열성과 중성자별로 이루어진 쌍성계였다. 끝내 이런 모델은 거의 불가능한 것으로 밝혀졌다. 다음 자료를 참고하라. H. L. Shipman, "The Implausible History of Triple Star Models for Cygnus X-1: Evidence for a Black Hole," *Astrophysical Letters* 16 (1975): 9–12.

26 J. Ziolkowski, "Black Hole Candidates," in *Vulcano Workshop* 2002, *Frontier Objects in Astrophysics and Particle Physics*, edited by F. Giovanelli and G. Mannocchi (Bologna: Italian Physical Society, 2003), 49–56; J. E. McLintock and R. A. Remillard, "Black Hole Binaries," in *Compact Stellar X-Ray Sources*, edited by W. H. G. Lewin and M. van der Klis (Cambridge, UK: Cambridge University Press, 2006), 157–214.

27 고립된 블랙홀을 검출하는 또 다른 방법이 있다. 블랙홀이 성간물질에서 희박한 가스를 끌어당길 수 있다는 사실에 기반한 것이다. 이 가스가 블랙홀로 떨

어지며 가열되면 가시광선 영역에서 독특한 복사 스펙트럼을 방출한다. 한 연구에 따르면, SDSS에서 400만 개에 이르는 별들을 연구한 결과, 그럴싸한 가시광 색깔과 약한 엑스선방출을 보이는 광원 40개를 찾아냈다. 그중 어느 것도 아직 블랙홀로 확인되지 않았기에 이 방법은 아직 확실하지 않다.

28 암흑물질은 우주론에서 아직 풀리지 않은 중요한 문제 중 하나다. 모든 형태의 은하에서 별의 운동을 관측한 바에 따르면 그것들은 빛을 방출하지 않는 어떤 형태의 물질에 묶여 있어야만 하는데, 이 물질은 별의 질량을 전부 더한 질량의 여섯 배에 달한다. 마이크로렌즈 탐사는 적어도 우리은하에서 암흑물질이 별 잔해나 준항성으로 이루어질 수 없음을 보였다. 또한 적외선 관측에 의해 행성에서 먼지 입자에 이르기까지 암석 성분으로 이루어진 천체들 역시 후보가 될 수 없음이 드러났다. 남은 설명 중 가장 그럴싸한 것은 새로운 형태의, 질량이 크고 약한 상호작용을 보이는 아원자입자다.

29 L. Wyrzykowski, Z. Kostrzewa-Rutkowska, and K. Rybicki, "Microlensing by Single Black Holes in the Galaxy," *Proceedings of the XXXVII Polish Astronomical Society*, 2016. 관측의 어려움에도 불구하고, 마이크로렌즈효과는 쌍성계에서 블랙홀의 통계를 보완하는 중요한 수단이다. 쌍성계에 있는 블랙홀 중 태양질량 여섯 배 이하로 발견된 것은 없고 중성자별은 대부분 태양질량의 한 배에서 두 배 사이에 있다. 따라서 별 잔해의 질량 분포에는 태양질량의 두 배에서 여섯 배 사이에 '공백'이 있는 것처럼 보인다. 이는 별 잔해 형성에 관한 현재 이론들에 대한 도전이 될 가능성이 있다. 다행히도, 마이크로렌즈효과에서는 그런 공백이 발견되지 않는다.

30 E. A. Poe, "A Descent into the Maelstrom" (1841), in *The Collected Works of Edgar Allan Poe*, edited by T. O. Mabbott (Cambridge, MA: Harvard University Press, 1978).

31 1936년 문을 연 미국의 유서 깊은 후버 댐은 전력 생산량이 25배나 적고 에너지 생산량 측면에서 전 세계 50위에도 끼지 못한다. 최대 전력 생산량에서 가장 높은 순위를 차지하는 것은 논란의 여지가 있지만 중국의 싼샤 댐이며, 연간 평균으로 따지면 이타이푸 댐이 조금 앞선다.

32 입자의 각운동량은 입자의 질량(m), 속도(v), 블랙홀에서의 거리(r)의 곱인 mvr로 표현할 수 있다. 케플러의 행성운동법칙 제2법칙은 궤도에서 어떻게 각운동량이 보존되는지를 보여준다. 행성이나 혜성이 태양에 가까이 다가가면 빠르게 움직이는데, r이 작아짐에 따라 이를 보충하려고 v가 커지는 것이다. 그리고 두 물리량의 곱은 항상 일정하다.

33 실제 계산에는 일반상대성이론과 몇 가지 수치적 근사가 필요하다. 이보다 더 효율적인 에너지 생성 과정은 물질-반물질 소멸matter-antimatter annihilation이 유일하다. 그러나 이런 상황은 우주에서 매우 드물고, 부착에 의한 에너지 공급은 쌍성계에 있는 모든 블랙홀에서 일어난다. 전체 이야기를 보고 싶다면 다음 자료를 참고하라. J. Frank, A. King, and D. Raine, *Accretion Power in Astrophysics*, 3rd edition, (Cambridge, UK: Cambridge University Press, 2002).

34 까다로운 문제는 물질이 어떻게 안쪽으로 떨어질 수 있도록 각운동량을 잃는지 설명하는 것이었다. 답은 난류와 부착원반에 얽힌 자기장의 역할이 필요했다. 문제를 부분적으로 해결했을 뿐이지만 최초의 '표준' 부착원반 모델은 다음에 기술되어 있다. N. I. Shakura and R. A. Sunyaev, "Black Holes in Binary Systems: Observational Appearance," *Astronomy and Astrophysics* 24 (1973): 337–355. 문제 해결의 돌파구는 자기장이 각운동량 운반을 크게 증가시킬 수 있음을 깨닫는 데 있었다. 다음 자료도 참고하라. S. A. Balbus and J. F. Hawley, "A Powerful Local Shear Instability in Weakly Magnetized Disks: I. Linear Analysis," *Astrophysical Journal* 376 (1991): 214–233. 이런 상황을 완전히 모형으로 다루려면 최신 컴퓨터의 계산 능력이 필요했다. 3차원 자기유체역학 계산은 천체물리학에서 가장 까다로운 계산 중 하나다.

35 D. Raghavan et al., "A Survey of Stellar Families: Multiplicity of Solar-Type Stars," *Astrophysical Journal Supplement* 190 (2010): 1–42.

36 쌍성계에서 물질이 별에 묶인 영역을 정의하는 가상의 표면을 19세기 중반의 프랑스 천문학자이자 수학자였던 이의 이름을 따서 로슈엽Roche lobe이라고 한다. 고립된 별에서 쌍성계로 가면서 로슈엽은 구에서 눈물방울 모양으로 늘어

진다. 분리된 쌍성에서 각각의 별은 고유한 로슈엽을 지닌다. 반쯤 분리된 쌍성에서 눈물방울은 서로 맞닿아, 질량이 이 맞닿는 점을 통해 흐를 수 있다. 이 점은 18세기 중반의 이탈리아 천문학자이자 수학자 이름을 따서 "라그랑주점 Lagrangian point"이라고 부른다. 접촉한 쌍성에서 별들은 공통의 외곽을 가지고 질량 대부분을 공유한다. 별이 서로 멀리 떨어져 있다면 질량이 별 사이를 통과할 수 있으며 항성풍이 존재한다. 즉, 사방으로 흘러나오는 가스의 일부가 동반성으로 떨어질 것이다.

37 D. Prialnik, "Novae," in *Encyclopedia of Astronomy and Astrophysics*, edited by P. Murdin (London: Institute of Physics, 2001), 1846 – 1856. 매년 우리은하에서는 10여 개의 신성이 발견되고, 이들 대부분은 1,000년에서 10만 년 사이 주기로 나타난다. 망원경 없이 보일 만큼 밝게 빛나는 멋진 신성들은 인간의 일생에 몇 개 정도 나타난다. "플레어별"로 불리는 북쪽왕관자리 T는 1866년과 1946년에 하늘에서 가장 밝은 별 중 하나였고, 땅꾼자리 RS는 지난 세기에 다섯 번이나, 가장 최근에는 2006년에 맨눈으로 볼 수 있을 만큼 밝아졌다.

38 이 시나리오는 심각하지 않고 난해하게 보일 수 있지만, 현대 천문학의 핵심이 되는 요소다. 2형이라고 불리는 어떤 초신성들은 질량이 큰 별 하나가 죽을 때 생겨난다. 하지만 그 광도는 아주 다양하다. 한편 1a형이라고 불리는 초신성이 쌍성계에서 폭발하는 경우는 백색왜성에 물질이 규칙적인 방법으로 '떠먹여진' 과정의 결과물이다. 따라서 쌍성계마다 광도 차이가 15퍼센트 이내다. 이런 초신성들은 '표준 폭탄'이므로 동시에 거리를 재는 데 사용하는 '표준 광원'이 될 수 있다. 초신성은 은하 전체만큼이나 밝을 수 있으므로 수십억 광년 거리에서까지 보일 수 있다. 1a형 초신성은 1990년대 중반 우주의 가속 팽창과 암흑에너지의 존재를 발견하는 데 쓰였으며, 이 업적에는 노벨상이 수여되었다. S. Perlmutter, "Supernovae, Dark Energy, and the Accelerating Universe," *Physics Today*, April 2003, 53 – 60.

39 K. A. Postnov and L. R. Yungelson, "The Evolution of Compact Binary Systems," *Living Reviews in Relativity* 9 (2006): 6 – 107.

3장 초대질량블랙홀

1 이 망원경을 짓는 데는 2,000달러, 현재 기준으로 약 3만 3,000달러가 들었다. 레버는 시멘트를 바르고, 금속 작업과 목공을 하고, 수신기에 선을 연결하고 제작했으며, 관측하고 자료를 처리한 다음 천문학적으로 해석하는 모든 과정을 홀로, 직접 수행했다.

2 지구가 태양을 공전할 때, 모든 별은 매일 4분씩 일찍 뜨고 진다. 이것이 1년간 더해지면 24시간이 되고, 하늘 전체가 지구에서의 밤을 가로지르는 것이다. 그러므로 별의 시간, 즉 항성시sidereal time는 태양의 시간, 즉 태양시solar time와 약간 다르다. 잰스키는 수십 년 후 벨이 펄서 관측 때 그랬던 것처럼, 이런 사실을 이용해 전파원이 지구 바깥에서 온 것임을 밝혔다.

3 K. Jansky, "Electrical Disturbances Apparently of Extraterrestrial Origin," *Proceedings Institute of Radio Engineers* 21 (1933): 1837. 잰스키의 전파신호 검출은 30년 후, 빅뱅의 잔해인 마이크로파 복사가 우연히 발견된 것과 놀랄 만한 유사점이 있다. 1964년 벨연구소에 있던 펜지어스와 윌슨은 마이크로파를 이용한 위성 통신의 가능성을 연구하고 있었다. 그들이 전파 수신기에 나타나는 잡음의 원인을 추적하던 중, 하늘의 모든 방향에서 '쉬익' 하고 나타나는 작은 신호를 발견했다. 그것은 초기 우주에서 왔으며 우주팽창에 의해 식고 희석된 복사였다. 이 당시에는 벨연구소가 발견의 중요성을 알아차렸다. 펜지어스와 윌슨은 이 발견으로 1978년 노벨물리학상을 받았다.

4 그의 선구적인 공헌을 기리며, 전파 복사의 세기 단위는 "잰스키"라고 불린다. 그래서 잰스키는 이름이 단위에 붙은 전기공학의 선구자들 대열에 합류했다. 예를 들면 와트Watt, 볼트Volt, 옴Ohm, 헤르츠Hertz, 암페르Ampere, 쿨롱Coulomb 같은 단위다. 잰스키는 신부전을 일으킨 브라이트병 때문에 45세의 나이로 1950년 사망했다. 그는 자기가 시작한 연구 분야의 급격한 성장을 목격하지 못했다.

5 다음에 인용되었다. W. T. Sullivan, ed., *Classics of Radio Astronomy* (Cambridge, UK: Cambridge University Press, 1982).

6 이 이야기는 존 크라우스John Kraus가 들려준 것이다. *Big Ear* (Delaware, OH: Cyg-

nus-Quasar Books, 1994); J. D. Kraus, "Grote Reber, Founder of Radio Astronomy," *Journal of the Royal Astronomical Society of Canada* 82 (1988): 107-113.

7 G. Reber, "Cosmic Static," *Astrophysical Journal* 100 (1944): 279. 다음 저널의 100주년 기념호를 위해 쓰인 해설도 살펴보라. K. I. Kellerman, "Grote Reber's Observations of Cosmic Static," *Astrophysical Journal* 525 (1988): 371-372.

8 Kraus, "Grote Reber, Founder of Radio Astronomy."

9 분광학에서, 스펙트럼선의 파장은 원소에 따라 달라지고 화학조성을 나타내지만, 선의 성질은 가스의 물리적 상태를 드러낸다. 별의 외피에서처럼 차가운 가스가 뜨거운 열원 바깥에 있다면, 흡수선이 보인다. 그것이 프라운호퍼가 1800년대 초 태양에서 처음 관측한 것이다. 만약 가스가 에너지를 받아 전자들이 모든 원자에서 떨어져 있다면, 그것은 방출선을 만든다. 이는 매우 뜨거운 열원임을 의미한다. 그리고 스펙트럼선이 넓다면, 넓은 속도 범위는 가스의 운동을 만들어내는 격렬한 에너지원이 존재한다는 사실을 드러낸다.

10 S. J. Dick, *Discovery and Classification in Astronomy: Controversy and Consensus* (Cambridge, UK: Cambridge University Press, 2013).

11 나는 운이 좋게도 카네기연구소가 윌슨산 100인치 망원경을 철거하기 전 사용할 기회가 있었다. 로스앤젤레스의 불빛이 점차 늘어나며 몇 해 전보다 경쟁력이 떨어진 상황이었지만, 은하들이 우리은하로부터 멀어지고 있으므로 우주가 넓고 팽창하고 있다는 사실을 보일 때 허블이 사용했고 여전히 30년간 세계에서 가장 큰 망원경이었던 기기를 사용한다는 건 신나는 일이었다. 북쪽 기둥 뒤로 나무 사물함이 줄지어 있었던 것이 기억 나는데, 그중 하나에는 허블의 이름이 황동 명판에 새겨져 있었다. 허블이 마지막 야간 점심을 그 사물함 안에 두고 갔을까? 돔 바닥을 걷다 보니 발밑으로 수은 구슬이 보였다. 망원경 베어링은 수은으로 코팅되어 있었는데 그것이 새어 나와 있었다. 수년에 걸쳐 망원경 직원들 몇 명이 과다한 수은 노출로 사망했다. 허블 시대에 관측자들은 몇 시간 동안 일하고 나서 저녁 식사를 한 후 포트와인과 시가를 즐기고 돌아와 관측을 계속했다. 윌슨산에서의 저녁은 구식이지만 격식을 차린 것이었다.

산꼭대기에서 가장 경력이 높은 천문학자가 테이블 상석에 앉았고, 다른 스태프 천문학자들이 그 옆에, 학생들과 당시의 나 같았던 박사후연구원들은 테이블 맨 끝에 앉았다. 로스앤젤레스 인근에서 레스토랑 몇 개를 운영했지만 후원자와 고객들을 잃으며 망한, 뛰어나지만 격정적인 프랑스 셰프가 저녁을 제공했다. 윌슨산천문대는 창의적이지만 반사회적인 성향을 지닌 이들에게는 천국이었다. 음식은 호화스러웠지만, 너무 풍부한 나머지 밤이 깊어갈수록 나는 환각에 빠질 듯했다. 머리를 식히기 위해 나는 3층 위에서 돔을 따라 돌고 있는 작은 길로 걸어 나갔다. 머리 위로는 별들이 반짝였고 도시의 불빛은 아래에서 퀼트 무늬처럼 빛났다.

12 C. K. Seyfert, "Nuclear Emission in Spiral Galaxies," *Astrophysical Journal* 97 (1943): 28 – 40.

13 라일과 로벨은 전파 기술의 힘이 우주를 연구하는 새 창을 열 수 있다는 사실을 분명히 목격한 물리학자들이었다. 그들은 공학과 과학의 '문화 장벽'을 뛰어넘었고, 주요 대학 연구 그룹을 설립해 전파천문학을 천문학의 또 다른 분야로 발전시켰다. 전쟁 중 레이더 전문가로 활동하던 로버트 디키Robert Dicke도 MIT에서 연구 그룹을 꾸렸지만, 잰스키와 레버의 고향이었던 미국에서는 전파천문학이 의외로 더디게 발전했다.

14 루비 페인-스콧의 기여는 다음에 서술되어 있다. M. Goss, *Making Waves: The Story of Ruby Payne-Scott, Australian Pioneer Radio Astronomer* (Berlin: Springer, 2013). 전파천문학의 초기 이야기는 다음에 훌륭하게 쓰여 있다. W. T. Sullivan III, *Cosmic Noise: A History of Early Radio Astronomy* (Cambridge, UK: Cambridge University Press, 2009).

15 라일과 다른 이들이 백조자리 A에서 오는 복사가 실제로 정적이라는 사실을 보이자 혼란은 가중되었다. 관측된 전파신호 세기 변화는 지구 상층대기에 있는 이온화된 가스구름에 의해 전파가 휘어지면서 나타나는 것이었다. 역설적으로, 이런 관측 결과에도 '전파별' 가설을 폐기하지 못했는데, 왜냐하면 가시광선 영역에서 별들은 반짝이고 행성들은 그렇지 않기 때문이다. 이는 해당 파

장대에서 별들이 점과 같고 행성들이 원반과 같아서, 행성의 반짝임이 지구 상의 관측자에게선 지워지기 때문이다. 같은 논리로, 만약 백조자리 A가 반짝인다면 그것은 점광원과 같거나 적어도 꽤 작은 각크기를 지녀야 했다.

16 B. Lovell, "John Grant Davies (1924–1988)," *Quarterly Journal of the Royal Astronomical Society* 30 (1989): 365–369.

17 실제 공식은 $\theta=1.22(\lambda/D)$로, θ는 각크기 또는 빔 폭을 평면각의 단위인 라디안 radian으로 나타낸 것이고, λ는 관측 파장, D는 망원경 지름을 나타낸다. 여기에서 λ와 D는 같은 단위로 쓰여야 한다.

18 이 방법은 마이컬슨의 간섭계나 영의 이중 슬릿 실험과 비슷한, 전파 영역에서의 실험이라고 볼 수 있다. 전파원이 두 전파망원경 바로 위에 있다고 생각해보자. 전파가 각 접시에 도달하는 데 필요한 경로의 길이는 같으므로, 파동이 합해지면 더 큰 진폭이 나타난다. 전파원이 움직이면서 각각 망원경에 도달하는 경로 길이에 차이가 생긴다. 차이가 파장의 절반이 되면 두 전파가 합쳐져 상쇄된다. 따라서 전파원이 움직임에 따라 높고 낮은 신호의 간섭무늬가 만들어진다. 간섭무늬의 폭은 망원경 사이의 떨어진 거리에 따라 결정되고, 그렇기 때문에 천체의 위치를 아주 정확히 측정할 수 있는 것이다. 호주의 전파천문학 그룹은 이 아이디어의 독창적인 버전을 고안했는데, 동쪽을 향하는 바다 절벽에 안테나를 설치했다. 전파원이 뜨면, 전파는 낮은 각도로 안테나에 직접 도달할 뿐 아니라 바다 표면에서 반사되어 약간 긴 경로를 따라 도착하기도 한다. 안테나와 그것의 '거울 이미지'가 간섭계의 두 요소다.

19 다음 자료의 편집자 서문에 인용되었다. *Quasi-Stellar Sources and Gravitational Collapse: Proceedings of the First Texas Symposium on Relativistic Astrophysics*, edited by I. Robinson, A. Schild, and E.L. Schucking (Chicago: University of Chicago Press, 1965).

20 다음에 인용되었다. J. Pfeiffer, *The Changing Universe* (London: Victor Gollancz, 1956).

21 A. Alfven and N. Herlofson, "Cosmic Radiation and Radio Stars," *Physical Review*

78 (1950): 616. 다른 초기 논문들은 다음과 같다. G. R. Burbidge, "On Synchrotron Radiation from Messier 87," *Astrophysical Journal* 124 (1956): 416 – 429; V. L. Ginzburg and I. S. Syrovaskii, "Synchrotron Radiation," *Annual Reviews of Astronomy and Astrophysics* 3 (1965): 297 – 350.

22 강한 전파원을 광학 영역에서 보이는 천체와 연결 짓기 위해서는 상당한 기술적 문제들을 극복해야 했다. 다른 전파 탐사에서 얻은 특정 전파의 세기, 심지어 존재 자체가 항상 일치하지는 않았다. 전파원들은 수십 각분에서 수십 각초까지 다양한 각크기를 띠며, 간섭계로 관측할 수 있는 정보는 간섭계 배열을 이루는 망원경의 수, 서로 떨어진 거리, 관측 주파수에 따라서도 달라진다. 그리고 하늘에서 어떤 특정 영역에 있는 전파원의 수는 전파 흐름이 줄어듦에 따라 급격히 증가한다. 이는 검출 가능한 한계 부근에서 여러 천체가 더 강한, 하나의 천체처럼 보일 수도 있다는 뜻이다. 이를 탐사의 "잡음 한계confusion limit"라고 한다.

23 C. Hazard, M. B. Mackey, and A. J. Shimmins, "Investigation of the Radio Source 3C 273 by the Method of Lunar Occultations," *Nature* 197 (1963): 1037 – 1039; M. Schmidt, "3C 273: A Star-like Object with Large Redshift," *Nature* 197 (1963): 1040; J. B. Oke, "Absolute Energy Distribution in the Optical Spectrum of 3C 273," *Nature* 1987 (1963): 1040 – 1041; J. L. Greenstein and T. A. Matthews, "Redshift of the Unusual Radio Source: 3C 48," *Nature* 197 (1963): 1041 – 1042. 현대에 연대순으로 요약한 자료는 다음을 보라. C. Hazard, D. Jauncey, W. M. Goss, and D. Herald, "The Sequence of Events that led to the 1963 Publications in Nature of 3C 273, the first Quasar and the first Extragalactic Radio Jet," in *Proceedings of IAU Symposium* 313, edited by F. Massaro et al. (Dordrecht: Kluwer, 2014).

24 마르텐 슈미트의 발견 50주년 기념 인터뷰. http://www.space.com/20244-quasar-mystery-discoverer-interview.html.

25 사실 1960년에 호주의 전파천문학자 존 볼턴John Bolton과 미국의 천문학자 샌디

지는 각각 3C 48 스펙트럼을 가지고 있었으며, 슈미트보다 3년 앞설 수 있었던 최초의 퀘이사 발견을 놓쳤다.

26 우주론적 적색이동은 도플러이동과 물리적으로 구별된다. 도플러이동은 파동이 매질 안에서 이동하고 파동을 발생시키는 물체가 관측자에 대해 상대적으로 움직일 때 일어난다. 흔한 예는 사이렌인데, 경찰차가 다가올 때는 음높이가 올라가고 멀어질 때는 낮아진다. 우주론적 적색이동은 매질이 필요하지 않다. 파장의 변화가 우주 모든 곳에서의 시공간 팽창에 의해 발생하기 때문이다.

27 우주론은 우리가 태양계에서 특별한 위치를 차지하고 있지 않다는 코페르니쿠스 원리를 우주 전체로 확장한다. 그것은 현대 우주론의 기본 가정으로, 지금까지 어떤 관측으로도 부정된 적이 없다. 우리은하 인근의 은하들은 우주 먼 곳에 있는 은하들과 다르거나, 다른 방식으로 분포되어 있지 않은 듯 보인다.

28 허블의 법칙(허블-르메트르법칙)은 $v=H_0D$로 쓸 수 있다. v는 후퇴속도, D는 거리다. 비례 상수인 H_0는 허블상수라고 불리며, 현재 우주의 팽창 비율을 나타낸다. 적색이동이 작은 곳에서는 근사적으로 $z=v/c$로 적색이동을 기술할 수 있다. 상대론적으로 정확한 공식은 $z=\sqrt{(1+v/c)/(1-v/c)}$다.

29 M. Schmidt, "Large Redshifts of Five Quasi-Stellar Sources," *Astrophysical Journal* 141 (1965): 1295–1300.

30 F. Zwicky and M. A. Zwicky, *Catalogue of Selected Compact Galaxies and of Post-Eruptive Galaxies* (Guemligen, Switzerland: Zwicky, 1971). 그의 분노를 일으킨 논문은 이것이다. A. Sandage, "The Existence of a Major New Constituent of the Universe: The Quasi-Stellar Galaxies," *Astrophysical Journal* 141 (1965): 1560–1568. 이 일화는 다음에 소개되었다. K.I. Kellerman, "The Discovery of Quasars and its Aftermath" *Journal of Astronomical History and Heritage* 17 (2014): 267–282.

31 거대 망원경 건설의 다음 단계는 지난 단계만큼이나 경쟁이 치열하다. 현재 계획 중인 20미터 혹은 그 이상 크기의 망원경들을 만드는 데는 각각 10억 달러

이상이 소요된다. 거대마젤란망원경은 순조롭게 진행 중이다. 애리조나대학에서 일곱 개 거울 중 다섯 개가 이미 주조를 시작했고, 칠레의 산 정상을 긁어내 건설이 시작되었다. 30미터 망원경을 건설하려던 캘텍의 프로젝트는 마우나케아산에서 하와이 원주민 활동가들의 반대로 중단되어 있다가 다시 궤도에 올랐다. 유럽남방천문대의 39미터 망원경 역시 칠레에 세워질 예정이고, 대부분 유럽 국가인 파트너들 간의 국제 협약을 통해 자금을 지원받고 있다. 경쟁의 다크호스는 중국으로, 8~10미터급 망원경을 넘어, 또 다른 거대 망원경을 티베트고원에 건설할지 모른다.

32 세이퍼트 계산은 다음에 제시되었다. L. Woltjer, "Emission Nuclei in Galaxies," *Astrophysical Journal* 130 (1959): 38 – 44. 전파은하들에 대한 에너지 계산은 다음에 제시되었다. G. Burbidge, "Estimates of the Total Energy and Magnetic Field in the Non-Thermal Radio Sources," *Astrophysical Journal* 129 (1959): 849 – 852.

33 V. Ambartsumian, "On the Evolution of Galaxies," in *The Structure and Evolution of the Universe,* edited by R. Stoops (Brussels: Coudenberg, 1958), 241 – 274.

34 E. Salpeter, "Accretion of Interstellar Matter by Massive Objects," *Astrophysical Journal* 140 (1964): 796 – 800; Ya. B. Zeldovich, "On the Power Source for Quasars," *Soviet Physics Doklady* 9 (1964): 195 – 205.

35 1960년대에서 1970년대에 이르기까지 비우주론적 적색이동을 주로 지지했던 사람들은 관측 분야에서 핼턴 아르프Halton Arp와 빌 티프트Bill Tifft, 이론 분야에서 프레드 호일Fred Hoyle과 버비지였다. 퀘이사 적색이동 '논쟁'은 학회에서 열띤 토론의 주제였고, 양쪽은 거의 의견을 일치시키지 못했다. 1980년대에 이 논쟁은 대체로 우주론적 해석을 지지하는 쪽으로 정리되었으나, 아직도 어떤 연구자들은 퀘이사가 적색이동을 나타내는 거리에 있지 않다고 주장한다. 관측 논쟁은 다음에서 볼 수 있다. H. C. Arp, "Quasar Redshifts," *Science* 152 (1966): 1583. 이론 논쟁은 다음에서 볼 수 있다. G. Burbidge and F. Hoyle, "The Problem of the Quasi-Stellar Objects," *Scientific American* 215 (1966): 40 – 52.

36 모든 전파방출은 뜨겁지만, 밀도가 낮은 플라스마에서 전자의 싱크로트론 복사에 의해 발생한다. 은하 바깥 멀리까지 에너지 전달이 일어나려면 이 과정이 아주 효율적이어야 한다. 로브의 위치는 상대론적 입자들이 넓게 퍼진 은하 간 물질과 '충돌'하는 영역을 나타내고, 종종 강한 복사방출이 열점을 만들기도 한다. 고온의 플라스마에는 자기장이 관통하고 전파방출에서 선형 편광이 보인다.

37 D. S. De Young, *The Physics of Extragalactic Radio Sources* (Chicago: University of Chicago Press, 2002).

38 발견 논문은 이것이다. A. R. Whitney et al., "Quasars Revisited: Rapid Time Variations Observed Via Very Long Baseline Interferometry," *Science* 173 (1971): 225–230; M. H. Cohen et al., "The Small Scale Structure of Radio Galaxies and Quasi-Stellar Sources at 3.8 Centimeters," *Astrophysical Journal* 170 (1971): 207–217. 분명한 초광속 운동은 5년 전, 다음 자료에서 이론 논쟁에 기반해 예측되었다. M. J. Rees, "Appearance of Relativistically Expanding Radio Sources," *Nature* 211 (1966): 468–470.

39 A. K. Baczko et al., "A Highly Magnetized Twin-Jet Base Pinpoints a Supermassive Black Hole," *Astronomy and Astrophysics* 593 (2016): A47–58.

40 별 주위의 이온화된 영역에서도 강한 방출선이 나타난다. 하지만 세이퍼트은하에서 나타나는 스펙트럼에서는 젊은 별이 만들어내는 것보다도 강한 자외선복사가 들떠 있어야 한다. 분광관측을 이용해 세이퍼트은하가 다음과 같이 분류되었다. 1형은 방출선이 넓고, 이는 가스 운동이 광속의 5퍼센트 수준까지 빠르게 나타남을 뜻한다. 2형은 방출선이 좁다. 1형 세이퍼트은하들은 일반적으로 2형보다 밝으며, 약하고 넓은 날개에 강하고 좁은 방출선이 중첩된 1.5형도 존재한다. 천문학자들은 또한 핵 방출선이 약한 저이온화 핵 방출선 영역low excitation nuclear emission line region, LINER이라고 불리는, 일반적인 은하보다는 활동적이지만 세이퍼트은하보다는 덜 활동적인 종류도 발견했다. 그렇다. 활동은하의 분류학은 복잡하고 헷갈린다.

41 1990년대에 이러한 퀘이사 '모은하' 관측은 퀘이사의 적색이동이 비우주론적이라는 주장을 잠재우는 데 도움이 되었다. 활동은하핵의 연속복사방출은 가깝고 약한 것부터 아주 멀리 떨어져 밝은 것까지 다양했다. 그리고 자료는 퀘이사가 우주팽창으로 인한 적색이동이 나타내는 거리에 있음을 입증해주었다. 한편, 비우주론적 적색이동에 대한 증거들 일부는 사라졌다. 특정 적색이동에서 더 많은 퀘이사가 집중되어 있지 않았고, 분포는 매끄러웠으며, 높은 적색이동을 보이는 퀘이사와 낮은 적색이동을 보이는 은하는 우연히 같은 방향에 있었을 뿐, 물리적으로 연결되지 않은 것으로 드러났다.

42 R. D. Blandford and M. J. Rees, "Some Comments on the Radiation Mechanism in Lacertids," in *Pittsburgh Conference on BL Lac Objects*, edited by A. M. Wolfe (Pittsburgh: University of Pittsburgh, 1978).

43 C. S. Bowyer et al., "Detection of X-Ray Emission from 3C 273 and NGC 5128," *Astrophysical Journal* 161 (1970): L1 – L7.

44 퀘이사 엑스선방출에 대해 처음으로 세심하게 연구한 자료는 다음과 같다. H. Tananbaum et al., "X-Ray Studies of Quasars with the Einstein Observatory," *Astrophysical Journal* 234 (1979): L9 – 13. 그렉 실즈Greg Shields는 퀘이사 자외선방출이 부착원반에 의해 일어난다고 제안한 첫 번째 인물이다. 다음 자료를 참고하라. G. A. Shields, "Thermal Emission from Accretion Disks in Quasars," *Nature* 272 (1978): 706 – 708. 맷 맬컨Matt Malkan은 처음으로 상세한 부착원반 모델을 도출했다. M. A. Malkan, "The Ultraviolet Excess of Luminous Quasars: II. Evidence for Massive Accretion Disks," *Astrophysical Journal* 268 (1983): 582 – 590.

45 D. B. Sanders et al., "Continuum Energy Distribution of Quasars – Shapes and Origins," *Astrophysical Journal* 347 (1979): 29 – 51.

46 IceCube Collaboration, "Neutrino emission from the Direction of the Blazar TXS 0506+056 Prior to the IceCube-170922A Alert," *Science* 361 (2018), 147 – 151.

47 나는 블레이자 연구로 박사 학위를 받았고, 소용돌이를 가장 선명히 볼 수 있다는 사실에 이끌렸다. 관측하러 갈 때마다, 작은 망원경으로 관측했을 때

특이한 활동을 보였던 수십 개 대상을 정리한 '핫 리스트'가 있었다. 어떤 경우에는 대상이 실제로 흥미롭지 않았으며, 빛이 연못처럼 고요했다. 다른 경우에는 중심의 블랙홀이 가스와 별을 집어삼키며 고에너지 복사와 광속의 99.999퍼센트 속도로 움직이는 전자들을 방출했다. 포의 소설 속 화자처럼, 나는 깊고 지독한 중력 구덩이의 아름다움에 매료되었다.

48 M. A. Orr and I. W. A. Browne, "Relativistic Beaming and Quasar Statistics," *Monthly Notices of the Royal Astronomical Society* 200 (1982): 1067 – 1080. 시선방향에 가깝게 정렬한 상대론적 제트의 경우 흐름을 쉽게 1,000배 이상 증가시킬 수 있다. 반대편 제트는 관측자에게서 빠르게 멀어지기 때문에 증폭이 약해진다. 결과적으로 관측하는 한 방향 제트만을 관측하게 된다. 뻗어 있는 전파 방출은 상대론적 흐름의 일부가 아니기 때문에 영향을 받지 않는다.

49 이러한 아이디어의 진보는 서로 20여 년 떨어져 발표된 다음 두 편의 리뷰 논문을 통해 살펴볼 수 있다. R. R. J. Antonucci, "Unified Models for Active Galactic Nuclei and Quasars," *Annual Reviews of Astronomy and Astrophysics* 31 (1993): 473 – 521; H. Netzer, "Revisiting the Unified Model of Active Galactic Nuclei," *Annual Reviews of Astronomy and Astrophysics* 53 (2015): 365 – 408.

4장 중력 엔진

1 이 신화의 가장 유명한 표현은 런던내셔널갤러리에 있는 틴토레토Tintoretto의 〈은하수의 기원The Origin of the Milky Way〉(1575)이다. 서구 국가에서는 사람들이 대부분 도시와 교외에 살고 있으며 광해로 인해 은하수를 보기 어렵다. 애리조나대학교에서 밀레니얼세대를 대상으로 조사해보면 고작 10퍼센트만이 은하수를 본 적이 있다고 답한다.

2 Z. M. Malkin, "Analysis of Determinations of the Distance between the Sun and the Galactic Center," *Astronomy Reports* 57 (2013): 128 – 133.

3 W. M. Goss, R. L. Brown, and K. Y. Lo, "The Discovery of Sgr A*," in "Proceedings of the Galactic Center Workshop – The Central 300 Parsecs of the Milky

Way," *Astronomische Nachrichen*, supplementary issue 1 (2003): 497 – 504.

4 M. J. Rees, "Black Holes," *Observatory* 94 (1974): 168 – 179.

5 적외선검출기는 종종 야간 전장 이미지 처리나 미사일의 열 추적과 같은 군사 목적으로 응용되기 때문에, 민간과 연구 분야에서는 늦게 사용되었다. 또한, 적외선 이미징은 어두운 밤하늘에서 광학 복사보다 수백만 배 밝은 열적 배경복사를 처리해야 한다. 이 주제에 대한 전반적인 역사는 다음을 참고하라. G. H. Rieke, "History of Infrared Telescopes and Astronomy," *Experimental Astronomy* 125 (2009): 125 – 141. 검출기 발전의 역사는 다음을 보라. A. Rogalski, "History of Infrared Detectors," *Opto-Electronics Review* 20 (2012): 279 – 308. 광학천문학은 1970년대 후반 CCD가 연구에서 천문학에 응용되며 큰 도약을 이루었다.

6 별이 밀집된 영역이나 은하 사진에서 빛이 부드럽게 분포하는 것은 별 자체보다 이미지의 크기가 훨씬 더 크기 때문이다. 별빛은 광원의 크기와 관계없이 지구 대기를 통과하며 어느 정도 흐려진다. 우리 쪽 방향 은하수의 별들은 넓게 퍼져 있어 거의 충돌하지 않는다. 별들 사이의 거리는 각각의 크기보다 수백만 배 더 크다. 우리은하 중심 부근에서도, 별들 사이의 거리가 별의 크기보다 수만 배 더 커서 거의 충돌하지 않는다.

7 독일 그룹의 연구는 다음을 참고하라. A. Eckart and R Genzel, "Observations of Stellar Proper Motions Near the Galactic Centre," *Nature* 383 (1996): 415 – 417; A. Eckart and R. Genzel, "Stellar Proper Motions in the Central 0.1 pc of the Galaxy," *Monthly Notices of the Royal Astronomical Society* 28 (1997): 576 – 598. 미국 그룹의 연구는 다음을 참고하라. A. M. Ghez, B. L. Klein, M. Morris, and E. E. Becklin, "High Proper Motion Stars in the Vicinity of Sagittarius A*: Evidence for a Supermassive Black Hole at the Center of our Galaxy," *Astrophysical Journal* 509 (1998): 678 – 686.

8 다음에 인용되었다. http://www.pbs.org/wgbh/nova/space/andrea-ghez.html.

9 겐첼은 어떠한 다른 활동은하나 퀘이사보다 수천 배 가까이, 우리 이웃에 거대

블랙홀이 있다는 사실이 왜 그리 중요한지 설명한다. "우리은하 중심은 다른 모든 은하핵과 상당한 관련이 있는 강한 중력, 항성역학, 별생성의 근본적 과정을 연구할 수 있는 특별한 실험실이다. 우리은하 밖에서는 이런 수준의 자세한 연구가 불가능할 것이다." 이 말은 다음에 인용되어 있다. http://www.universetoday.com/22104/beyond-any-reasonable-doubt-asupermassive- black-hole-lives-in-centre-of-our-galaxy/.

10 게즈는 이미 오래전에 초조한 젊은 연구원 시절을 졸업했다. 이제 천문학계의 슈퍼스타이자 젊은 여성들의 롤 모델이다. 그녀는 40세가 되기 전에 미국국립과학원에 선발되었으며 2008년에는 '천재의 상'으로 불리는 맥아더상MacArthur Fellowship을 받았다. 그녀는 유명세에 영향을 받지 않으며 어린 시절 퍼즐을 풀던 것만큼이나 즐겁게 일하고 있다. 말하는 것도 즐긴다. "연구는 훌륭한 커리어다. 왜냐하면 어떠한 질문을 풀고자 연구를 시작하면, 답뿐만 아니라 새로운 퍼즐을 또 발견하게 되기 때문이다. 항상 열린 질문, 퍼즐이 있다는 사실이 나를 계속 움직이게 하는 이유라고 생각한다."

11 F. Roddier, *Adaptive Optics in Astronomy* (Cambridge, UK: Cambridge University Press, 2004).

12 A. M. Ghez et al., "Measuring Distance and Properties of the Milky Way's Supermassive Black Hole with Stellar Orbits," *Astrophysical Journal* 689 (2008): 1044 – 1062; S. Gillesen et al., "Monitoring Stellar Orbits Around the Massive Black Hole in the Galactic Center," *Astrophysical Journal* 692 (2009): 1075 – 1109.

13 S. Gillesen et al., "A Gas Cloud on its Way Towards the Supermassive Black Hole in the Galactic Centre," *Nature* 481 (2012): 51 – 54.

14 S. Doeleman et al., "Event-Horizon Scale Structure in the Supermassive Black Hole Candidate at the Galactic Centre," *Nature* 455 (2008): 78 – 80.

15 A. Boehle et al., "An Improved Distance and Mass Estimate for Sgr A* from Multistar Orbit Analysis," *Astrophysical Journal* 830 (2016): 17-40.

16 M. Schmidt, "The Local Space Density of Quasars and Active Nuclei," *Physica*

Scripta 17 (1978): 135 – 136.

17 D. Lynden-Bell, "Galactic Nuclei as Collapsed Old Quasars," *Nature* 223 (1969): 690 – 694.

18 중력 영향권 반지름에 대한 공식은 $Rg=GM/v^2$로, M은 블랙홀질량을 태양질량 단위로 나타낸 것이며 v는 블랙홀과 별 자체에 의해 생기는, 해당 반지름 안에 있는 별들의 속도 분산을 나타낸다. 블랙홀질량과 속도 분산 간의 관측된 관계에 따르면 $Rg \approx 35(M/109)^{1/2}$파섹이다.

19 중력 반지름 공식 $R_g=GM/v^2$와 슈바르츠실트반지름 공식 $R_s=GM/c^2$를 결합하면, $R_g/R_S=(c/v)^2$가 된다. v가 초당 200~300킬로미터의 값을 가지는 거대한 은하에 대해 10^6 정도의 값을 가진다.

20 R. F. Zimmerman, *The Universe in a Mirror: The Saga of the Hubble Space Telescope and the Visionaries Who Built It* (Princeton: Princeton University Press, 2010).

21 나는 허블우주망원경이 처음 발사되었을 때부터 여러 번 사용했다. 숙련된 천문학자라도 희미한 은하가 시야에 들어오도록 망원경을 움직이는 일을 하지 않기 때문에 "사용했다"라는 표현은 완곡하다. 10조 원에 가까운 망원경 가격은 사용자의 부주의로 생기는 오작동을 감수하기에는 너무 비싸다. 천문학자들은 매우 치열한 검토 과정을 거친 다음 궤도를 할당받는다. 그러고 나서 관측 대상 목록을 제출하면 인공지능 일정 관리 알고리듬이 에너지 사용, 기기 변경, 망원경 회전 시간 등을 최소화하도록 관측 계획을 정리한다. 몇 주가 지나고 나면 보완 웹사이트에서 처리된 자료를 다운로드할 수 있다. 별로 낭만적이지는 않다.

22 필연적으로 복잡하고 미묘한 구석이 있다. 은하들은 3차원의 대상이므로, 3차원의 공간 운동이 2차원 하늘 평면에 투영되고, 분광기 슬릿은 속도 분산의 1차원 지도만 만들 수 있다. 결과적으로, 분석에서는 모델링과 가성이 필요하다. 다른 슬릿 방향들을 사용하면 2차원 속도 지도에 가까운 결과를 얻을 수 있지만, 각각의 은하에 대해 많은 망원경 시간을 써야 한다.

23 L. Ferrarese and D. Merritt, "Supermassive Black Holes," *Physics World* 15 (2002):

41 – 46; L. Ferrarese and H. Ford, "Supermassive Black Holes in Galactic Nuclei: Past, Present, and Future," *Space Science Reviews* 116 (2004): 523 – 624.

24 R. Bender et al., "HST STIS Spectroscopy of the Triple Nucleus of M31: Two Nested Disks in Keplerian Motion around a Supermassive Black Hole," *Astrophysical Journal* 631 (2005): 280 – 300.

25 R. P. van der Marel, P. T. de Zeeuw, H. -W. Rix, and G. D. Quinlan, "A Massive Black Hole at the Center of the Quiescent Galaxy M32," *Nature* 385 (1997): 610 – 612.

26 K. Gebhardt and J. Thomas, "The Black Hole Mass, Stellar Mass-to-Light Ratio, and Dark Halo in M87," *Astrophysical Journal* 700 (2009): 1690 – 1701.

27 M. C. Begelman, R. D. Blandford, and M. J. Rees, "Theory of Extragalactic Radio Sources," *Reviews of Modern Physics* 56 (1984): 255 – 351.

28 R. D. Blandford, H. Netzer, and L. Woltjer, *Active Galactic Nuclei* (Berlin: Springer, 1990).

29 M. C. Begelman and M. J. Rees, "The Fate of Dense Stellar Systems," *Monthly Notices of the Royal Astronomical Society* 185 (1978): 847 – 60; and M. C. Begelman and M. J. Rees, *Gravity's Fatal Attraction: Black Holes in the Universe* (Cambridge, UK: Cambridge University Press, 2009).

30 P. Khare, "Quasar Absorption Lines: an Overview," *Bulletin of the Astronomical Society of India* 41 (2013): 41 – 60.

31 W. L. W. Sargent, "Quasar Absorption Lines and the Intergalactic Medium," *Physica Scripta* 21 (1980): 753 – 758.

32 D. H. Weinberg, R. Dave, N. Katz, and J. Kollmeier, "The Lyman-Alpha Forest as a Cosmological Tool," in *The Emergence of Cosmic Structure*, AIP Conference Series 666, edited by S. Holt and C. Reynolds, 2003, 157 – 169.

33 렌즈 이론에서는 항상 홀수 개의 상이 존재하고, 일부는 확대되고 일부는 축소된다. 가장 일반적인 렌즈 기하는 한 쌍의 확대된 이미지와 보통 너무 어두워

서 검출하기 힘든, 축소된 이미지 하나를 만든다. 그래서 쌍이미지가 보인다. 만약 렌즈 현상을 일으키는 천체의 질량 분포가 복잡하다면 더 많은 상이 만들어질 수 있고, 천문학자들은 네 개, 여섯 개, 열 개까지의 상으로 나타나는 퀘이사를 관측한 적이 있다. 이 현상은 다음의 자료에 잘 요약되어 있다. T. Sauer, "A Brief History of Gravitational Lensing," Einstein Online, Volume 4, 2010, http://www.einstein-online.info/spotlights/grav_lensing_history.

34 직원으로 일했던 프레드 왓슨Fred Watson이 다음 자료에서 영국 슈미트망원경을 잘 묘사했다. *Stargazer: Life and Times of the Telescope* (London: Allen and Unwin, 2004). 다음에서 요약을 볼 수 있다. https://www.aao.gov.au/about-us/uk-schmidttelescope-history.

35 M. Miyoshi et al., "Evidence for a Black Hole from High Rotation Velocities in a Sub- Parsec Region of NGC4258," *Nature* 373 (1995): 127 – 129.

36 A. J. Baarth et al., "Towards Precision Black Hole Masses with ALMA: NGC 1332 as a Case Study in Molecular Disk Dynamics," *Astrophysical Journal* 823 (2016): 51 – 73.

37 B. M. Peterson, "The Broad Line Region in Active Galactic Nuclei," Lecture Notes in *Physics* vol. 693 (Berlin: Springer, 2006), 77 – 100.

38 믿을 만한 질량 측정을 이루기 위해서는 여러 세부 사항과 복잡한 과정이 필요하다. 방출선을 보이는 빠르게 움직이는 가스는 매끄럽게 분포된 경우가 드물고, 다른 밀도와 블랙홀에서부터 거리를 지닌 구름은 제각각 다른 방출선을 내뿜는다. 가스의 기하 구조는 시간지연 신호에도 영향을 미친다. 예를 들어, 고리 모양의 기체 구조는 포물선의 일정한 시간지연 표면을 가지고 있다. 가스의 더 복잡한 3차원 구조는 분석을 더욱 어렵게 만든다. 날씨와 망원경 일정의 변동으로 인해 고르지 않은 시간 간격으로 관측이 이루어지면 더 골치 아프다. 블랙홀 몇 개의 질량을 재려는 치열한 반향측량 캠페인에 최대 100여 명의 천문학자까지도 동참할 수 있다.

39 M. C. Bentz et al., "NGC 5548 in a Low-Luminosity State: Implications for the

Broad-Line Region," *Astrophysical Journal* 662 (2007): 205–212.

40 B. M. Peterson and K. Horne, "Reverberation Mapping of Active Galactic Nuclei," in *Planets to Cosmology: Essential Science in the Final Years of the Hubble Space Telescope*, edited by M. Livio and S. Casertano (Cambridge, UK: Cambridge University Press, 2004).

41 모든 방법이 다음의 자료에 요약되었다. B. M. Peterson, "Measuring the Masses of Supermassive Black Holes," *Space Science Review* 183 (2014): 253–275. 다음의 자료에 많은 양의 데이터가 제시되었다. A. Refiee and P. B. Hall, "Supermassive Black Hole Mass Estimates Using Sloan Digital Sky Survey Quasar Spectra at $0.7<z<2$," *Astrophysical Journal Supplements* 194 (2011): 42–58.

42 이 수치를 상대적으로 살펴보면, 전 세계의 에너지 소비량은 20테라와트로, 퀘이사가 뿜어내는 에너지보다 10^{26}배 작다.

43 J. Updike, "Ode to Entropy," in *Facing Nature* (New York: Knopf, 1985).

44 근본적으로 열적 또는 비열적 복사 과정의 물리적 차이다. 열적 과정에서, 물리계는 평형 상태에 있어 특징적인 온도를 띤다. 이 경우, 여러 파장대에 걸쳐 흑체복사를 방출하지만 온도에 반비례하는, 가장 많은 방출이 일어나는 파장이 존재한다(빈의 변위법칙Wien's law). 비열적 과정에서는 물리계가 평형을 이루지 못하고 특징 온도가 없다. 복사는 아주 넓은 파장에 걸쳐 나타나고, 보통 멱함수power law 분포를 따른다. 싱크로트론 복사는 활동은하와 퀘이사에서 방출되는 전파처럼, 비열적 복사의 한 예다.

45 A. Prieto, "Spectral Energy Distribution Template of Redshift-Zero AGN and the Comparison with that of Quasars," in *Astronomy at High Angular Resolution,* Journal of Physics Conference Series, vol. 372 (London: Institute of Physics, 2012), 1–5.

46 X. Barcons, *The X-Ray Background* (Cambridge, UK: Cambridge University Press, 1992).

47 A. Moretti et al., "Spectrum of the Unresolved Cosmic X-Ray Background: What is Unresolved 50 Years after its Discovery?" *Astronomy and Astrophysics* 548 (2012):

87 – 99.

48 "나쁜 천문학자"로 불리는 필 플레이트Phil Plait가 〈디스커버Discover〉 블로그에 가장 흔한 오해 중 몇 가지를 깔끔하게 정리했다, https://www.discovermagazine.com/the-sciences/ten-things-you-dont-know-about-black-holes.

5장 블랙홀의 생애

1 B. J. Carr and S. Hawking, "Black Holes in the Early Universe," *Monthly Notices of the Royal Astronomical Society* 168 (1974): 399 – 415.

2 플랑크 시간은 입자물리학과 우주론에서 자주 사용하는 단위체계의 일부로, 측정은 인간이 만든 구조가 아니라 완전히 기본 상수들로만 정의된다. 플랑크 단위로 계산할 때 관례상 물리 상수들은 값으로 1을 사용한다. 플랑크 단위는 표준 양자이론과 일반상대성이론을 조화시킬 수 없는 상황을 나타내고 양자 중력 이론이 필요하게 된다. 이는 플랑크 에너지 10^{19}GeV에서 발생한다.

3 암흑물질 가설에 대한 대안으로 뉴턴의 중력 이론이 틀렸다고 말할 수 있다. 만약 중력이 정확히 거리의 역제곱을 따르지 않는다면 암흑물질이 필요하지 않게 만들 수도 있다. 하지만 대가가 엄청날 것이다. 뉴턴의 중력 이론은 태양계와 그 바깥에서 약한 중력을 훌륭하게 기술하며, 힘의 법칙을 바꾸게 되면 이론의 대칭성과 우아함이 파괴된다. 여러 대체 중력 이론이 탐구되었지만, 뉴턴 이론의 높은 기준을 어느 것도 통과하지 못했다. 천문학자들은 암흑물질이 우주의 주요 구성성분이라 받아들이고, 이것들의 물리적 성질을 연구하기 위해 노력하고 있다.

4 P. Pani and A. Loeb, "Exclusion of the Remaining Mass Window for Primordial Black Holes as the Dominant Constituent of Dark Matter," *Journal of Cosmology and Astroparticle Physics*, issue 6 (2014): 26.

5 S. Singh, *Big Bang: The Origin of the Universe* (New York: Harper Perennial, 2005).

6 J. Miralda-Escude, "The Dark Age of the Universe," *Science* 300 (2003): 1904 – 1909.

7 A. Loeb, "The Habitable Epoch of the Early Universe," *International Journal of Astrobiology* 13 (2014): 337 – 339.

8 천문학자들이 암흑물질의 물리적 성질을 이해하지 못하지만, 보이지 않는 질량이 우주 전체에 존재하며 은하들을 한데 붙잡아두는 역할을 하고 있다는 사실을 보이는 여러 증거가 있다. 암흑물질을 성분으로 가정하지 않으면 우주 구조 형성 시뮬레이션은 실제 우주와 같은 모습을 만들지 못한다. 여기서 필요한 것은 '차가운 암흑물질'인데, 차갑다는 것은 안정된 원소가 형성될 때 입자가 비상대론적 속도로 움직이고 있음을 뜻한다(그렇지 않으면 구조들이 사라질 것이다). 이에 대한 기초 논문은 다음을 참고하라. G. R. Blumenthal et al., "Formation of Galaxies and Large-Scale Structures with Cold Dark Matter," *Nature* 31 (1984): 517 – 525.

9 V. Bromm et al., "Formation of the First Stars and Galaxies," *Nature* 459 (2009): 49 – 54; A. Loeb, *How Did the First Stars and Galaxies Form* (Princeton: Princeton University Press, 2010).

10 D. G. York et al., "The Sloan Digital Sky Survey: Technical Summary," *Astronomical Journal* 120 (2000): 1579 – 1587.

11 E. Chaffau et al., "A Primordial Star in the Heart of the Lion," *Astronomy and Astrophysics* 542 (2012): 51 – 64.

12 G. Schilling, *Flash! The Hunt for the Biggest Explosions in the Universe* (Cambridge, UK: Cambridge University Press, 2002).

13 R. W. Klebasadel, I. B. Strong, and R. A. Olsen, "Observations of Gamma Ray Bursts of Cosmic Origin," *Astrophysical Journal Letters* 182 (1973): L85—89.

14 J. S. Bloom et al., "Observations of the Naked Eye GRB 080319B: Implications of Nature's Brightest Explosion," *Astrophysical Journal* 691 (2009): 723 – 737.

15 N. Tanvir et al., "A Gamma Ray Burst at a Redshift of z = 8.2," *Nature* 461 (2009): 1254 – 1257.

16 감마선폭발을 쫓으려면 망원경 네트워크가 필요하고, 좋은 날씨에 거대한 망

원경을 사용해 광학에서 대응되는 천체를 찾을 수 있다. 이는 흥미로운 작업이지만 대가는 작다. 지난 15년간 5,000여 개 감마선폭발이 있었지만, 충분히 밝았거나 빠르게 관측해서 광학에서 대응 천체를 확인하고 적색이동을 측정할 수 있었던 것은 20개 미만이다.

17 N. Gehrels and P. Meszaros, "Gamma Rays Bursts," *Science* 337 (2012): 932 – 936.

18 S. Dong et al., "ASASSN-15lh: A Highly Super-Luminous Supernova," *Science* 351 (2016): 257 – 260.

19 A. L. Melott et al., "Did a Gamma Ray Burst Initiate the Late Ordovician Mass Extinction?" *International Journal of Astrobiology* 3 (2004): 55 – 61; B. C. Thomas et al., "Gamma Ray Bursts and the Earth: Exploration of Atmospheric, Biological, Climatic, and Biogeochemical Effects," *Astrophysical Journal* 634 (2005): 509 – 533.

20 V. V. Hambaryan and R. Neuhauser, "A Galactic Short Gamma Ray Burst as Cause for the Carbon-14 Peak in AD 774/775," *Monthly Notices of the Royal Astronomical Society* 430 (2013): 32 – 36.

21 ULX의 물리적 성질에 관해서는 의견이 분분하다. 그것들은 부착을 일으키는 블랙홀일지도 모르지만, 일부는 부착 중인 중성자별일 수도 있다. 그리고 이론가들은 블랙홀이 '힘을 공급'받아서 에딩턴한계보다 더 밝게 복사를 방출할 방법들을 제안했다. 그러면 블랙홀은 그리 거대할 필요가 없다는 뜻이다. 가까운 은하 M82에 있는 ULX가 중간질량블랙홀이라는 증거를 다음 논문에서 발표했다. D. R. Pasham, T. E. Strohmayer, and R. F. Mushotzky, "A 400-Solar-Mass Black Hole in the Galaxy M82," *Nature* 513 (2014): 74 – 76.

22 D. H. Clark, *The Quest for SS433* (New York: Viking, 1985).

23 I. F. Mirabel and R. F. Rodriguez, "Microquasars in our Galaxy," *Nature* 392 (1998): 673 – 676.

24 L. Ferrarese and D. Merritt, "A Fundamental Relation Between Supermassive Black Holes and Their Host Galaxies," *Astrophysical Journal Letters* 539 (2000):

L9 – 12; K. Gebhardt et al., "A Relationship Between Nuclear Black Hole Mass and Galaxy Velocity Dispersion," *Astrophysical Journal Letters* 539 (2000): L13 – 16. 이 관계는 제니 그린Jenny Greene과 공동 연구자들에 의해 활동적이고 비활동적인 저질량 왜소은하들 모두로 확장되었다.

25 T. Oka et al., "Signature of an Intermediate-Mass Black Hole in the Central Molecular Zone in our Galaxy," *Astrophysical Journal Letters* 816 (2015): L7 – 12.

26 R. Geroch, *General Relativity from A to B* (Chicago: University of Chicago Press, 1981). 훌륭한 입문 수준의 기사들 몇몇을 다음에서 찾을 수 있다. http://www.einstein-online.info/

27 세계에서 가장 빠른 500개 컴퓨터와 연산 및 처리 능력에 대해서는 https://www.top500.org/를 보라.

28 M. W. Choptuik, "The Binary Black Hole Grand Challenge Project," in *Computational Astrophysics*, edited by D.A. Clarke and M.J. West, ASP Conference Series 123, 1997, 305. 다음의 연구도 뒤를 이었다. J. Baker, M. Campanelli, and C. O. Lousto, "The Lazarus Project: A Pragmatic Approach to Binary Black Hole Evolutions," *Physical Review* D 65 (2002): 044001 – 044016.

29 J. Healy et al., "Superkicks in Hyperbolic Encounters of Binary Black Holes," *Physical Review Letters* 102 (2009): 041101 – 041104.

30 다음의 논문은 겁쟁이라면 읽어서는 안 된다. R. Gold et al., "Accretion Disks Around Binary Black Holes of Unequal Mass: General Relativistic Magnetohydrodynamic Simulations of Postdecoupling and Merger," *Physical Review* D 90 (2014): 104031 – 104045.

31 나는 화이트가 애리조나대학교의 동료 교수로 재직하던 시절 그의 다른 면모를 보았다. 화이트는 우주론의 어떤 주제에 대해서도 폭넓고 깊은 전문성을 지니고 있었다. 그는 자신의 물리적인 직관을 사람들에게 전달하는 능력을 갖추고 있었다. 나는 그와 대화하다가 종종 내가 그보다 똑똑하다고 생각하며 자리를 떴다. 그는 영국인 특유의 몇몇 모습도 가지고 있었다. 가장 놀랐던 것은 어

느 날, 포트럭 저녁 식사를 하려고 그의 집에 갔었을 때다. 식사를 마치고 테이블과 의자들을 한편으로 치운 다음, 화이트는 정강이에 방울을 달고 머리에 손수건을 둘러 묶은 채 막대기를 든 남성 무리를 이끌었다. 그리고 화이트가 태어난 동네인 켄트의 마을에서 셰익스피어 시대부터 전해 내려온 전통 춤이 시작되었다. 나는 영국에서 자랐지만 소노란 사막에서 그 춤을 보리라고는 상상하지 못했다.

32 E. Bertschinger, "Simulations of Structure Formation in the Universe," *Annual Review of Astronomy and Astrophysics* 36 (1998): 599 – 654.

33 이 방법들은 N개 입자에 대한 계산 부하를 N^2에서 NlogN으로 낮춘다. 따라서 100만 개 입자에 대해서는 600만 번의 계산을, 100억 개 입자에 대해서는 1,000만 번의 계산을 해야 한다.

34 J. J. Monaghan, "Smoothed Particle Hydrodynamics," *Annual Reviews of Astronomy and Astrophysics* 30 (2002): 543 – 574.

35 다음에 있는 화이트와의 인터뷰를 참고하라. http://www.drillingsraum.com/simon-white/simon-white-1.html.

36 V. Springel et al., "Simulations of the Formation, Evolution, and Clustering of Galaxies and Quasars," *Nature* 435 (2005): 629 – 636.

37 M. Vogelsberger et al., "Properties of Galaxies Reproduced by a Hydrodynamical Simulation," *Nature* 509 (2014): 177 – 182.

38 다음에 있는 화이트와의 인터뷰를 참고하라. http://www.drillingsraum.com/simon-white/simon-white-1.html.

39 맨눈으로 볼 수 있는 은하는 북쪽에 있는 나선은하인 안드로메다(M31)과 남쪽에서 볼 수 있는 거대마젤란은하와 소마젤란은하다. 도시와 교외에 살면서 밤하늘에 익숙하지 않은 사람이 많기에, 대부분은 다른 은하를 본 적이 없다.

40 E. Bañados et al., "An 800-Million-Solar-Mass Black Hole in a Significantly Neutral Universe at a Redshift of 7.5," *Nature,* December 6, 2017, doi:10.1038/nature25180. 이전의 기록 보유자는 다음과 같다. D. J. Mortlock et al., "A Lu-

minous Quasar at a Redshift of z=7.085," *Nature* 474 (2011): 616 – 619.

41 J. L. Johnson et al., "Supermassive Seeds for Supermassive Black Holes," *Astrophysical Journal* 771 (2013): 116 – 125.

42 A. C. Fabian, "Observational Evidence of AGN Feedback," *Annual Review of Astronomy and Astrophysics* 50 (2012): 455 – 489.

43 큰 블랙홀이 작은 블랙홀보다 먼저 만들어지는 사이, 작은 은하가 큰 은하보다 먼저 형성되는 현상을 우주 소형화cosmic downsizing라고 한다. 작은 은하들이 먼저 만들어지고 병합을 통해 거대 은하를 만든다는 은하 진화의 견해가 받아들여졌기 때문이다. 블랙홀은 다른 경로를 따른다. 거대한 블랙홀이 빠르게 성장하고 더 많은 작은 블랙홀이 이후 천천히 만들어진다. 소형화라는 표현은 블랙홀 대부분이 천천히 성장하며 상대적으로 작은 크기를 유지하는 경향을 이른다. 시뮬레이션 관점에서의 검토는 다음을 참고하라. P. F. Hopkins et al., "A Unified, Merger-Driven Model of the Origin of Starbursts, Quasars, the Cosmic X-Ray Background, Supermassive Black Holes, and Galaxy Spheroids," *Astrophysical Journal Supplement* 163 (2006): 1 – 49. 관측적 관점에 대해서는 다음을 보라. M. Volonteri, "The Formation and Evolution of Massive Black Holes," *Science* 337 (2012): 544 – 547.

44 C. H. Lineweaver and T. M. Davis, "Misconceptions About the Big Bang," *Scientific American*, March 2005, 36 – 45.

45 다음 자료를 참고하라. https://www.astro.ucla.edu/~wright/cosmology_faq.html.

46 N. J. Poplawski, "Cosmology with Torsion: An Alternative to Cosmic Inflation," *Physics Letters* B 694 (2010): 181 – 185.

47 R. Pourhasan, N. Afshordi, and R. B. Mann, "Out of the White Hole: A Holographic Origin for the Big Bang," *Journal of Cosmology and Astroparticle Physics*, issue 4 (2014): 5 – 22. 더 유명한 버전이자 이 인용의 출처는 다음과 같다. N. Afshordi, R. B. Mann, and R. Pourhasan, "The Black Hole at the Beginning of

Time," *Scientific American*, August 2014, 37 – 43.

48 J. Tanaka, T. Yamamura, and J. Kanzaki, "Study of Black Holes with the Atlas Detector at the LHC," *European Physical Journal* C 41 (2005): 19 – 33.

49 CMS Collaboration, "Search for Microscopic Black Hole Signatures at the Large Hadron Collider," *Physics Letters* B 697 (2011): 434 – 453.

50 B. Koch, M. Bleicher, and H. Stocker, "Exclusion of Black Hole Disaster Scenarios at the LHC," *Physics Letters* B 672 (2009): 71 – 76.

51 다음 자료를 참고하라. http://www.forbes.com/sites/startswith-abang/2016/03/11/could-the-lhc-make-an-earth-killing-black-hole/6b465d245837.

52 L. Crane and S. Westmoreland, "Are Black Hole Starships Possible?," 2009, https://arxiv.org/abs/0908.1803.

6장 중력의 시험 무대, 블랙홀

1 J. Lequeux, *Le Verrier: Magnificent and Detestable Astronomer* (New York: Springer, 2013). 르 베리어는 영국 천문학자 제임스 카우치 애덤스James Couch Adams를 불과 며칠 차이로 따돌렸지만, 애덤스가 연구를 더 일찍 완성했다. 르 베리어는 파리천문대 대장으로 너무 인기가 없어 쫓겨났으나, 후임자가 사고로 물에 빠져 죽은 후 자리를 되찾았다. 동시대인 누군가는 그에 대해 "르 베리어가 실제로 프랑스에서 가장 혐오할 만한 사람인지는 모르겠으나, 그가 가장 혐오받은 사람이라는 것은 확실하다"라고 말했다. 흥미로운 역사적 전개로, 갈릴레이는 200여 년 전 해왕성 발견을 놓쳤다. 1613년, 그는 목성 가까이에서 밝게 빛나는 천체를 확인했으나 그것이 별이라고 생각했다. 갈릴레이는 심지어 천체가 약간 움직이는 것까지 확인했다. 하지만 다음 날 밤, 날씨가 흐려 갈릴레이는 관측을 할 수 없었고 그가 행성을 보고 있었다는 사실을 확인할 관측을 놓쳤다.

2 R. Baum and W. Sheehan, *In Search of Planet Vulcan: The Ghost in Newton's Clock-*

work Machine (New York: Plenum Press, 1997).

3 W. Isaacson, *Einstein: His Life and Universe* (New York: Simon & Schuster, 2007).

4 G. Musser, *Spooky Action at a Distance: The Phenomenon That Reimagines Space and Time—And What It Means for Black Holes, the Big Bang, and Theories of Everything* (New York: Farrar, Straus and Giroux, 2015). 더 기술적이지만 능란한 연구는 다음을 참고하라. T. Maudlin, *Quantum Non-Locality and Relativity: Metaphysical Intimations of Modern Physics* (Oxford: Wiley – Blackwell, 2011).

5 R. Oerter, *The Theory of Almost Everything: The Standard Model, the Unsung Triumph of Modern Physics* (New York: Penguin, 2006).

6 L. Smolin, *Three Roads to Quantum Gravity: A New Understanding of Space, Time, and the Universe* (New York: Basic Books, 2001).

7 다음에 인용되었다. F. S. Perls, *Gestalt Therapy Verbatim* (Gouldsboro, ME: Gestalt Journal Press, 1992).

8 다음에 인용되었다. R. P. Feynman, *The Character of Physical Law* (New York: Penguin, 1992).

9 아인슈타인이 1911년, 처음으로 효과를 계산했을 때, 뉴턴의 이론과 같은 휘어짐의 각도를 계산하는 실수를 저질렀다. 그와 그의 명성에는 다행스럽게도, 1914년 일식 중에 태양을 지나는 별빛을 확인하려던 탐험은 제1차 세계대전이 터지며 취소되었다. 일식을 관측하러 현장에 가 있던 관측자들은 러시아 군인들에게 체포되었다. 정확한 각도는 뉴턴 식 계산 값의 두 배다.

10 F. W. Dyson, A. S. Eddington, and C. Davidson, "A Determination of the Deflection of Light by the Sun's Gravitational Field, from Observations Made at the Total Eclipse of 29 May, 1919," *Philosophical Transactions of the Royal Society* 220A (1920): 291 – 333.

11 A. Calaprice, ed., *The New Quotable Einstein* (Princeton: Princeton University Press, 2005).

12 A. Einstein, "Lens-Like Action of a Star by the Deviation of Light in the Gravita-

tional Field," *Science* 84 (1936): 506 – 507.

13 L. M. Krauss, "What Einstein Got Wrong," *Scientific American*, September 2015, 51 – 55.

14 F. Zwicky, "Nebulae as Gravitational Lenses," *Physical Review* 51 (1937): 290.

15 D. Walsh, R. F. Carswell, and R. J. Weymann, "0957+561 A, B: Twin Quasi-stellar Objects or Gravitational Lens?" *Nature* 279 (1979): 381 – 384.

16 거리 척도, 또는 우주의 팽창 속도는 후퇴속도와 거리 사이 관계의 기울기로 정해진다. 관계는 $v=H_0d$라고 쓸 수 있으며, v는 후퇴속도, d는 거리, 그리고 관계에서 기울기가 허블상수 H_0이다. 일반적으로, 허블상수는 여러 거리 척도로 측정할 수 있다. 가까운 별들의 시차parallax 기하에서 시작해 잘 보정된 최대 밝기를 지니는 초신성까지. 중력렌즈를 사용해 허블상수를 측정하는 것은 직접적이며 모든 추론 과정을 우회한다. 렌즈 계에서 시간지연을 측정한다는 것은 두 경로 사이의 거리 차이를 측정한다는 뜻이다. 렌즈 배열의 각도들 역시 측정되기 때문에, 전체 기하가 결정되고 거리를 속도 또는 적색이동로 연결하는 비율을 얻게 된다.

17 J. N. Hewitt et al., "Unusual Radio Source MG 1131+0456: A Possible Einstein Ring?" *Nature* 333 (1988): 537 – 540.

18 중력렌즈의 세 번째 방식이 있는데, 여기에서 먼 은하에서 온 빛은 시선방향에 있는 모든 암흑물질에 의해 약간 휘어진다. 빛이 직선으로 여행하지 않고 넓게 분포한 암흑물질로 인해 미묘하게 휘어지는 도깨비집 거울처럼 우주를 생각해보라. 개별 은하의 경우 왜곡은 0.1퍼센트밖에 되지 않아 검출이 어렵고, 수천 개의 희미한 은하들 모양을 관측해 형태를 찾아야 왜곡이 드러난다. 이러한 이유로 이를 통계적 렌즈라고 부른다. 통계적 렌즈는 은하 사이 공간을 암흑물질이 채우고 있음을 드러낸다.

19 U. I. Uggerhoj, R. E. Mikkelsen, and J. Faye, "The Young Center of the Earth," *European Journal of Physics* 37 (2016): 35602 – 35610.

20 C. M. Will, "The Confrontation Between General Relativity and Experiment,"

Living Reviews in Relativity 9 (2006): 3 – 90.

21 R. V. Pound and G. A. Rebka, Jr., "Apparent Weight of Photons," *Physical Review Letters* 4 (1960): 337 – 341.

22 J. C. Hafele and R. E. Keating, "Around the World Atomic Clocks: Observed Relativistic Time Gains," *Science* 177 (1972): 168 – 170.

23 R. F. C. Vessot et al., "Test of Relativistic Gravitation with a Space-Borne Hydrogen Maser," *Physical Review Letters* 45 (1980): 2081 – 2084.

24 H. Muller, A. Peters, and S. Chu, "A Precision Measurement of the Gravitational Redshift by Interference of Matter Waves," *Nature* 463 (2010): 926 – 929.

25 R. Wojtak, S. H. Hansen, and J. Hjorth, "Gravitational Redshift of Galaxies in Clusters as Predicted by General Relativity," *Nature* 477 (2011): 567 – 569.

26 L. Huxley, *The Life and Letters of Thomas Henry Huxley* (London: MacMillan, 1900), 189.

27 I. I. Shapiro et al., "Fourth Test of General Relativity: New Radar Result," *Physical Review Letters* 26 (1971): 1132 – 1135.

28 B. Bertotti, L. Iess, and P. Tortora, "A Test of General Relativity using Radio Links with the Cassini Spacecraft," *Nature* 425 (2003): 374 – 376.

29 E. Teo, "Spherical Photon Orbits around a Kerr Black Hole," *General Relativity and Gravitation* 35 (2003): 1909 – 1926.

30 빠르게 회전하는 블랙홀은 안정된 운동궤도가 광자구 내부에 위치하며, 이 궤도를 운동하는 물질을 볼 수 없음을 뜻한다.

31 C. S. Reynolds and M. A. Nowak, "Fluorescent Iron Lines as a Probe of Astrophysical Black Hole Systems," *Physics Reports* 377 (2003): 389 – 466.

32 Y. Tanaka et al., "Gravitationally Redshifted Emission Implying an Accretion Disk and Massive Black Hole in the Active Galaxy MCG-6-30-15," *Nature* 375 (1995): 659 – 661.

33 J. F. Dolan, "Dying Pulse Trains in Cygnus XR-1: Evidence for an Event Hori-

zon," *Publications of the Astronomical Society of the Pacific* 113 (2001): 974 – 982.

34 N. Shaposhnikov and L. Titarchuk, "Determination of Black Hole Masses in Galactic Black Hole Binaries Using Scaling of Spectral and Variability Characteristics," *Astrophysical Journal* 699 (2009): 453 – 468.

35 "Gravitational Vortex Provides New Way to Study Matter Close to a Black Hole," press release, European Space Agency, July 12, 2016, https://sci.esa.int/web/xmm-newton/-/58072-gravitational-vortex-provides-new-way-to-study-matter-close-to-a-black-hole.

36 A. Ingram et al., "A Quasi-Periodic Modulation of the Iron Line Centroid Energy in the Black Hole Binary H1743-322," *Monthly Notices of the Royal Astronomical Society* 461 (2016): 1967 – 1980.

37 M. Middleton, C. Done, and M. Gierlinski, "The X-Ray Binary Analogy to the First AGN QPO," *Proceedings of the AIP Conference on X-Ray Astronomy: Present Status, Multi-Wavelength Approaches, and Future Perspectives* 1248 (2010): 325 – 328.

38 M. J. Rees, "Tidal Disruption of Stars by Black Holes of $10^6 - 10^8$ Solar Masses in Nearby Galaxies," *Nature* 333 (1988): 523 – 528. 이것은 10년 전의 원래 아이디어를 자세히 발전시킨 것이다. 다음을 참고하라. J. G. Hills, "Possible Power Source of Seyfert Galaxies and QSOs," *Nature* 254 (1975): 295 – 298.

39 S. Gezari, "The Tidal Disruption of Stars by Supermassive Black Holes," *Physics Today* 67 (2014): 37 – 42.

40 E. Kara, J. M. Miller, C. Reynolds, and L. Dai, "Relativistic Reverberation in the Accretion Flow of a Tidal Disruption Event," *Nature* 535 (2016): 388 – 390.

41 G. C. Bower, "The Screams of the Star Being Ripped Apart," *Nature* 351 (2016): 30 – 31.

42 G. Ponti et al., "Fifteen Years of XMM-Newton and Chandra Monitoring of Sgr A*: Evidence for a Recent Increase in the Bright Flaring Rate," *Monthly Notices of*

the Royal Astronomical Society 454 (2015): 1525 – 1544.

43 Jacob Aron, "Black holes devour stars in gulps and nibbles," *New Scientist*, March 25, 2015, https://www.newscientist.com/article/mg22530144-400-black-holes-devour-stars-in-gulps-and-nibbles/.

44 Richard Gray, "Echoes of a stellar massacre," *Daily Mail*, September 16, 2016, http://www.dailymail.co.uk/sciencetech/article-3793042/Echoesstellar-massacre-Gasps-dying-stars-torn-apart-supermassive-black-holesdetected.html.

45 C. W. F. Everitt, "The Stanford Relativity Gyroscope Experiment: History and Overview," in *Near Zero: Frontiers in Physics*, edited by J. D. Fairbank et al. (New York: W. H. Freeman, 1989).

46 중력 탐사선 B는 여러 우주 미션에 필요한 인내와 기술 개발의 훌륭한 예다. 이 실험의 개념은 1957년 스탠퍼드대학교 레너드 시프Leonard Schiff가 쓴 이론 논문이 바탕이다. 그와 MIT 교수였던 조지 퍼George Pugh는 1961년 NASA에 미션을 제안했고, 프로젝트는 1964년 처음으로 연구비를 받았다. 기술 개발과 NASA의 셔틀 프로그램으로 인한 지연으로 40년이 흘렀다. 2004년에 발사가 이루어졌으나 시프와 퍼는 이미 사망한 뒤였다.

47 C. W. F. Everitt et al., "Gravity Probe B: Final Results of a Space Experiment to Test General Relativity," *Physical Review Letters* 106 (2011): 22101 – 22106.

48 E. S. Reich, "Spin Rate of Black Holes Pinned Down," *Nature* 500 (2013): 135.

49 K. Middleton, "Black Hole Spin: Theory and Observations," in *Astrophysics of Black Hole*, Astrophysics and Space Science Library, volume 440 (Berlin, Springer, 2016), 99 – 137.

50 J. W. T. Hessels et al., "A Radio Pulsar Spinning at 716 Hz," *Science* 311 (2006): 1901 – 1904.

51 L. Gou et al., "The Extreme Spin of the Black Hole in Cygnus X-1," *Astrophysical Journal* 742 (2011): 85 – 103.

52 M. J. Valtonen, "Primary Black Hole Spin in OJ 287 as Determined by the General Relativity Centenary Flare," *Astrophysical Journal Letters* 819 (2016): L37 – 43.

53 다음에 인용되었다. Dennis Overbye, "Black Hole Hunters," *New York Times*, June 8, 2015, http://www.nytimes.com/2015/06/09/science/black-hole-event-horizon-telescope.html.

54 A. Ricarte and J. Dexter, "The Event Horizon Telescope: Exploring Strong Gravity and Accretion Physics," *Monthly Notices of the Royal Astronomical Society* 446 (2014): 1973 – 1987.

55 S. Doeleman et al., "Event-Horizon-Scale Structure in the Supermassive Black Hole Candidate at the Galactic Center," *Nature* 455 (2008): 78 – 80.

56 T. Johannsen et al., "Testing General Relativity with the Shadow Size of SGR A*," *Physical Review Letters* 116 (2016): 031101.

7장 중력의 눈으로 보다

1 F. G. Watson, *Stargazer: The Life and Times of the Telescope* (Cambridge, MA: De Capo Press, 2005).

2 P. Morrison, "On Gamma-Ray Astronomy," *Il Nuovo Cimento* 7 (1958): 858 – 65.

3 눈에 띄는 네 가지 사례는 다음과 같다. A. A. Abdo et al., "Fermi-LAT Observations of Markarian 421: the Missing Piece of its Spectral Energy Distribution," *Astrophysical Journal* 736 (2011): 131 – 153; V. A. Acciari et al., "The Spectral Energy Distribution of Markarian 501: Quiescent State Versus Extreme Outburst," *Astrophysical Journal* 729 (2011): 2 – 11; V. S. Paliya, "A Hard Gamma-Ray Flare from 3C 279 in December 2013," *Astrophysical Journal* 817 (2016): 61 – 75; S. Soldi et al., "The Multiwavelength Variability of 3C 273," *Astronomy and Astrophysics* 486 (2008): 411 – 427.

4 비유를 위해 잠시 우리의 불신을 내려놓고 마음과 뇌에 대한 유물론적 관점을 취하며, 언젠가 우리가 생각을 이해하기 위해 원격 감지를 사용할 수 있으리라

상상해보자.

5 그러나 운동이 팽창 또는 수축하는 구처럼 완벽한 대칭을 이루거나, 회전하는 원반 또는 구처럼 회전 대칭을 이룰 때에는 중력파가 발생하지 않는다. 완벽히 대칭인 초신성 수축이나 완벽히 구형으로 회전하는 중성자별은 중력파를 방출하지 않는다. 기술적으로 말하면, 중력적 복사가 일어나려면 스트레스-에너지 텐서에서 사중극자 모멘트의 3차 시간 미분이 0이 아니어야 한다. 수학적으로 이는 전자기 복사를 일으키는 전하나 전류의 쌍극자 모멘트 변화와 비슷하다.

6 P. G. Bergmann, *The Riddle of Gravitation* (New York: Charles Scribner's Sons, 1968).

7 중력과 중력파가 빛의 속도로 전파된다는 것은 가정이자 추측일 뿐이다. 이를 시험하려는 어떠한 실험도 명백히 성공한 적이 없다. 중력이 얼마나 빠르게 이동하는지 보려고 중력을 '끄거나' 먼 위치에서 극적으로 변화시키는 실험을 설계하기는 매우 어렵다. 입자물리학의 표준모형에 따르면 중력은 중력자라고 불리는 입자에 의해 전달되고, 이는 빛의 속도로 이동한다. 중력자는 검출된 적이 없다.

8 A. S. Eddington, "The Propagation of Gravitational Waves," *Proceedings of the Royal Society of London* 102 (1922): 268 – 282.

9 K. Daniel, "Einstein versus the Physical Review," *Physics Today* 58 (2005): 43 – 48.

10 A. Einstein and N. Rosen, "On Gravitational Waves," *Journal of the Franklin Institute* 223 (1937): 43 – 54.

11 Gravity Research Foundation website, http://www.gravityresearchfoundation.org/origins.html.

12 천문학 책에서 내가 이런 경제학 관련 내용을 설명하지는 않겠지만, 시장의 타이밍을 노리는 전략은 특정 영역이나 짧은 기간 안에는 성공적일 수 있지만 장기적으로는 몰락을 가져올 것이라는 사실을 보여주는 여러 논문이 있다. 뱁슨은 단순히 운이 좋았을 뿐이고, 그런 일은 벌어진다.

13 J. L. Cervantes-Cota, S. Galindo-Uribarri, and G. F. Smoot, "A Brief History of

Gravitational Waves," *Universe* 2 (2016): 22 – 51.

14 M. Gardner, *Fads and Fallacies in the Name of Science* (New York: Dover, 1957), 93.

15 사이비과학과 마술적 사고에서 출발했음에도 뱁슨의 생각은 결국 매우 긍정적이었다. 시간이 지나며 중력연구재단은 물리학계에서 다시 명성을 되찾았다. 채플 힐에서 열렸던 1957년 학회는 오늘날 GR1 학회로 알려져 있다. 이 학회는 중력과 일반상대성이론의 최신 연구를 논의하기 위해 몇 년마다 열리는 국제 학회로 시작했다. 지난 일곱 번의 학회는 인도, 남아프리카공화국, 아일랜드, 호주, 멕시코, 폴란드에서 열렸고 가장 최근에는 GR21이 뉴욕에서 열렸다.

16 Janna Levin, "Gravitational Wave Blues," https://aeon.co/essays/how-joe-weber-s-gravity-ripples-turned-out-to-be-all-noise.

17 웨버의 개념은 다음에 실렸다. J. Weber, "Detection and Generation of Gravitational Waves," *Physical Review* 117 (1960): 306 – 313. 그의 첫 작동 감지기의 성과는 6년 뒤, 다음에 실렸다. J. Weber, "Observations of the Thermal Fluctuations of a Gravitational-Wave Detector," *Physical Review Letters* 17 (1966): 1228 – 1230.

18 J. Weber, "Evidence for Discovery of Gravitational Radiation" *Physical Review Letters* 22 (1969): 1320 – 1324, followed closely by J. Weber, "Anisotropy and Polarization in the Gravitational-Radiation Experiments," *Physical Review Letters* 25 (1970): 180 – 184.

19 나는 웨버를 만난 적이 없으나 그의 아내인 버지니아 트림블Virginia Trimble을 잘 안다. 그녀도 영국인이며 천문학사 전문가이기에, 우리는 종종 천문학의 비사를 공유한다. 그들의 오랜 결혼 생활 동안 트림블은 캘리포니아대학교 어바인에서 교수직을 지냈으므로 1년의 절반은 그곳에서, 나머지 절반은 웨버가 교수직을 맡고 있던 동부에서 생활했다. 2000년 웨버가 사망한 후, 우리는 한 학회에서 만나 웨버의 업적에 관해 이야기했다. 나는 그것이 고통스러운 주제였다는 것을 느낄 수 있었다. 그녀는 웨버가 기술을 연마하기 위해 얼마나 열

심히 일했는지 모르는 이들이 그를 폄하하고 경멸하는 것을 지켜보아야 했다. 웨버는 연방정부가 지원을 끊은 이후에도 20여 년간 연구를 계속했다. 트림블은 그것이 웨버를 정신적으로, 육체적으로 힘들게 했다고 말했다.

20 J. A. Wheeler, *Geons, Black Holes, and Quantum Foam: A Life in Physics* (New York: Norton, 1998), 257 – 258.

21 J. M. Weisberg, D. J. Nice, and J. H. Taylor, "Timing Measurements of the Relativistic Binary Pulsar PSR B1913+16," *Astrophysical Journal* 722 (2010): 1030 – 1034.

22 이 쌍성계는 7×10^{24} 와트의 중력파복사를 방출하고, 두 중성자별 간의 거리는 매년 3.5미터씩 감소한다. 두 중성자별이 충돌하고 병합하기까지는 3억 년이 걸릴 것이다. 태양계도 중력파복사를 방출하지만, 그보다 훨씬 적은 5,000와트에 불과하다.

23 이는 블랙홀이 병합할 때 검출된 중력파의 성질과, 주변 우주에 있는 어떤 블랙홀보다도 더 무거운 이처럼 질량이 큰 블랙홀이 만들어질 수 있도록 하는 생성 시나리오에 의한 추측이다. 110억 년 전 만들어진 거대한 별은 태양보다 훨씬 낮은 비율의 중원소를 가지고 있을 것이며, 모형에 따르면 초기 질량이 현재 만들어지는 별들보다 작다. 결과적으로 이 고대의 별들은 질량을 덜 쏟아내고 더 질량이 큰 블랙홀을 남긴다. 이 시나리오는 다음에서 찾아볼 수 있다. K. Belczynski, D.E. Holz, T. Bulik, and R. O'Shaughnessy, "The First Gravitational-Wave Source from the Isolated Evolution of Two Stars in the 40 – 100 Solar Mass Range," *Nature* 534 (2016): 512 – 115. 자료에 의해 아직 배제되지 않은, 더 급진적인 가능성은 원시 블랙홀이 우주 초기에 암흑물질에서 생성되었다는 시나리오다. 다음을 참고하라. S. Bird et al., "Did LIGO Detect Dark Matter," *Physical Review Letters* 116 (2016): 201301 – 201307.

24 J. Chu, "Rainer Weiss on LIGO's Origins," oral history, Massachusetts Institute of Technology Q & A News series, http://news.mit.edu/2016/rainerweiss-ligo-origins-0211.

25 와이스는 그의 학생들과 필립 채프먼Phillip Chapman에게 공로를 돌린다. 채프먼은 MIT 연구원이며 NASA에서 일하다가 중력과 물리학 연구를 그만두었다. 흥미롭게도, 또한 아이러니하게도, 간섭계 아이디어의 선조는 웨버다. 그는 1964년 자기 학생이었던 로버트 포워드Robert Forward에게 이러한 아이디어를 제안했다. 포워드는 그의 고용주였던 휴스연구소Hughes Research Lab의 자금을 사용해 8.5미터 팔 길이를 지닌 간섭계 시제품을 만들었다. 150시간의 관측 후에도 그는 아무것도 검출하지 못했다. 중력물리학계의 '작은 세계' 성질을 확인한 포워드는 자기 논문에서 와이스와의 대화를 인용했다. R. L. Forward, "Wide-Band Laser-Interferometer Gravitational-Radiation Experiment," *Physical Review* D 17 (1978): 379-390.

26 R. Weiss, "Quarterly Progress Report, Number 102, 54-76," Research Laboratory of Electronics, MIT, 1972, http://dspace.mit.edu/bitstream/handle/1721.1/RLE_QPR_105_V.pdf?sequence=1.

27 다음에 인용되었다. J. Levin, *Black Hole Blues and Other Songs from Outer Space* (New York: Knopf, 2016).

28 다음에 인용되었다. N. Twilley, "Gravitational Waves Exist: The Inside Story of How Scientists Finally Found Them," *New Yorker*, February 11, 2016, http://www.newyorker.com/tech/elements/gravitational-waves-exist-heres-howscientists-finally-found-them.

29 더욱 구체적으로, 그들은 미국 최고였다. LIGO 관점의 서술에서, 나는 단순화를 위해 다른 그룹과 국가 들의 상당한 초기 노력을 생략했다. 글래스고대학교의 드레버 그룹은 그가 캘텍으로 떠난 후에도 간섭계 연구를 이어나갔다. 한편, 독일의 페터 카프카Peter Kafka가 이끌었던 그룹은 와이스의 연구에 대해 1974년 알게 되었고, 그의 학생 중 한 명을 고용해 간섭계를 제작하도록 했다. 그들은 이탈리아 그룹과 협력해 그 이후 10년간 3미터와 30미터 시제품을 개발했다. 흥미롭게도, 중력파 연구의 '작은 세계' 현상을 시연하던 중, 드레버는 1975년 카프카의 강의에서 간섭계에 대해 처음 알게 되었다. 독일과 스코틀랜

드 그룹은 1980년대 중반, 협력하여 킬로미터 규모의 기기를 제안했지만 자금을 받지 못했다. 결국 그들은 2001년 운영을 시작했고 LIGO 검출기와 기술의 시험대였던 600미터 기기를 제작할 수 있었다. 프랑스에서는 1980년대 초반 MIT에서 와이스와 함께 일했던 알랭 브리예Alain Brillet에게 더 야심에 찬 간섭계 아이디어가 있었다. 비르고 프로젝트는 2004년 자료를 수집하기 시작했으며 LIGO와 10년 동안 파트너십을 유지했다. 중력파 검출을 위한 세계적인 노력은 다음의 논문을 참고하라. J. L. Cervantes-Cota, S. Galindo-Uribarri, and G. F. Smoot, "A Brief History of Gravitational Waves," *Universe* 2 (2016): 22-51.

30 P. Linsay, P. Saulson, and R. Weiss, "A Study of a Long Baseline Gravitational Wave Antenna System," 1983, https://dcc.ligo.org/public/0028/T830001/000/NSF_bluebook_1983.pdf.

31 LIGO 보고서와 소식지는 이러한 긴장감을 전하지 않는다. 그들은 당연히 프로젝트의 궁극적 성공에 대해 대부분 가치 있는 어조를 유지한다. 최고의 내부자-외부자 설명은 다음 책에 담겨 있다. Janna Levin, *Black Hole Blues and Other Songs from Outer Space* (New York: Knopf, 2016).

32 A. Cho, "Here is the First Person to Spot Those Gravitational Waves," *Science*, February 11, 2016, http://www.sciencemag.org/news/2016/02/here-s-fi—rst-person-spot-those-gravitational-waves.

33 다음에 인용되었다. Josh Rottenberg, "Meet the Astrophysicist Whose 1980 Blind Date Led to Interstellar," *Los Angeles Times*, November 21, 2014, http://www.latimes.com/local/great-reads/la-et-c1-kip-thorne-interstellar20141122-story.html.

34 학문적 혈통은 모든 분야에 존재하지만 특이 이론물리학과 수학에서 강하다. 알맞은 학위논문 지도 교수와 그들의 지도 교수를 잘 따르는 학생 관계에서 커리어가 만들어지고 시작된다. 이론 분야에서 지도 교수의 영향은 해결할 문제를 고르는 '취향'과 문제 해결 '스타일'까지 뻗을 수 있다. 종종 외부인에게는 이러한 미적 고려가 불투명하다. 손은 캘텍 교수로 재직하며 50여 명의 박사

학위 학생들을 지도했고, 이론천체물리학과 상대론의 영향력 있는 인물들이 다수 포함되어 있다. 앨런 라이트먼Alan Lightman, 빌 프레스Bill Press, 돈 페이지Don Page, 사울 튜콜스키Saul Teukolsky, 클리포드 윌Clifford Will 등이다.

35 "How Are Gravitational Waves Detected?" Q&A with Rainer Weiss and Kip Thorne, *Sky and Telescope*, August 28, 2016, http://www.skyandtelescope.com/astronomy-resources/astronomy-questions-answers/science-faqanswers/kavli-how-gravitational-waves-detected/.

36 K. S. Thorne, *Black Holes and Time Warps: Einstein's Outrageous Legacy* (New York: W. W. Norton, 1994).

37 Adam Rogers, "Wrinkles in Spacetime: The Warped Astrophysics of Interstellar," *Wired*, https://www.wired.com/2014/10/astrophysicsinterstellar-black-hole/.

38 J. Updike, "Cosmic Gall," *New Yorker*, December 17, 1960, 36.

39 K. S. Thorne, "Gravitational Radiation," in *Three Hundred Years of Gravitation*, edited by S. Hawking and W. W. Israel (Cambridge: Cambridge University Press, 1987), 330–458.

40 이 정보는 다음에서 명쾌하고 시각적으로 잘 표현되었다. *LIGO Magazine*, no. 8, March 2016, http://www.ligo.org/magazine/LIGO-magazine-issue-8.pdf.

41 이는 핵심적인 발전일 것이다. 왜냐하면 LIGO 블랙홀 신호가 어디에서 오는지 확인하는 것이 불가능했기 때문이다. 중력파는 우주를 보는 새로운 방법을 나타내므로, 신호를 발생한 천체를 확인해 빛과 전자기파 스펙트럼에 걸쳐 관측하지 못하는 것은 불만족스러웠다. 자료 해석에 영향을 미치는 검출 과정의 다른 세부 사항들도 있다. 간섭계는 횡단면 안에서 늘어나고 조여지기 때문에 위쪽에서 도착하는 파동에 가장 민감하다. 다른 각도에서는 신호가 작다. 수천 킬로미터 떨어져 있는 두 개의 검출기는 지구 표면의 곡률 때문에 같은 평면에 놓인 것이 아니므로, 이 또한 고려해야 한다. 신호는 지구를 향하는 평면을 가진 쌍궤도에서 최대가 되고, 다른 각도에서는 신호가 감소한다. LIGO 실험가들은 그들의 일시적인 사건에서 가능한 모든 정보를 추출해야만 한다.

42 병합하는 블랙홀에 적용되는 특이한 산술에서, 첫 번째 사건은 36+29=62 태양질량을 포함했고, 태양질량의 세 배가 중력파로 방출되었다. 두 번째 사건은 14+9=21 태양질량을 포함했고 태양질량 두 배가 중력파로 방출되었다. 그리고 '후보' 사건은 23+13=34 태양질량을 포함했고 태양질량 두 배가 중력파로 검출되었다. 검출의 유의 수준은 처음 두 사건에 대해 $>5.3\sigma$, 두 번째 사건에 대해서는 근소하게 1.7σ였다. 하늘에서 위치를 특정하는 작업은 신호 강도에 따라 결정된다. 첫 사건에 대해서 하늘 영역은 230제곱각이었고, 두 번째와 세 번째 사건들은 각각 850과 1,600제곱각이었다. 일반적으로 특성 처프 주파수는 블랙홀 질량에 대해 $M^{-5/8}$에 비례하고 간섭계에서의 변위 h는 질량에 따라 $M^{5/3}$에 비례해 변한다. 이 모든 측정은 다음에서 찾아볼 수 있다. *LIGO Magazine*, no. 9, August 2016, http://www.ligo.org/magazine/LIGO-magazine-issue-9.pdf.

43 A. Murguia-Merthier et al., "A Neutron Star Binary Merger Model for GW170817/GRB 170817A/SSS17a," *Astrophysical Journal Letters* 848 (2017): L34-42.

44 M. R. Seibert et al., "The Unprecedented Properties of the First Electromagnetic Counterpart to a Gravitational-Wave Source," *Astrophysical Journal Letters* 848 (2017): L26-32.

45 J. Abadie et al., "Predictions for the Rates of Compact Binary Coalescences Observable by Ground-Based Gravitational-Wave Detectors," *Classical Quantum Gravity* 27 (2010): 173001-173026.

46 B. P. Abbott et al., "The Rate of Binary Black Hole Mergers Inferred from Advanced LIGO Observations Surrounding GW150914," *Astrophysical Journal Letters* 833 (2016): L1-99. 유럽의 VIRGO 간섭계와 함께 작동하는 aLIGO는 LIGO의 초기 검출보다 100배 더 정확한, 5제곱각의 위치 정보를 제공할 것이다.

47 LISA는 원래 NASA와 ESA의 공동 프로젝트였다. 초기 설계 연구는 1980년대

까지 거슬러 올라간다. 그러나 NASA가 예산 문제에 부딪혔고 2011년, 프로젝트에서 철수했다. 그래서 ESA는 야심찬 미션을 파트너에서 단독으로 후원하는 기관이 되었다. LISA는 ESA의 '우주 비전' 프로그램의 새로운 주요 미션으로, 2034년 발사 예정이다. 다음을 참고하라. https://www.elisascience.org/news/top-news/gravitationaluniverseselectedasl3.

48 M. Armano et al., "Sub-Femto-g Free Fall for Space-Based Gravitational Wave Observatories: LISA Pathfinder Results," *Physical Review Letters* 116 (2016): 231101-231111.

49 별질량블랙홀의 경우와 비슷하게, 가장 이해하기 어려운 문제는 최종 병합의 시간척도다. 초대질량블랙홀이 병합을 일으킬 만큼 충분히 각운동량을 잃기 어려운 상황을 "최종 파섹final parsec" 문제라고 한다. 가스가 풍부한 은하에서는 최종 병합 단계가 1,000만 년씩 걸릴 수 있지만, 가스가 부족한 은하의 경우 수십억 년까지 걸릴 수도 있다. 어떤 모형들에서는 우주 나이보다 오래 걸릴지도 모른다고 예측하며, 이는 거대은하가 한 번도 합쳐진 적 없는 쌍초대질량블랙홀을 가지고 있음을 뜻한다. 그리고 이는 검출할 중력파 신호가 없음을 의미한다.

50 J. Salcido et al., "Music from the Heavens: Gravitational Waves from Supermassive Black Hole Mergers in the EAGLE Simulations," *Monthly Notices of the Royal Astronomical Society* 463 (2016): 870-885.

51 G. Hobbs, "Pulsars as Gravitational Wave Detectors," in *High Energy Emission from Pulsars and Their Systems, Astrophysics and Space Science Proceedings* (Berlin: Springer, 2011), 229-240.

52 S. R. Taylor et al., "Are We There Yet? Time to Detection of Nano-Hertz Gravitational Waves Based on Pulsar-Timing Array Limits," *Astrophysical Journal Letters* 819 (2016): L6-12.

53 A. Guth, *The Inflationary Universe: The Quest for a New Theory of Cosmic Origins* (New York: Perseus, 1997).

54 P. D. Lasky et al., "Gravitational Wave Cosmology Across 29 Decades in Frequency," *Physical Review* X 6 (2016): 011035–011046.

55 기술적으로, 이 형태는 B-모드 편광이라고 불린다. 이는 전자기장이 소용돌이가 겹친 것과 같은 형태를 가지고 있음을 뜻한다. 마이크로파 복사의 온도는 하늘 전체에서 10만분의 1 수준으로 균일하고, 편광 신호는 그것보다 100배 작다. 따라서 중력파 효과를 검출하려면 엄청난 수준의 정밀도가 필요하다.

56 D. Hanson et al., "Detection of B-Mode Polarization in the Cosmic Microwave Background with Data from the South Pole Telescope," *Physical Review Letters* 111 (2014): 141301–141307.

8장 블랙홀의 운명

1 페르미온은 1930년대 엔리코 페르미Enciro Fermi와 디랙이 정의한 통계를 따르는 반정수 스핀 입자다. 어떠한 두 페르미온도 정확히 동일한 양자적 성질을 띨 수 없다. 기본 페르미온은 전자와 여섯 가지 종류의 쿼크를 포함한다. 합성 페르미온은 양성자와 중성자를 포함한다. 보손은 1920년대 아인슈타인과 사티엔드라 보스Satyendra Bose가 정의한 통계를 따르는 정수 스핀 입자다. 기본 보손은 광자, 힉스Higgs 보손, (여전히 가상의) 중력자를 포함한다. 합성 보손은 헬륨 원자핵과 탄소 원자핵을 포함한다. 여러 개의 보손은 같은 양자 상태를 지닐 수 있다. 페르미온을 입자로, 보손을 힘의 전달체로 생각하지만, 양자역학에서 두 종류를 정확히 구분하기는 어렵다.

2 추가 차원에 대한 아이디어가 자연을 설명하는 방법으로 끈이론을 의심해야 할 필수적인 이유는 아님에 유의하라. 다차원 공간에서의 수학은 칼 프리드리히 가우스Carl Friedrich Gauss와 야노스 보야이Janos Bolyai에 의해 19세기 중반 밝혀졌다. 1920년대에 테오도르 칼루차Theodor Kaluza와 펠릭스 클라인Felix Klein은 추가 차원을 통합한 중력 이론에 관한 초기 연구를 했다. 끈이론은 여전히 이론물리학계에서 활발히 연구 중이며 발전도 있었다. 하지만 반발도 있었다. 모든 것에 대한 이론으로서의 가능성과 끈이론의 아름다움에 대한 긍정적 견해는 다음 책을 참

고하라. B. Greene, *The Elegant Universe: Superstrings, Hidden Dimensions, and the Quest for the Ultimate Theory* (New York: W. W. Norton, 2003). 그에 반대되는 시각을 보려면 다음 책을 참고하라. L. Smolin, *The Trouble with Physics: The Rise of String Theory, the Fall of a Science, and What Comes Next* (New York: Houghton Mifflin, 2006).

3 회전하지 않는 블랙홀에서 특이점은 점이고, 회전하는 블랙홀에서 그것은 고리다. 물리학자에게 고리형 특이점은 여전히 원주를 따라 모든 점에서 무한한 시공간을 지니고 있기에 점형 특이점보다 덜 불쾌하지 않다.

4 J. Womersley, "Beyond the Standard Model," *Symmetry*, February 2005, 22–25. 같은 제목이지만 조금 더 기술적인 논문은 다음과 같다. J. D. Lykken, "Beyond the Standard Model," a lecture given at the 2009 European School of High Energy Physics, *CERN Yellow Report CERN-2010-0002* (Geneva: CERN, 2011), 101–109.

5 L. Randall and R. Sundrum, "An Alternative to Compacti—fication," *Physical Review Letters* 83 (1999): 4690–4693.

6 L. Randall, *Warped Passages: Unraveling the Mysteries of the Universe's Hidden Dimensions* (New York: Ecco, 2005).

7 M. Holloway, "The Beauty of Branes," *Scientific American* 293, November 2005, 38-40.

8 L. Randall, "Theories of the Brane," in *The Universe: Leading Scientists Explore the Origin, Mysteries, and Future of the Cosmos*, edited by J. Brockman (New York: HarperCollins, 2014), 62–78.

9 e. e. cummings, "Pity this busy monster, manunkind," in *e. e. cummings: Complete Poems 1904–1962* (New York: W. W. Norton, 1944).

10 J. Neilsen et al., "The 3 Million Second Chandra Campaign on Sgr A*: A Census of X-ray Flaring Activity from the Galactic Center," in *The Galactic Center: Feeding and Feedback in a Normal Galactic Nucleus*, Proceedings of the International Astronomical Union, vol. 303 (2013): 374–378.

11 M. Nobukawa et al., "New Evidence for High Activity of the Super-Massive Black Hole in our Galaxy," *Astrophysical Journal Letters* 739 (2011): L52 – 56.

12 F. Nicastro et al., "A Distant Echo of Milky Way Central Activity Closes the Galaxy's Baryon Census," *Astrophysical Journal Letters* 828 (2016): L12 – 20.

13 'Chandra Finds Evidence for Swarm of Black Holes Near the Galactic Center," NASA press release, January 10, 2005, http://chandra.harvard.edu/press/05_releases/press_011005.html.

14 D. Haggard et al., "The Field X-ray AGN Fraction to z=0.7 from the Chandra Multi-Wavelength Project and the Sloan Digital Sky Survey," *Astrophysical Journal* 723 (2010): 1447 – 1468.

15 R. P. van der Marel et al., "The M31 Velocity Vector: III. Future Milky Way M31-M33 Orbital Evolution, Merging, and Fate of the Sun," *Astrophysical Journal* 753 (2012): 1 – 21.

16 T. J. Cox and A. Loeb, "The Collision Between the Milky Way and Andromeda," *Monthly Notices of the Royal Astronomical Society* 386 (2007): 461 – 474.

17 M31 연구는 밀도가 높은 성단 안에 이중핵을 가지고 있다는 사실 때문에 복잡하다. 둘 중 더 밝은 것은 은하중심에서 어긋나 있고, 어두운 것은 5광년 떨어져 거대한 블랙홀을 포함하고 있다. 250만 광년 거리로 인해 허블우주망원경으로도 핵 영역을 자세히 연구하기 어렵다. 블랙홀 질량 측정에 가장 좋은 범위는 태양질량의 1.1억 배에서 2.3억 배 사이이다. 다음 자료를 참고하라. R. Bender et al., "HST STIS Spectroscopy of the Triple Nucleus of M31: Two Nested Disks in Keplerian Rotation Around a Supermassive Black Hole," *Astrophysical Journal* 631 (2005): 280 – 300.

18 J. Dubinski, "The Great Milky Way-Andromeda Collision," *Sky and Telescope*, October 2006, 30 – 36. 더 기술적으로 다룬 자료는 다음과 같다. F. M. Khan et al., "Swift Coalescence of Supermassive Black Holes in Cosmological Mergers of Massive Galaxies," *Astrophysical Journal* 828 (2016): 73 – 80. 최종 병합이 어떻게

일어나는지에 대한 이론은 불확실하다. 다음을 참고하라. M. Milosavljevic and D. Merritt, "The Final Parsec Problem," in *The Astrophysics of Gravitational Wave Sources*, AIP Conference Proceedings, vol. 686 (2003): 201–210.

19 F. Khan et al, "Swift Coalescence of Supermassive Black Holes in Cosmological Mergers of Massive Galaxies," *Astrophysical Journal* 828 (2016): 73–81.

20 T. Liu et al., "A Periodically Varying Luminous Quasar at z=2 from the PAN-STARRS1 Medium Deep Survey: A Candidate Supermassive Black Hole in the Gravitational Wave-Driven Regime," *Astrophysical Journal Letters* 803 (2015): L16–21.

21 K. Thorne, *The Science of Interstellar* (New York: W. W. Norton, 2014).

22 W. Zuo et al., "Black Hole Mass Estimates and Rapid Growth of Supermassive Black Holes in Luminous z = 3.5 Quasars," *Astrophysical Journal* 799 (2014): 189–201.

23 G. Ghisellini et al., "Chasing the Heaviest Black Holes of Jetted Active Galactic Nuclei," *Monthly Notices of the Royal Astronomical Society* 405 (2010): 387–400.

24 K. Inayoshi and Z. Haiman, "Is There a Maximum Mass for Black Holes in Galactic Nuclei?," *Astrophysical Journal* 828 (2016): 110–117.

25 D. Sobral et al., "Large H-Alpha Survey at z = 2.23, 1.47, 0.84, and 0.40: The 11 Gyr Evolution of Star-forming Galaxies from HiZELS," *Monthly Notice of the Royal Astronomical Society* 428 (2013): 1128–1146.

26 F. C. Adams and G. Laughlin, "A Dying Universe: The Long Term Fate and Evolution of Astrophysical Objects," *Reviews of Modern Physics* 69 (1997): 337–372.

27 A. Burgasser, "Brown Dwarfs: Failed Stars, Super Jupiters," *Physics Today*, June 2008, 70–71.

28 D. N. Spergel, "The Dark Side of Cosmology: Dark Matter and Dark Energy," *Science* 347 (2015): 1100–1102.

29 천문학자들은 적색이동을 측정할 수 있는 은하를 볼 수 없다면 미래의 밀코

메다 주민들은 그들이 어떻게 팽창하는 우주에 살고 있다는 것을 알 수 있을지 궁금했다. 1조 년 후에는 팽창이 진행되어 빅뱅에서 떠난 마이크로파 복사가 사건의 지평선을 떠났을 것이다. 밀코메다 너머 우주의 유일한 증거는 밀코메다와 다른 모든 은하에서 광속에 가까운 속도로 방출되는 초고속hypervelocity 별일 듯하다. 다음 논문이 그러한 가능성에 대해 다루었다. A. Loeb, "Cosmology with Hypervelocity Stars," *Journal of Cosmology and Astroparticle Physics* 4 (2011): 23–29.

30 F. Adams and G. Laughlin, *The Five Ages of the Universe* (New York: Free Press, 1999).

31 H. Nishino, Super-K Collaboration, "Search for Proton Decay in a Large Water Cerenkov Detector," *Physical Review Letters* 102 (2012): 141801–141806.

32 J. Baez, "The End of the Universe," http://math.ucr.edu/home/baez/end.html .

33 W. B. Yeats, "The Second Coming" (1919), in *The Classic Hundred Poems* (New York: Columbia University Press, 1998).

34 A. Eddington, *The Nature of the Physical World: Gifford Lectures of 1927* (Newcastle-upon-Tyne: Cambridge Scholars, 2014).

35 B. W. Jones, *Life in Our Solar System and Beyond* (Berlin: Springer, 2013).

36 외계행성 백과사전은 꾸준히 업데이트되었다. http://exoplanet.eu/.

37 R. Jayawardhana, *Strange New Worlds: The Search for Alien Planets and Life Beyond our Solar System* (Princeton: Princeton University Press, 2013).

38 A. Cassan et al., "One or More Bound Planets per Milky Way Star from Microlensing Observations," *Nature* 481 (2012): 167–169.

39 F. J. Dyson, "Time Without End: Physics and Biology in an Open Universe," *Reviews of Modern Physics* 51 (1979): 447–460.

40 M. Bhat, M. Dhurandhar, and N. Dadhich, "Energetics of the Kerr-Newman Black Hole by the Penrose Process," *Journal of Astronomy and Astrophysics* 6 (1985): 85–100.

41 T. Opatrny, L. Richterek, and P. Bakala, "Life Under a Black Sun," 2016, https://

arxiv.org/abs/1601.02897.

42 F. J. Dyson, "Search for Artificial Stellar Sources of Infra-Red Radiation," *Science* 131 (1960): 1667–1668.

별의 무덤을 본 사람들

초판 1쇄 인쇄일 2023년 10월 18일
초판 1쇄 발행일 2023년 10월 25일

지은이 크리스 임피
옮긴이 김준한

발행인 윤호권
사업총괄 정유한

편집 최안나 **디자인** 최초아 **마케팅** 윤아림
발행처 ㈜시공사 **주소** 서울시 성동구 상원1길 22, 7-8층(우편번호 04779)
대표전화 02-3486-6877 **팩스(주문)** 02-585-1755
홈페이지 www.sigongsa.com / www.sigongjunior.com

ISBN 979-11-7125-221-3 03440